PERCEPTION POINT

Perception Point
進階威脅防禦資安服務

榮獲 2022 SE Labs
偵測防禦率、整體準確度、零誤判
業界史無前例三項 100% 滿評分！

- 獨步全球的專利 HAP™ 遞迴拆解動態偵測
- CPU-Level 數據指令演算分析
- 360° 全方位 End-to-End 七層進階威脅防禦
- 100% Content Scan
- 24/7 Incident Response

2022/9/22 (四) Perception Point Webinar

雲端！地端！遠距！
新興進階 Content-borne Threats
內容散播惡意威脅 之 無邊界整合防禦

時　間	議　程	主　講　者
14:00 ~ 14:20	新興進階 Content-borne Threats 內容散播惡意威脅 之 無邊界整合防禦	黃漢宙
14:20 ~ 14:55	Perception Point ONE platform. ALL threats. Advanced Email Security、Web Security、Storage Security & Cloud Apps Security • 次 X 世代沙箱技術的大翻盤 • 數十倍偵測掃描分析速度的絕對進化 • 業界唯一 MacOS 與 Windows OS 雙系統 APT 偵測掃描	資安產品 技術總監 漢領國際
14:55 ~ 15:00	Q&A / 幸運抽獎 1. UE WONDERBOOM 無線藍牙喇叭 2. PNY CS2140 1TB SSD 固態硬碟	立即線上報名 填問卷抽星巴克咖啡券

PERCEPTION POINT
授權台灣區總代理　　漢領國際

106414台北市大安區敦化南路二段77號8樓之2
電話：+886-2-2709-6983
www.jas-solution.com　　sales@jas-solution.com

鼠輩橫行記

處於 COVID-19 疫情之下，我們都經歷半年以上的在家辦公，恰巧同住室友也因照顧生病家人而離開 10 個月，而這段獨居期間，家裡突然出現奇怪現象，擺放在外面的麵包、米糧，包裝出現莫名的破洞；夜間廚房有怪聲，原以為是鬧鬼，後來終於發現罪魁禍首是老鼠。

但明明居住在 5 樓，多年來頂多是有螞蟻、蟑螂，出現老鼠卻是頭一遭，完全沒預料到自家會被鼠輩侵擾。它究竟從哪裡鑽進屋內的？有次我終於眼睜睜看到老鼠從設置在廚房的熱水器頂部跳下，仔細一想，才意識到先前為了改善廚房排氣，而長期將窗戶半開著，雖然下方設置了一個風扇，但在排氣管與風扇之間仍是暴露在外的，先前我們只擔心可能會有雨水潑入，結果卻是足以讓老鼠能夠出入。

但老鼠如何爬上 5 樓高度，再乘隙侵入屋內？我猜想與隔壁公寓有關，因為廚房外窗與這建物的陽臺高度相近，而我樓下住戶廚房外側有個遮雨棚，可能老鼠是從隔壁公寓躍至這個遮雨棚，再跳進 5 樓廚房窗戶的縫隙。這個假設看似很神乎其技，但我目睹老鼠敏捷地從廚房地板躍至熱水器頂部，再溜到外面，也不得不認為此種可能性極高。

於是，我將這個縫隙封閉起來，以為不會再被侵入，但後來我發現自己又錯了，因為兩片鋁質玻璃窗原本就處於不夠密閉的狀態，交錯的鋁質玻璃窗之間仍有一條長形縫隙，是足以讓老鼠出入的，後來，我還真的看到老鼠硬是從廚房地板跳至這裡的縫隙，憑它小而軟的身軀鑽出去了。之後，我當然又設法將這裡堵住，才真正斷絕了破口。

關於漏洞發現與圍堵的過程，讓我聯想到資安威脅何嘗不是如此。我真真實實地學到教訓「從前沒發生過的，並不代表永遠不會發生」，過去可能只是因為老鼠以前沒找到這個縫隙，又或許是它們因為過於飢餓而在尋找出路的過程中，發現一個並未對其設防的食物天堂。

在苦思如何驅逐鼠輩、卻不損及其命時，我想到要用籠子與誘餌來捕捉，可惜對方不上當，為了確保食物保存與斷絕它進食的可能性，室友後來想到的方式是去設置透明的收納整理箱，將需要取用的食物放在此處，兼顧能見度，老鼠又無法輕易咬破，達到堅壁清野的效果。

若將這樣的因應之道對應資安威脅防禦方式，就好比所謂的微分段，透過隔離方式將這些脆弱、有價的資產與原本的空間區隔，使攻擊者難以向目標進行橫向的移動，而這樣的管理也是某種最小權限的實現，我們不讓這些資產直接暴露在室內空間，想取用必須打開蓋子。

諸如此類狀況，俯拾皆是，而資安防護長年流行新概念，如縱深防禦、零信任，這些不只是專業術語，往往也取自現實狀況的對策，兩者之間是互通的，因此，相關概念的理解與溝通，其實可以更靈活。

李宗翰 / iThome 電腦報週刊副總編輯
proton@mail.ithome.com.tw

CYBERSEC 2022
臺灣資安年鑑

發行人	詹宏志	Hung-Tze Jan, Publisher
總經理	王心一	Hsin-I Wang, CEO
社長	谷祖惠	Ann Gu, Managing Director
總主筆	王盈勛	Ying-Hsun Wang, Writer at Large
醫療資訊顧問	劉立	David Liu, Medical Information Consultant

編輯部		
總編輯	吳其勳	Merton Wu, Editor-in-Chief

主筆室		
副總編輯	李宗翰	Jeffery Lee, Deputy Editor in Chief
副總編輯	王宏仁	Ray Wang, Deputy Editor in Chief
技術主筆	張明德	Roger Chang, Lead Technical Editor
資安主筆	黃彥棻	Yanfen Huang, Editorial Writer

新聞組		
副總編輯	王宏仁	Ray Wang, Deputy Editor in Chief
調查中心主任研究員		
執行編輯	王珮瑤	Vivian Wang, Executive Editor
醫療 IT 主編	王若樸	Nika Wang, Chief Editor of Health IT
採訪主任	余至浩	Mark Yu, Chief Reporter
資深記者	蘇文彬	Tony Su, Senior Reporter
記者	郭又華	Owen Kuo, Reporter
攝影	洪政偉	Rei Hung, Photographer

產品技術組		
副總編輯	李宗翰	Jeffery Lee, Deputy Editor in Chief
資安主編	羅正漢	Leo Lo, Chief Editor, Cyber Security
技術編輯	周峻佑	Jun Yo Chou, Technical Editor

設計部		
視覺總監	林振瑋	Sam Lin, Visual Design Director
美術主任	褚淑華	Anne Chu, Associate Art Director

科技學習部		
企畫經理	黃博修	Chris Huang, Manager
企畫副理	許珮甄	Daphne Hsu, Assistant Manager

網站開發暨資訊部		
總監	黃柏諺	Michael Huang, Director
技術經理	吳宏民	Hung-Min Wu, Technical Manager
總產品經理	張家銘	Wilson Chang, Principal Product Manager
產品經理	劉思伶	Shilin Liu, Web Product Manager
網站產品企劃	卓侑柔	Ava Cho, Product Planning Specialist
網站前端工程師	李世平	Skite Lee, Front-end Developer
	劉以澈	Yi Che Liu, Front-end Developer
資深程式設計師	劉靜俊	Artyom Liu, Senior Web Developer
網站程式設計師	楊鈞雯	Ryan Yang, Web Developer
	廖紹龍	Liao shiao-long, Web Developer
	徐浩翔	Casper Shiu, Web Developer
網站視覺設計師	洪萱容	Mue Hung, Web Designer
	柯妙暐	Megan Ko, Web Designer

企業服務部		
總監	陳宗儀	Jenny Chen, Director
副總監	邢祖田	John Hsing, Deputy Director
專案經理	王嘉晨	Anna Wang, Project Manager
前台督導	楊璧如	Nancy Yang, Front Desk Supervisor
行銷主任	高詩婕	Betty Kao, Project Marketing Supervisor
議程管理師	侯佳岑	Doris Hou, Seminar Administrator
專案執行	許詩敏	Serena Khaw, Project Executive
	陳泗柔	Zoe Chen, Project Executive
	林羿彤	Angel Lin, Project Executive

業務部		
總監	陳文慧	May Chen, Director
副理	張乃袖	Jo Chang, Assistant Manager
	簡惠滿	Jennifer Jian, Assistant Manager
	許安婕	Summer Hsu, Assistant Manager
企畫經理	陳雅云	Tiffany Chen, Project Manager
助理	簡楡家	Jill Jian, Assistant

客服部		
經理	開沛華	Peggy Kai, Customer Service Manager

管理部		
會計	江嘉雯	Chia Fen Chiang, Assistant, Finance Dept
出納	柳俐彣	Judy Liu, Cashier

發行所	電週文化事業股份有限公司
統一編號	12948944
地址	104089 臺北市中山區南京東路 2 段 17 號 5 樓 5F., No.17, Sec. 2, Nanjing E. Rd., Jhongshan District, Taipei City 104089, Taiwan
電話	(02)2562-2880
傳真	(02)2562-2870
讀者服務傳真專線	(02)2562-0046
讀者免付費服務專線	0800226300 週一至週五 AM9:30～12:00, PM1:30～5:
客服信箱	service@mail.ithome.com.tw
登記證	中華郵政台北雜字第 1222 號執照登記為雜誌交寄
劃撥帳號	19623154
戶名	電週文化事業股份有限公司
零售定價	新台幣 179 元
出版日期	2022 年 10 月
製版印刷	凱林彩印股份有限公司
代理經銷	白象文化事業有限公司

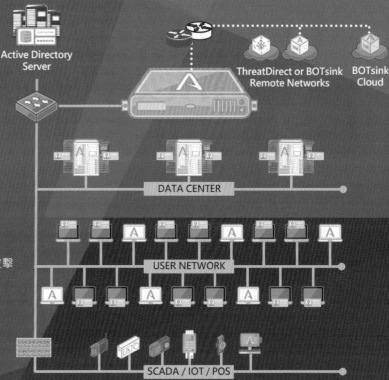

10 ［資安願景］

擁抱數位轉型，企業資安亦須隨之升級

第一銀行執行副總兼資安長 劉培文

百年行庫從 ATM 案重生，
一銀跨域挖角救火力挽狂瀾

走過 ATM 盜領案帶來的商譽危機，第一銀行經過
同仁的努力，終於帶來全公司更大力重視資安的
新轉機，也促使與營運密切相關的數位金融業務，
得以早早就內建資安的 DNA

［資安願景］

16 務實了解攻擊手法，掌握效率和安全的平衡之道

合勤投資控股公司資安長 游政卿

以駭客為師，
將資安轉化成企業競爭優勢

合勤投控是高科技業者中，很早就投入資安領域的企業，集團資安長游政卿負責資訊業務時，
便十分重視資安，並成立 PSIRT（產品資安事件處理小組）提升產品優勢，資訊安全和產品
安全都是資安長主掌的業務範疇

［資安大調查］

HCL BigFix

發現更多、修補更多、實現更多

借助HCL BigFix，IT安全與營運團隊可以更有效地進行合作，降低安全風險、減少營運成本、縮短端點管理週期、持續不斷地保持法規遵循性並提高工作效率。BigFix為組織提供了管理每一個端點的單一解決方案。

工具整合: IT組織可以使用單一管理平臺來優化資源與整合工具, 保護與管理所有的端點。BigFix支援超過100種不同的作業系統與變體。透過工具整合, BigFix可以大幅消減IT成本, 降低安全與營運的複雜性, 並優化IT人員配置。

自動化: 透過使用BigFix Fixlets™可以自動執行許多日常操作任務。可以使用超過500,000個開箱即用的Fixlets, 而且BigFix團隊還在不斷地對Fixlets庫進行更新, 每月更新超過130項內容 (可在BigFix.me上獲得)。

持續法規遵循性: BigFix依據CIS、DISA STIG、USGCB與PCI-DSS發佈的作爲產業標準中的安全基準, 使用數千種開箱即用的安全檢查, 持續不斷地保證修補程式與配置的法規遵循性。

完全可視性與控制: BigFix是一個支援Windows、Linux、UNIX、macOS、iOS、iPadOS與Android的單一端點管理平臺, 可以從一個使用者介面查看與管理所有的端點。對整個端點隊列具有完全可視性, 簡化了端點管理與報告的過程。

流程優化: 透過簡化與標准化端點管理流程, BigFix客戶可以將管理端點隊列的工作量減少70-80%, 修補程式的首次修復率可以達到97%以上。利用BigFix Insights for Vulnerability Remediation, 將修補時間與修補工作量降至最低。

- 在BigFix Lifecycle的支援下, 提供跨平臺功能、即時可視性與端點管理功能, 包括資產發現、修補程式管理、軟體分發、作業系統配置。

- 在BigFix Compliance的支援下, 持續監控與實施端點安全配置, 確保符合法規的要求或組織安全性原則。

- 在BigFix Inventory的支援下, 提供全面的軟體資產清單, 用於授權許可一致性或法規遵循性目的。

- 在BigFix的支援下, 在傳統的本地部署、雲端與現代化用戶端裝置之間進行更深入的資料分析。

- 利用BigFix Insights for Vulnerability Remediation的洞察, 在數小時之內, 而不是數周或數月之內, 即可修補漏洞。

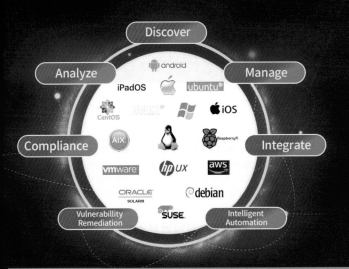

贏得以下企業的認可

Gartner | **Quadrant** Knowledge Solutions | customers' choice

關於HCL軟體

HCL軟體是HCL Technologies(HCL)的一個部門, 主要經營軟體業務。在DevOps、自動化、數位化解決方案、資料管理以及主機軟體等領域, 開發, 行銷、銷售與支援超過20個產品系列。

HCL軟體在世界各地設有辦事處與實驗室, 為成千上萬的客戶提供服務。HCL透過對產品的不懈創新, 推動客戶的IT投資獲得最終的成功。如需瞭解更多資訊, 請造訪: https://www.hcltechsw.com 或連繫 riley.liao@hcl.com。

[資安教戰守則]

[關鍵資安議題]

103 資安產業
首屆國際級工控資安評測出爐，資策會率先參與，盼能帶動 OT 資安發展

為推動工控資安產品的進步與發展，MITRE Engenuity 舉辦了首屆 ATT&CK for ICS 評估計畫，並以 2017 年的 Triton 事件為攻擊設想，共有 5 家業者與機構參加，2021 年 7 月中旬評測結果已經公布。我國資策會也參加，希望汲取經驗推展國內業者投入工控資安並進軍國際市場

106 資安產業
資安防禦知識庫 MITRE Engage 崛起，聚焦交戰、拒絕與欺敵領域

MITRE 發布新版資安知識庫，決定將先前提出的主動式防禦知識庫 MITRE Shield，更名為 MITRE Engage，並宣告正式版本將在秋季發布，新版內容較簡化，而框架採用的術語也有變動，同時提出戰略與交戰行動，並統整 5 大目標、9 大方法及多項具體活動

擁抱數位轉型，企業資安亦須隨之升級

第一銀行執行副總兼資安長

劉培文

臺灣成立超過 120 年的本土老行庫第一銀行，在 2016 年遭遇臺灣金融史上第一起 ATM 盜領案後，當時身為資策會資安所副所長、兼任國家資通安全技術服務中心主任的劉培文，被第一銀行公司的高層找來救火，希望能夠在第一銀行度過 ATM 盜領案的危機之後，趁機挽回頹勢，補強第一銀行的資安防護。

而劉培文在第一銀行的職務調整也是該行的資安發展史，最早擔任資訊管理中心副總經理，兼管資訊、資安兩大業務範圍；早在金管會規定兆元行庫要設立資安專責機構時，第一銀行便已經成立資安專責單位「數位安全處」，也同時將負責數位應用和數位創新的「數位銀行處」，以及負責系統開發的「資訊處」，整合為「資訊管理中心」，成為統整資訊、資安以及數位金融等業務範圍的部門。

此外，第一銀行也在 2021 年 6 月發布公告，由執行副總劉培文兼任第一銀行資安長，該公司又在今年 4 月公告，劉培文再度擴張工作守備範圍，同時兼任第一金控資安長。

劉培文在加入一銀以前，有超過二十年的資訊產業工作經驗，跨界到金融產業，主要在需要補強產業的專業知識，但其他像是資訊或是資安的專業，不同產業的差異並不大。

轉進金融業工作，劉培文同時兼管一銀的資訊和資安業務，到後來擴大到與業務掛勾的數位金融業務，他便透過參加各種會議，就有機會了解其他部門在做什麼，了解之後才會思考，他所管理的部門要參與哪些部分、可以做哪些改變，透過內化各種資訊，轉換成部門工作需要的發展方向。

劉培文進入第一銀行工作之後，他觀察，大家對於資安都有高度共識，全公司更願意群策群力去落實資安，對劉培文而言，在 ATM 盜領案之後，反而可以建立各部門對資安的信心和 SOP。有了這個經歷，更成為了後來一銀轉型的重要助力。

「金融業要存活，數位轉型是必然之路，但隨著營運模式改變、產品提供走向線上生態圈、行銷數位化的發展趨勢，為了要支援業務變革，資訊系統勢必要改變，資安也得要跟著改變。」劉培文如此表示。

像是一銀的信用卡業務系統到核心系統的開發，以往是業務部門主導，資訊部門配合，但現在，相關專案從啟動之初，掌管資安的數安處就是當然成員，「資安已經是一銀所有業務發展、系統開發時的必要核心。」他說。

百年行庫從 ATM 案重生，
一銀跨域挖角救火力挽狂瀾

走過 ATM 盜領案帶來的商譽危機，
第一銀行經過同仁的努力，終於帶來全公司更大力重視資安的新轉機，
也促使與營運密切相關的數位金融業務，
得以早早就內建資安的 DNA

ATM 盜領案是一銀的危機，卻也是轉機

對第一銀行而言，2016 年的 ATM 盜領案不僅震驚全臺灣，更是東歐金融駭客入侵臺灣的實首例。

ATM 盜領案的由來，主要是東歐的金融駭客透過第一銀行英國分行的語音系統作為攻擊跳板，在進到臺灣總公司的內網後，變透過橫向移動的方式，取得關鍵使用者帳號密碼後，再植入金融木馬程式。

金融駭客則透過遠端遙控方式，並由車手在第一銀行分行 ATM 陸續盜領八千多萬元。所幸，有民眾察覺這起盜領行為而報警，第一銀行也先後向刑事局以及調查局報案。

透過各種鑑識分析的方式，追查到植入第一銀行內部系統的金融木馬程式，該駭客為了滅證，植入的惡意程式甚至會自動清除軌跡，也大幅提升警調單位調查和鑑識的難度。

後來，警方逮捕了盜領車手，也順利追回大部分的款項。但第一銀行內部系統的漏洞，導致銀行商譽的損失，才是整起事件的重中之重。

直視危機的第一銀行，便透過獵人頭公司積極挖角劉培文。他表示，獵人頭公司從 2016 年 7 月開始跟他接觸，歷經幾次面試後，他的工作內容也從原本只負責資安，到後來同時管理資訊和資安；其他的，除了要求他必須在 10 月前，通過金融業對從業人員內稽內控的考試外，就沒有其他要求。

劉培文在 11 月 30 日正式上任後，過往豐富的工作經驗，讓他在尚無資安長的職稱時，便直接接任第一銀行資訊管理中心的副總經理，同時管理資訊和資安兩大領域。

爾後，劉培文更因資訊、資安雙專業，在高度依賴資訊系統提供服務的金融業中，逐步拓展業務掌管範圍，包括數位金融以及金融科技的推動，也成了他負責的核心業務範圍。

事實上，早在金管會要求兆元資產銀行成立資安專責部門之前，該公司就已經先成立「數位安全處」，也把原本掛在法人金融事業群的「數位銀行處」，和「數位安全處」以及「資訊處」整合，成立資訊管理中心，並在劉培文的帶領下，以推動公司的數位轉型。

職務調整，見證第一銀行資安架構發展

第一銀行這種跨域挖角補不足的作法，也讓第一銀行在 ATM 的盜領危機後，找到新的因應之道。

剛開始，劉培文雖然取得主管機關要求的金融從業人員證照，但他仍是金融業務的門外漢，不過，資安專業讓他相信：「沒有內建資安所提供的金融服務，無法贏得顧客的信任。」

所以，劉培文上任後，先花了三個月時間了解金融業的資訊運作，並且也因應 ATM 盜領事件，來調整第一銀行的資安架構。

劉培文說，因為 ATM 盜領案的導因來自海外分行的資安問題，當時對資安的長期規畫傾向於集中式的資安，像是銀行要有區域中心，相關的資訊要集中連回臺灣；至於海外分行的資安發展需求，則考慮設置區域資安中心。但關鍵是，一旦要把資安架構移出總行，資訊架構就必須改，妥善的切割海外分行的內外網架構。

不過，目前這個資安架構調整規畫，迄今還沒有實現。他表示，光是網路架構調整就花了兩年；之後，配合數位安全處的成立，海外分行都必須架設內、外兩道防火牆，以確保安全，「相關資安設備都是從臺灣先完成相關設定後，再協同一銀資安人員，以及相關的資訊

66 資安不會真空存在，每一個改變都跟未來的業務發展有關，資安要連結到業務資訊系統才有意義。

——第一銀行執行副總兼資安長 劉培文 99

NETGEAR®

大數據/AI運算/網路儲存設備專用

大Packet Buffer
高CP值100G交換器
支援 AV over IP

支援 25G

M4500-48XF8C

- **Packet Buffer 256Mb**

- 48個SFP28 埠口 8個QSFP28 埠口
- 支援100G/50G/40G/25G/10G
- 背板頻寬4Tbps
- 支援雲端超融合架構
- 支援資料中心高速網路存取

支援 100G

M4500-32C

- **Packet Buffer 256Mb**

- 32個QSFP28 埠口
- 支援100G/50G/40G/25G/10G
- 背板頻寬6.4Tbps
- 支援雲端超融合架構
- 支援資料中心高速網路存取

業界最完整 10G交換器系列

M4300-24X24F

- Packet Buffer 56Mb
- 24個10GbE RJ-45埠口
- 24個SFP+埠口
- 支援SDN網路架構
- 台灣公司貨享五年保固

M4300-48XF

- Packet Buffer 56Mb
- 48個SFP+埠口
- 2個10GbE RJ-45埠口(shared)
- 支援SDN網路架構
- 台灣公司貨享五年保固

M4300-24XF

- Packet Buffer 32Mb
- 24個SFP+埠口
- 2個10GbE RJ-45埠口(shared)
- 支援SDN網路架構
- 台灣公司貨享五年保固

支援 40G

M4300-96X

- Packet Buffer 96Mb
- 彈性擴充模組支援40G
- 高達1.92Tb的背板頻寬
- 支援SDN網路架構
- 台灣公司貨享五年保固

M4300-8X8F

- Packet Buffer 16Mb
- 12個10GbE RJ-45埠口 10G PoE+ 連接埠
- PoE供電瓦數199W,更換 電源供應器最高達500W

M4300-16X

- Packet Buffer 16Mb
- 16個100M/1G/2.5G/5G/ 10G PoE+ 連接埠
- PoE供電瓦數199W,更換 電源供應器最高達500W

M4300-12X12F

- Packet Buffer 32Mb
- 12個10GbE RJ-45埠口
- 12個SFP+埠口
- 支援SDN網路架構
- 台灣公司貨享五年保固

M4300-24X

- Packet Buffer 32Mb
- 24個10GbE RJ-45埠口
- 4個SFP+埠口
- 支援SDN網路架構
- 台灣公司貨享五年保固

洽詢專線 *(02)* 2722-7559

瀚錸科技
netbridge
台灣區獨家總代理

 瀚錸科技

 www.netbridgetech.com.tw

稱職資安長具備的三種特質

劉培文認為，成為稱職資安長需要三種特質，首先，要主動積極發掘問題，杜絕「多一事不如少一事」的心態，資安從很多小地方開始，為了防微杜漸，資安長必須主動找問題，像是主動訂閱各種資安新聞、掌握國際法規標準趨勢，不要被動等同仁提供資訊。

其次，要能落實開放、積極溝通。他表示，資安面向太廣，至少要達到所有業務可以順暢進行、將企業風險降到可接受的水準。劉培文舉例，資安要跟各業務單位合作並了解其想法，像是密碼長度不足，從8碼增加為10碼，對每次交易都要先輸入密碼的分行行員而言，是一件痛苦的改變，怎麼讓行員接受安全度更強的密碼長度，資安單位必須將資安意識推廣到業務單位才行。

第三，虛心學習、持續成長。劉培文帶領資訊、資安和數位金融部門，未來不只要發展數位上雲，資訊開發又要朝向敏捷迭代模式發展，數位和業務單位組成的產品小組更必須對市場需求快速反應，光是如何進行資安檢測、同時滿足業務和資安需求等，都必須要掌握新技術、新方法才能做到，不能憑過去經驗來解決未來的問題。

但他認為，未來在開放銀行架構下，很多典範將隨之改變，對資安長而言，重點仍在管理，須決定大方向和設定中長期的願景目標，後面的策略、戰術、資源配置的調整，才能跟得上。文⊙黃彥棻

服務業者，一同遠赴海外分行架設。」劉培文說。

不僅如此，這段期間，也忙著進行總行伺服器的盤點和資安分級、分類，其中還得處理許多軟體授權到期後的續訂或更換，也針對不再提供更新服務（EOL）的軟體進行調整或升級，最終目的是：不能讓業務中斷。

劉培文表示，金融業經常談三道防線，資訊是資安第一道防線，數安處則是第二道防線，稽核就是第三道防線。對第一銀行而言，跟資安有關的事，就找資安處，「資訊、資安和數安的分工沒有標準答案，端看組織的成熟度，以及團隊是否能夠互信。」他說。

數位金融改造將引領銀行業務的發展

劉培文職務的異動過程，也反映一銀資安發展的進化。第一階段，他剛到一銀擔任資訊管理中心副總經理的時候，同時兼管資訊和資安兩大業務範圍，需要調整資安架構時，可以找來資訊同仁了解運作狀況。

到了第二階段，劉培文雖然不用兼任資訊處長，但開始接觸數位銀行處的業務，當時的數位銀行處屬於法金業務，後來才移到資訊管理中心統籌。

他說，這一年花最多的時間都在數位金融改造上，包括數安處成立。

對劉培文而言，數位金融的改造，就是銀行業務改造的火車頭，因為這直接和營運掛勾，也影響了銀行未來的商業發展模式，對此，劉培文曾經撰寫數位金融轉型的萬言書，寫下他對於數位金融的完整規畫。

他表示，根據統計，該行在2021年數位通路的交易量，已經超過臨櫃服務的黃金交叉，「未來數位金融將成為第一銀行營運發展的關鍵。」

接下來，劉培文可以想像的未來是：核心系統在兩三年之後就得調整，資訊架構可能必須大改。劉培文評估，光是銀行的數位轉型，至少要花七年的時間，其他像是核心系統的改造，至少也要五到七年，劉培文坦言，資訊、資安和數位金融的業務推動與改造，將會是一條漫漫長路。

資訊、資安以及數金也都要數位轉型

身為第一銀行資安最高主管，劉培文如何界定「資安長」的管理範疇呢？如何讓資訊、資安以及數金部門，能夠彼此緊密合作？

他表示，各種日常維運作業，必須要清楚界定部門的角色和職掌，每一個部門做什麼事情、掌管哪些業務和系統，都必須一清二楚。

目前他們所面臨的最大困難在於，所有的銀行都在談論數位轉型，從資訊、資安到數位金融的部門，都必須推動數位轉型。

劉培文說，可以將這三個部門想像成三家不同的公司來思考，若要緊密合作，就必須互相知道彼此的業務部門主管和高階主管，正在做什麼，甚至是想什麼，才有可能實現。

因此，劉培文認為，資安長必須要知道企業未來的業務發展方向，了解科技如何隨之改變，以及資訊系統又該如何跟著改變，甚至，連資安的實務也須有對應的調整「每一個改變和調整都環環相扣，絕對不可能關著門憑空改變。」他解釋：「資安不會真空存在，每一個改變都跟未來的業務發展方向有關，資安要連結到業務資訊系統，才有意義。」文⊙黃彥棻

NETGEAR®
M4250系列 AV over IP 影音專用交換器

SDVoE ALLIANCE

NDI

AVB
Q-SYS
AES67

掃 QR Code
瞭解更多

Dante®

M4250-40G8XF-PoE+
★提供40個1G PoE+連接埠
★提供8個1G/10G光纖連接埠
★總供電瓦數最大可達2880W
★提供專業影音設定介面

M4250-26G4XF-PoE+
★提供24個1G PoE+連接埠
★提供4個1G/10G 光纖連接埠
★總供電瓦數最大可達480W
★提供專業影音設定介面

M4250-16XF
★提供12個1G/2.5G連接埠口
★提供2個1G/10G 光纖埠口
★提供專業影音設定介面
★台灣公司貨提供5年保固

M4250-12M2XF
★提供16個1G/10G光纖連接埠
★提供最大320G 交換頻寬
★提供專業影音設定介面
★台灣公司貨提供5年保固

中小企業商用雲管理 WiFi

SOHO	SOHO/小型企業適用	小型企業/連鎖業適用	小型企業/連鎖業適用	中小企業辦公室適用

Orbi Pro SXK50

Orbi Pro SXK80

 **WAX610**

 **WAX615**

 **WAX620**

★AX5400 三頻WiFi 6 Mesh
★管理者/員工/訪客/IoT設備 分層WiFi控管
★兩件一組約可覆蓋140坪

★AX6000三頻WiFi 6 Mesh
★管理者/員工/訪客/IoT設備 分層WiFi控管
★兩件一組約可覆蓋160坪

★送1年的雲管理服務
★雲管理無需購買控制器
★AX1800 雙頻 WiFi 6
★提供1埠 1G/2.5Gbps PoE 連接埠

★送1年的雲管理服務
★雲管理無需購買控制器
★AX3000 雙頻 WiFi 6
★提供1埠 1G/2.5Gbps PoE 連接埠

★送1年的雲管理服務
★雲管理無需購買控制器
★AX3600 雙頻 WiFi 6
★提供1埠 1G/2.5Gbps PoE 連接埠

洽詢專線 (02)2722-7559

游政卿

合勤投資控股公司
資安長

對於從事企業資安工作的工作者而言，網路駭客應該是企業資安從業人員痛恨的對象。但對合勤投資控股公司資安長游政卿而言，「以駭客為師」是他從事資安工作多年以來的工作準則。他說：「最強大的駭客，教會我如何打敗中等駭客。」

他進一步解釋，某種程度上，駭客是各種新型攻擊威脅的領先者，面對這樣強大的威脅，游政卿認為，只有正面、直球對決，將最強大的駭客當做老師，破解並分析這些強大駭客使

用的攻擊手法，進一步內化成資安工作者的對策和作為，才能累積足夠資安防護技能，確保企業資產安全。

明白資安對企業帶來的痛，才會更重視資安

游政卿於 2007 年任職合勤科技資訊服務處協理，負責合勤各種 IT 應用服務的推動，直到 2010 年，該公司成立合勤投資控股後，因為對各種 IT 服務採用集中管理方式，便將資訊服務處設在合勤投控之下，他也成

為合勤投控資訊服務處協理。

合勤是知名網通設備業者，兼具網通產品的設計、生產製造、銷售和品牌，也是臺灣國防安全產業供應鏈業者，相較某些品牌產品代工的高科技業者而言，合勤很早就意識到：「資安已是該公司重要的競爭力。」

游政卿表示，在 2007 年任職合勤科技時，便曾有刑事局人員到公司找他，手上拿著從破獲中繼站（命令與控制伺服器）發現的資料，包含合勤科技全集團的網域帳號和密碼。

務實了解攻擊手法，掌握效率和安全的平衡之道

以駭客為師，
將資安轉化成企業競爭優勢

合勤投控是高科技業者中，很早就投入資安領域的企業，
集團資安長游政卿負責資訊業務時，便十分重視資安，
並成立 PSIRT（產品資安事件處理小組）提升產品優勢，
資訊安全和產品安全都是資安長主掌的業務範疇

游政卿坦言,刑警將外洩的公司網域和帳密資料拿到眼前,震驚的心情迄今仍歷歷在目;因此事牽涉甚廣,當時即回報給創辦人兼董事長朱順一。

因為資安事件層級和業務運作需求完全不同,更涉及公司更重要的供應鏈管理及營運決策,在這件事情發生後,董事長便決定,包括集團資安及所有的資安應變處理,都先由資訊服務處回報董事長,並固定在董事會報告。

資安不是 IT 的策略目標,卻會影響 IT 正常運作

游政卿從上任之初便和資安結下不

> 做好資安除了資安技術能力之外,更重要的是,要懂得公司業務,才能夠展現資安對企業營運帶來的價值。
>
> ——合勤投控資安長 游政卿

解之緣,但即便資安很重要,他最主要的任務,還是肩負全集團各種資訊服務的效率和穩定。他說,在資訊服務處工作的這十幾年來,每天都必須要思考如何不斷提高網路彈性、強化維運效率,並且要做到根據業務需求,調整各種相關的資訊系統,「快速」、「彈性」和「穩定」都是資訊服務處最重要的策略目標,但「資訊安全」並不是。

雖然資訊安全不是重要的策略目標,但事實上,每天的網路活動都可以看到各種奇怪的行為,舉凡資料不正常流動、權限不正常使用,或是特定服務不正常存取等,其實都是每日常態。

游政卿表示,以往在資訊服務部工作的時候,必須聚焦 IT,事實上,各種資安事件卻是不定期影響 IT 服務的彈性、效率和穩定。他當時便深刻體會到:身為 IT 人,如果要做好 IT,反而更應該主動了解各種網路相關異常,並將資安視為 IT 服務穩定的重要關鍵。

因為重視資安,加上資安在合勤內部是由董事長親自督導,是由上而下的一條鞭通報及應變處理等,所以,資安在合勤內部其實是一門顯學。游政卿說,董事長對於資安的一貫態度則是:毋恃敵之不來、恃吾有以待之。畢竟,期待駭客不攻擊,是不切實際的想法,更應該務實了解駭客的攻擊手法,並且能夠找到可以對應的階段性紓解方式。

整個集團對資安都有一定的重視和在意程度,但剛開始只是先從 IT 部門,找懂得防火牆、懂網路的人成立資安小組;到 2013 年才真正成立專責資安部門,並有獨立的資安專責人員。

化危機為轉機,產品資安成為企業新競爭優勢

資安在合勤內部,一直是上位位階的工作項目,公司從上到下都很重視資安。但是,資安要如何展現其對公司營運的價值,一直是游政卿念茲在茲的思

考重點,而影響全球的 Mirai 傀儡網路,在某一次就直接衝擊到合勤的產品線,甚至對合勤營運帶來重大衝擊。

時間就發生在 2016 年 11 月 28 日,德國電信是合勤科技的重要客戶,當時,德國電信就遇到一次由 Mirai 傀儡網路造成的大範圍網路故障。在這一波網路故障中,德國電信 2 千萬個使用固定網路的用戶中,有大約 90 萬個路由器發生故障(約 4.5%),而這些路由器就是合勤科技的產品。

游政卿表示,當年德國電信採購合勤科技的路由器發生故障,不僅讓合勤科技必須為此投入大量資源進行漏洞修補,也要支付德國電信大筆罰款。

他坦言,這起事件也讓董事長開始思考:「不應該把要發給員工的獎金,變成是支付給客戶的罰款。」

因此,合勤科技為了蓄積更大的資安量能,也為了讓該公司推出各種產品的時候,一旦遇到爆發資安事件時,該公司應具備足夠的資安量能即時因應,便決定在 2017 年 4 月,正式成立 PSIRT(產品資安事件處理小組)團隊。

他表示,成立 PSIRT 團隊不只單純做好事後的漏洞修補而已,最主要的目的就是保護客戶和公司的信譽,更重要的是,做到把產品設計初期,就把產品的資安漏洞補起來,落實 Security By Design(產品安全設計)。他說:「可以把資安在產品設計初期就落實,往往會比事後做漏洞修補還省事。」

合勤科技雖然因為 Mirai 傀儡網路的橫行,造成德國電信使用合勤科技網路路由器客戶的損害,並遭到德國電信罰款,但他指出,該公司直球對決,成立 PSIRT 團隊也帶來實際效益。

合勤在 2018 年名列德國電信四大優秀供應商,這代表他們最終獲得客戶的信任,並對公司帶來實際的營收獲利,更讓資安成為與同業相比的競爭優勢。

職掌資訊安全和產品安全

合勤科技成立 PSIRT 團隊後，更是將資安變成公司競爭優勢，2019 年 9 月 30 日正式任命游政卿擔任合勤投控資安長一職，直屬董事長朱順一。

游政卿笑說，做資安的人都要有一定程度的使命感，才能做好！他說，接任資安長這天，也是他人生最重大的轉捩點，這讓他實現他對資安的使命。

在過去其他高科技製造業還不時興指派資安長之際，合勤科技便設立資安長一職，游政卿解釋，主要是董事長認為，公司內部雖然重視資安，也成立了 PSIRT 團隊對應產品安全，但是，資安在企業內部的組織和角色、責任等，都還沒有做到真正的名實相符，於是，才決定建構相關的角色和職務分工，讓職務可以真正扮演期待的角色。

不過，合勤的資安長的職掌範圍，囊括資訊安全和產品安全，游政卿說：「畢竟，合勤是網通設備公司，有許多物聯網（IoT）裝置成為駭客幫凶，當該公司產品行銷全球之際，產品安全就應該納入企業整體安全的一個環節。」

再加上，資安治理已經是重要的企業治理環節，設立資安長角色，整合產品安全和資訊安全，隸屬董事長之下，和其他集團法務、稽核、智財權和安全部門是平行單位，他表示，企業對資安給予足夠的授權，也讓資安長可以扮演更稱職的角色和責任義務。

接任資安長半個月後，游政卿第一要務就是讓「資安事件通報系統」上線，資料庫囊括弱點掃描、網路組態設定等資訊，讓通報的資安事件成為企業內部資安知識管理平臺的重要資產。

以 2021 年合勤科技資安事件通報系統的統計來看，該年度通報 997 起資安事件，及 45 個產品安全漏洞修補。

其中，除了常見的惡意程式軟體通報、弱點掃描通報，還有網路資安風險協定、加密強度、加密金鑰強度的網路資安風險通報，至於造成許多網路服務大廠出包的管理與設定的弱點通報等，也包含在內。畢竟，他說：「很多資安事件的發生是肇因於工程師太粗心，許多管理設定、配置錯誤造成的。」

不僅要懂技術，更要懂業務

一路從資訊長到資安長，關於兩種職務的箇中差異，游政卿最有體會。

他表示，資安長和資訊長的差異，主要是對資安技術的理解和掌握有落差，資安長通常要了解威脅情資、安全技術和一些資安治理的策略等等，資訊長的

> **掌握資安技術和趨勢之餘，更重要的是要了解公司的業務。因為效率和安全是天平的兩邊，是要掌握平衡之道。**
>
> ——合勤投控資安長 游政卿

心力，一般不會放在這些項目上。

但游政卿認為，資安長雖然必須掌握相關的資安技術和趨勢，但這些對資安長而言，其實都還是「次要」的技能，他說：「要當一位稱職的資安長，最重要的，還必須了解公司業務。」

他表示，效率和安全是天平的兩邊，資安長的重點是要掌握平衡之道，一味地傾向效率，一旦出現資安的風險，可能對企業造成營運或商譽損壞；但若一味傾向安全，公司營運可能因此缺乏效率及競爭力，連帶造成公司營運的狀況不佳。游政卿說：「找到效率與安全的甜蜜點，資安長責無旁貸。」

另外，他也分享自身的管理經驗，合勤的資安長要管資訊安全和產品安全，不同部門之間如何調和鼎鼐，就必須培養聆聽溝通的軟實力，而在傾聽需求、滿足需求之外，也必須學會怎麼用對方聽得懂的話，講給對方聽，其中，學會觀察肢體語言也是重點。

再者，團隊領導能力也是重要軟實力之一。他認為，要打造有向心力的資安團隊，必須要做好向上溝通、平行部門協作，以及向下管理，才能讓這個資安團隊有共同目標願景、願意努力。

由於游政卿兼管資安與產品的安全，該公司在 2021 年 5 月正式新增產品安全管理部，負責 PSIRT 及所有產品安全事宜，仍由資安長擔任直屬主管；同年 6 月成為 MITRE 通用漏洞揭露計畫的 CVE Numbering Authority（CNA）成員，成為臺灣第四家針對自家產品漏洞發布漏洞編號的企業。

此外，合勤更在每一款產品上市時，提供產品資安檢測報告，藉此和同業區隔，而這也成為該公司落實資安成為企業營運競爭優勢的最佳實例。

游政卿表示，資訊安全是紀律更是風險管理的動態過程，身為集團資安長，除了以駭客為師，更希望將資安落實在公司產品和作業流程。文⊙黃彥棻

資安災情

臺灣企業資安事件頻傳，究竟 2021 年有多嚴重？

2021 年企業發現攻擊平均需要 6.2 天，遭遇資安事件 50 次以上的企業超過 20%

自 2018 年以來，iThome 資安大調查已連續五年進行，每年我們都會對臺灣大型企業詢問所面臨的災情，了解每一年的資安嚴峻程度，以及企業的應變能力與關注風險。

在去年（2021）一整年中，有 8 成企業 IT 與資安主管明確表示，曾遭遇資安事件。在資安事件發生頻率上，10 次以內的企業比例為 45.5%，10 次到 49 次的企業比例為 12%，特別的是，發生 50 次以上資安事件的企業比例，達 20.4%，等於每 5 家企業就有 1 家，平均每週就會遭遇一起資安事件。進一步來看，這相較於近 5 年平均結果的 19.8% 略高，但比起 2020 年 25.6% 的高比例，今年情況未維持在高檔。

若以不同產業來看，服務業遇 50 次以上資安事件的比例最多，高科技業與一般製造業次之。今年最特殊的現象是，服務業的比例，從去年各產業中最低，今年一躍變成各產業最高。

另一觀察面向，是對資安事件狀況的掌握，今年回答「不知道」達 7.8%，雖然相較於 2018 年的 11% 要低，但這樣的數據比起前兩年是提升的，而進一步觀察其產業別，醫療業、高科技業與一般製造業的比例偏高，均有 1 成。

關於各產業平均多久能發現遭攻擊，今年平均同樣是 6.2 天，只是不同產業變化極大，一般製造業與高科技業的平均天數在 9 天以上，發現攻擊的時間最長，特別是政府學校今年只需 2.6 天，比起去年的 17.4 天可說大幅進步。

至於企業發生資安事件的復原時間，在 2021 年能在一小時內復原的企業有 8.8%，在一天內復原的企業為 66.4%，一周的企業則有 29.1%。文⊙羅正漢

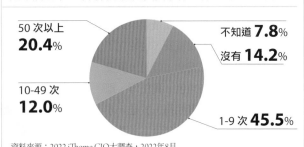

2021 年企業資安事件頻率
近 8 成企業一年內曾經遭遇資安事件，有 2 成達 50 次

- 50 次以上 **20.4%**
- 10-49 次 **12.0%**
- 不知道 **7.8%**
- 沒有 **14.2%**
- 1-9 次 **45.5%**

資料來源：2022 iThome CIO大調查，2022年8月

各產業破 50 次資安事件占比
以服務業、高科技業最多，幾乎每 4 家就有 1 家有此狀況

- 一般製造業 **20.2%**
- 高科技業 **23.3**
- 服務業 **24.7**
- 金融業 **12.9**
- 醫療業 **14.3**
- 政府與學校 **18.5%**

資料來源：2022 iThome CIO大調查，2022年8月

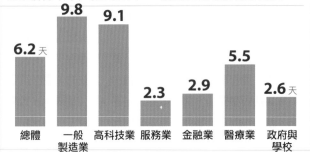

各產業平均多久能發現遭攻擊？
企業發現時間平均是 6.2 天，一般製造業與高科技業最久

- 總體 **6.2 天**
- 一般製造業 **9.8**
- 高科技業 **9.1**
- 服務業 **2.3**
- 金融業 **2.9**
- 醫療業 **5.5**
- 政府與學校 **2.6 天**

資料來源：2022 iThome CIO大調查，2022年8月

問卷執行說明
CIO 大調查執行期間從 2022 年 7 月 1 日到 29 日，對臺灣大型企業、歷屆 CIO 大調查企業、政府機關和大學 IT 與資安主管進行線上問卷調查，有效問卷 416 家，其中 61.9% 填答者為企業資安最高主管。

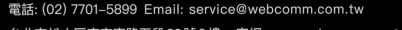

資安挑戰

今年臺灣企業最關心的資安威脅與挑戰是什麼？

2022 年企業認為最易發生威脅與風險，包括：勒索軟體、駭客，以及社交工程與釣魚網站，而企業面對最大的挑戰仍是人

根據今年調查，企業認為接下來一年內，最容易遭遇的資安風險與議題，勒索軟體、駭客、社交工程手法、釣魚網站的威脅最受重視，每 10 家企業就有 4 家左右的企業，認為會面對這些威脅，其中在勒索軟體的比例上，雖然不像去年達二分之一以上，但今年排名躍居第一，同時也是企業認為衝擊最高的資安威脅。

商業郵件詐騙（BEC 詐騙）、資安漏洞事件則並列第五，大約每 4 家企業就有 1 家認為有可能遭遇，這樣的比例亦不低，特別是損害金額龐大的 BEC 詐騙攻擊，現在其實也是不少企業很在意的威脅。

換個角度來看，企業對於各式威脅的防護能力是否具信心？

根據企業的 IT 與資安主管自評（依信心程度所轉化的信心分數），今年的整體分數為 63.7 分，比起 2021 年的 62.4 分要高，更進一步以各產業來看，隨著資安預算編列與資安人才招募的每

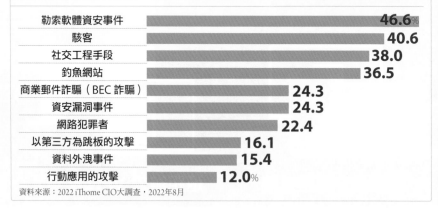

企業認為未來一年最容易遭遇的 10 大資安風險
勒索軟體是最關注的威脅，駭客、社交工程居次，釣魚網站與 BEC 詐騙擠進前五

勒索軟體資安事件	46.6%
駭客	40.6
社交工程手段	38.0
釣魚網站	36.5
商業郵件詐騙（BEC 詐騙）	24.3
資安漏洞事件	24.3
網路犯罪者	22.4
以第三方為跳板的攻擊	16.1
資料外洩事件	15.4
行動應用的攻擊	12.0%

資料來源：2022 iThome CIO大調查，2022年8月

年進行，現在，金融業、政府與學校的企業平均信心分數仍在 70 分以上，只是較去年稍有下滑，不過，一般製造業、高科技業的信心程度提升，是最大亮點，今年他們分數都來到 60 分的及格邊緣之上。至於服務業與醫療業，信心分數維持在 61 到 65 分之間。

對於難以抵禦資安攻擊的主要原因，企業今年的看法都是在於「人」：首要主因是員工資安意識不足，持續有高達 5 成企業這麼認為；第二個主要原因則是缺乏熟練的人員，如同去年一樣，有 3 成企業認為這是一大挑戰；第三個是資安預算不足，有 2 成 7 企業面臨這樣的困境，但比起去年的比例 2 成 9 稍低，若對照今年資安投資預算增加的情形來看，這也反映出今年臺灣企業的確是更有意願花錢投入資安。文⊙羅正漢

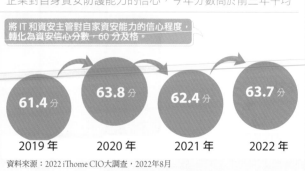

2022 年企業自評資安信心水準
企業對自身資安防護能力的信心，今年分數高於前三年平均

將 IT 和資安主管對自家資安能力的信心程度，轉化為資安信心分數，60 分及格。

61.4 分	63.8 分	62.4 分	63.7 分
2019 年	2020 年	2021 年	2022 年

資料來源：2022 iThome CIO大調查，2022年8月

企業自評為何難抵禦資安威脅
不只憂心人員缺乏資安意識，欠缺資安熟手也成一大焦慮

員工資安意識不足	52.2%
缺乏熟練的人員	30.3
預算不足	26.9
資安工具提供的資訊不足	26.7
資訊系統老舊	23.8
需要分析的資料太多	23.1
管理高層的資安意識不足	18.0%

資料來源：2022 iThome CIO大調查，2022年8月

企業資訊安全顧問服務

資安是數位轉型先決要件
企業永續從主動防駭開始

■ 提供全方位企業級資安服務

- 累積多年資訊委外服務、資安防護規劃與客戶服務經營能量
- 具備國際資安認證與經濟部資安服務能量登錄證書
- 堅強的業界資安夥伴合作關係
- 提供資安檢測與資安合規服務,從預防、監控、補強、應變與調查等多元化資訊安全評估、規劃與防護等專業顧問服務

資安盤查
- 資通訊設備資產盤點及風險評估
- 資通訊架構現況盤查
- 資安合規顧問服務

資安健檢
- 資安快篩健診
- 弱點掃描
- 滲透測試
- 攻防演練

資安防護
- 縱深式網路架構
- 端點安全防護
- 身份安全管理
- 資料安全管理

資安維護
- 資安監控及分析
- 資安事件處理與問題排除
- 資安事件關聯管理

事件導向資安精準快篩與追蹤監控服務
Event Security Management (ESM)

- 東捷資訊代理資安鑄造公司資安場域快篩與監控,提供企業由IT到OT端網路資安主動防禦解決方案與資安合規顧問服務。

- 專為台灣量身打造:針對勒索軟體、DDoS,提供資安快篩服務
  打造台灣領域資安聯防,包含醫療、電商、金融

- 提供醫療院所資安合規服務、資安聯防(衛福部資安分享與分析平台H-ISAC)、AI事件分析、資安專家判讀等解決方案與長期監控服務

- 事件導向資安快篩,即時掌握威脅動態,有效監控評估與案件處理追蹤服務,建立主動防禦

客製化資安戰情室

東捷資訊服務股份有限公司
Information Technology Total Services Co., Ltd.

115 台北市南港區三重路19-8號5樓　　Tel : 02-2655-2525　　Fax: 02-2655-1010
Hotline : 02-5551-9890　　Email: services@itts.com.tw　　www.itts.com.tw

資安人力

2022 年臺灣企業對於資安人力需求，還缺多少？

今年持續有 3 成企業招募資安人才，金融業甚至高達 7 成 2，服務業資安人力缺口最大。平均每家企業要再擴增 2.4 人

從今年的臺灣企業資安人力需求來看，現有企業平均資安人力約 3.5 人，預估今年將新招募 2.4 人，這顯示今年資安人力需求仍高，企業還要增加 6 成人力，也就是整體要擴編到 5.9 人。

若以產業別來看，政府與學校的招募人數最多，平均達 4.3 人，金融業居次，平均為 3.5 人，特別的是，這兩個產業的平均現有資安人力，已經來到 5.8 人與 9.5 人，這已經比去年調查結果要多，且今年新招募數量仍多，反映他們對資安方面人力的渴求程度依舊很高。

服務業今年最受關注，該產業平均要招募的人數為 3 人，因為這是他們現有資安人力的一倍，為各產業中資安人力缺口比重最高，至於一般製造業、高科技業與醫療業，要招募的人力也在現有資安人力的 7 成到 9 成之間。

整體來看，今年各產業要招募資安人力的企業比例，整體為 3 成，也就是每 10 家公司有 3 家要招資安人才，其中金融業的比例達 7 成 2，醫療與高科技業比例在 3 成以上，一般製造業與服務業也有 2 成多。

目前，國內已有 8 成企業設置資安專職人員，金融業、政府學校均達到 9 成 4 以上的高比例，服務業也有 8 成 2，至於高科技、一般製造、醫療業的企業比例則在 7 成多。文⊙羅正漢

臺灣各產業平均現有資安人力與新招募數量
政府學校與金融需求高，且職缺數量仍多，而服務業的資安人力缺口比重最高

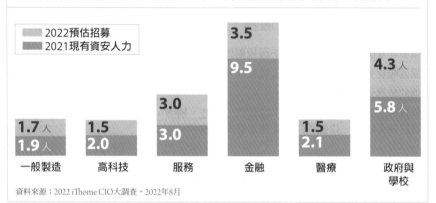

資料來源：2022 iThome CIO大調查，2022年8月

國內整體企業資安人力擴編現況
今年企業平均要新招募 2.4 人，擴編需求達 6 成

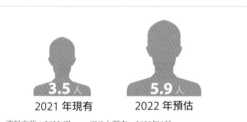

資料來源：2022 iThome CIO大調查，2022年8月

2022 各產業有資安職缺的企業比例
整體有 3 成企業開出資安職缺，金融高達 7 成在徵資安人才

資料來源：2022 iThome CIO大調查，2022年8月

企業設置專職資安人員的現況
在 2022 年有超過 8 成企業已有設置資安專職人力

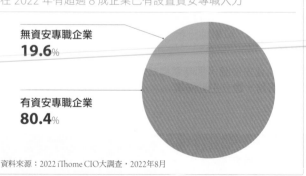

資料來源：2022 iThome CIO大調查，2022年8月

Microsoft Security

國際評測連勝的
資安領導者

全面防護．無畏轉型．未來不設限

Gartner. ╱ **⋑IDC** ╱ **FORRESTER®** ≫

呼應國際資安法規趨勢，國內《公開發行公司建立內部控制制度處理準則》已上路，企業資安治理的合規，不僅是數位轉型的基礎，更是關乎競爭力的戰略布局。

身為資安技術領導者，微軟全方位的資安解決方案，提供您建構資安制度所需的一切防護，包括身分與端點防護、多雲與混合雲防護、資料治理……等，這一切都以強大的「零信任」架構為基礎，助企業在今天解決明日的資安挑戰！

❝ 立即掃描下載
《零信任的完整教戰手冊》

在企業的 6 大關鍵領域中，落實零信任：
身分識別、端點、網路、資料、應用程式、基礎結構

資安投資

2022 年臺灣企業資安投資重點有何新態勢？

強化資安今年仍持續列入 CIO 年度目標 今年企業資安預算有近 2 成的顯著成長

今年臺灣大型企業的資安投資，有較顯著的成長力道，2022 年的規畫預算約 715 萬元，而去年底的實際資安支出約 597 萬元。自 2018 年資安投資成長率暴增 7 成以來，後續幾年投資成長率下滑趨於保守，今年企業資安投資力道則有顯著提升，而且是各產業都增加的跡象，其中又以高科技業增幅近 6 成居冠，一般製造業增幅 3 成 3 居次，醫療業、政府與學校也都有 2 成增長。

而從資安投資佔 IT 預算比來看，政府與學校的佔比達 1 成 3 最高，較去年大幅增長，這也反映近年政府推動落實資安的態勢，而一般製造業與高科技業仍維持接近 1 成的占比，至於金融業的比例雖僅 0.2 成，但該產業的平均資安投資金額，仍是遠高於其他產業。

在今年企業資安投資重點中，前五大項早已是近年重點，受關注的是，相較去年，有幾項資安投資在今年有更高的企業比例，例如：教育訓練、Web 安全、資安稽核／認證、資安委外服務、源碼檢測、威脅情資與 CSIRT。特別的是，對於一些進階與新興資安領域項目，也有企業表明今年將投資，其中以零信任資安架構、導入多因素驗證的比例最高，而像是軟體供應鏈安全，以及開發導入 Security by Design，也有企業要行動。文⊙羅正漢

2022 年企業組織資安投資金額
今年平均資安預算 715 萬元，比去年支出增 1 成 9

597 萬元
2021 年底支出

715 萬元
2022 年預估

970 萬元
2022 年期望

資料來源：2022 iThome CIO 大調查，2022年8月

布局進階與新興資安領域的企業比例
零信任資安架構與 MFA 成主流，軟體供應鏈安全與開發安全已有企業要先行投入

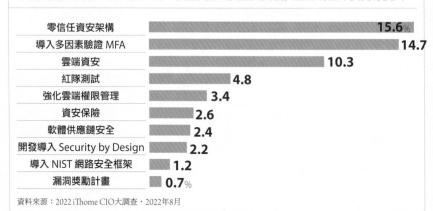

項目	比例
零信任資安架構	15.6%
導入多因素驗證 MFA	14.7
雲端資安	10.3
紅隊測試	4.8
強化雲端權限管理	3.4
資安保險	2.6
軟體供應鏈安全	2.4
開發導入 Security by Design	2.2
導入 NIST 網路安全框架	1.2
漏洞獎勵計畫	0.7%

資料來源：2022 iThome CIO 大調查，2022年8月

2022 年整體企業資安投資重點
今年郵件安全、端點安全、資安意識與滲透測試的排名提升

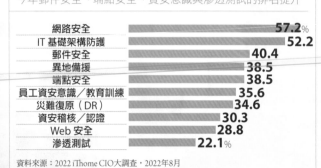

項目	比例
網路安全	57.2%
IT 基礎架構防護	52.2
郵件安全	40.4
異地備援	38.5
端點安全	38.5
員工資安意識／教育訓練	35.6
災難復原（DR）	34.6
資安稽核／認證	30.3
Web 安全	28.8
滲透測試	22.1%

資料來源：2022 iThome CIO 大調查，2022年8月

今年各產業資安投資佔 IT 預算的比例
最受關注是今年政府與學校的資安投資比重大增

產業	比例
整體	4.4%
一般製造業	8.9
高科技業	8.6
服務業	5.7
金融業	2.1
醫療業	5.7
政府與學校	13.0%

資料來源：2022 iThome CIO 大調查，2022年8月

層層保護 固若金湯

THALES imperva 資料庫安全防護解決方案

常見的資料庫威脅

- 未授權的資料庫存取
  - 存取未授權資料
  - 企圖測試弱點
- 異常資料庫存取
  - 大量存取請求
  - 非常態存取：異常來源, IP, 應用程式等
- 未授權的系統存取
  - 存取資料庫檔案：備份, log檔案, ETL資料等
  - 未授權的內部使用者
  - 未授權的外部使用者 (駭客)

網路安全防護層 — 防火牆 IDS/IPS 內容過濾 DLP IAM — Internet

資料安全防護層

imperva	應用程式	App Protect
imperva	資料庫	Data Security
THALES	作業系統	透明加密
THALES	資料	Tokenization 資料代碼化

1+1>2的整合效益

全方位的防護

Imperva 及 Thales 提供的整體解決方案讓企業同時滿足稽核與加密需求。
Imperva Data Security 提供不同資料庫使用上的稽核與可視性；而 Thales CipherTrust Platform 則能加密保護並控制資料庫資料的存取。
透過兩者的整合，企業可以全方位管控資料庫內外部使用者對機敏資料的存取。

透明加密

易於部屬，無須調整應用程式、資料庫或資料儲存設備環境，達到近乎0的效能影響及營運中斷。

發揮資源最大效益

可防護、管控不同資料庫環境，降低整體採購成本，發揮人員及資源的最大效益。

滿足合規要求

Imperva Data Security 及 Thales Cipher-Trust Data Security Platform滿足稽核紀錄、資料庫安全控管、弱點評估等法規及合規要求，如PCI DSS、HIPAA/ HITECH及歐美國家資料保護法規。

適用雲端、虛擬、大數據環境

虛擬環境及私有雲的普及為資料保護帶來新的挑戰，企業導入這些使用環境除了滿足合規要求，還須將資料外洩的風險降到最低。
Imperva Data Security及Thales Cipher Trust Data Security Platform 以資料為核心、能同時保護實體、虛擬或雲端環境的資料中心，有效整合不同基礎設施，增強資料保護範圍。

展攤 B14、B20

CipherTech TRUST&SECURITY　台灣區代理商 亞利安科技股份有限公司

了解更多產品資訊請洽 02-27992800
或至官網 www.ciphertech.com.tw

整體產業企業資安風險圖（未來1年）

整體資安態勢

文◎王宏仁

從今年 CIO 與資安大調查選出的 416 家企業自評中，彙整出資安事件對企業的衝擊以及發生的可能性，繪製出這張 2022 年企業資安風險圖，可供企業了解 24 項資安風險項目的整體態勢，作為投入資安資源優先順序的參考

【整體產業】2022 企業資安風險圖（未來1年）

第1象限 衝擊高 發生風險高
首要風險
次要風險

攻擊一 勒索 事件_勒索軟體 資安事件
攻擊途徑 社交工程手段
攻擊途徑 釣魚網站
攻擊途徑_商業電郵詐騙BEC
事件_資安 漏洞事件
攻擊者 路犯罪者
事件_資料 外洩事件
攻擊途徑 以第三方為 跳板
事件_顧客資安事件
攻擊途徑 行動應用的攻擊
攻擊途徑 物聯網 網站的攻擊

第2象限 衝擊高 發生風險低
攻擊者_國家級攻擊組織
事件_國家關鍵基礎設施攻擊事件
攻擊者_現有員工
事件_雲端服務商 路服務資安事件
事件_軟 體供應鏈 資安事件
攻擊者_離職員工
攻擊途徑 以雲端供 應商為跳板
攻擊途徑攻擊
事件_資訊洩漏事件

第3象限 衝擊低 發生風險生
未來1年 極有可能發生

第4象限 衝擊低 發生風險生
未來1年 極不可能發生

資料來源：2022 iThome CIO大調查，2022年8月

企業資安風險圖製作說明：

在 iThome 2022 年 CIO 暨資安大調查中，由企業自評各資安項目的兩項指標，一項是該項目對企業帶來的衝擊程度（衝擊極高和衝擊極低），另一項是這個項目未來1年的發生風險（極可能發生與極不可能發生）；再換算成不同程度的量化數據來製圖。垂直軸是對企業的衝擊，位置越上代表衝擊越大，水平軸是該項目未來1年發生該項目的風險，位置越右，代表可能性越大。紅色文字代表的項目為今年發生風險明顯提高者。【問卷說明】大調查執行期間從 2022 年7月1日到 29 日，進行線上問卷，有效問卷 416 家，其中 61.9% 填答者為企業資安最高主管。歷屆 CIO 大調查企業、政府機關和大學的 IT 與資安主管。

未來1年，對臺灣大型企業來說，最需優先留意的首要資安風險包括了，勒索軟體資安事件和駭客攻擊，這兩項連續兩年名列企業資安風險前兩名，但是，CIO 今年對勒索軟體資安事件的擔心，超越了駭客攻擊的威脅，成了今年最大的風險。社交工程和釣魚網站的威脅，今年超越了資安漏洞，也是企業必須注重的次要風險。這兩年多次全球性的資安漏洞事件，提高了企業對資安漏洞事件的因應能力，對資安漏洞的擔心也降低了不少。不過，企業必須留意的是，以第三方為跳板的攻擊，或是在顧客端發生的資安事件的風險，今年突然大幅提升，必須納入日常資安守備的範圍。

kaspersky 卡巴斯基

給您全方位的防護

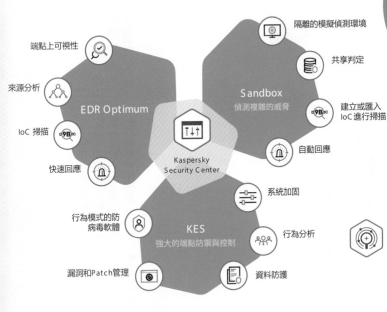

- 隔離的模擬偵測環境
- 共享判定
- 建立或匯入 IoC 進行掃描
- 自動回應
- 系統加固
- 行為分析
- 資料防護

Sandbox
偵測複雜的威脅

Kaspersky Security Center

KES
強大的端點防禦與控制

- 端點上可視性
- 來源分析
- IoC 掃描
- 快速回應
- 行為模式的防病毒軟體
- 漏洞和Patch管理

EDR Optimum

Kaspersky Managed Detection and Response

託管式偵測及回應服務

- 托管SOC服務 專業團隊分析威脅
- 24/7無間斷託管服務 自動化事件處理能力及事件處理建議
- 透過機器學習技術和分析遙測安全事件
- 集成多個方案 事故應變簡單化
- 使用 Kaspersky Threat Intelligence Portal， 亦能透過 API 將 Kaspersky MDR 整合至企業 現有的網絡安全防護流程
- 可以直接與卡巴斯基的 SOC 團隊專家互動取得 更多關於威脅處理的意見

- 卡巴斯基 EDR 專家
- 卡巴斯基反針對性攻擊
- 卡巴斯基威脅查詢
- 卡巴斯基威脅數據饋送
- 卡巴斯基情報報告服務

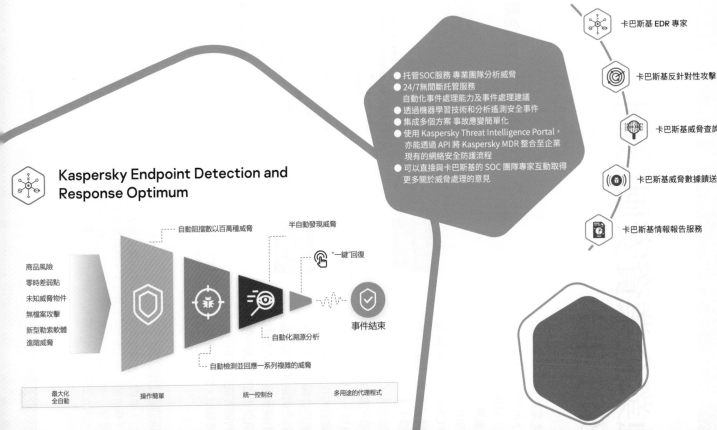

Kaspersky Endpoint Detection and Response Optimum

- 自動阻擋數以百萬種威脅
- 半自動發現威脅
- "一鍵"回復
- 事件結束
- 自動化溯源分析
- 自動檢測並回應一系列複雜的威脅

商品風險
零時差弱點
未知威脅物件
無檔案攻擊
新型勒索軟體
進階威脅

| 最大化 全自動 | 操作簡單 | 統一控制台 | 多用途的代理程式 |

想了解更多產品內容 請聯絡 Kaspersky 卡巴斯基 台灣總代理　　Weblink 展碁國際

台北總公司 (02) 2371 - 6000
台北市中正區忠孝西路一段 39 號 2-4 樓

新竹分公司 (03) 533 - 8136
新竹市民族路 139 號 8 樓

台中分公司 (04) 2296 - 5811
台中市敦化路一段 509 號 3 樓之 1

台南分公司 (06) 336 - 2000
台南市東門路三段 253 號 8 樓之 1

高雄分公司 (07) 335 - 2116
高雄市一心一路 243 號 8 樓之 3

金融資安態勢

金融業企業資安風險圖（未來1年）

金融資安態勢今年有很大的變化，2大首要風險是駭客攻擊和社交工程的攻擊。從416家企業自評的金融數據中，彙整出資安事件對企業的衝擊以及發生的可能性，繪製出2022年金融產業的企業資安風險圖

今年金融產業的資安風險與去年有不小的變化，去年四大首要資安風險，只剩下駭客和社交工程仍是首要風險。而另外兩項，勒索軟體資安事件和資安漏洞的風險，今年金融CIO自評的風險程度，比去年下降了不少，因此今年改列為次要風險。

有幾項資安風險未來1年，進入了第一象限，成了金融業必須注意的高衝擊且高發生風險的項目，包括了釣魚網站、第三方為跳板的攻擊、顧客資安事件和商業郵件詐編。新興的四項威脅中，以釣魚網站發生風險較高，而第三方為跳板發動的攻擊則是影響較大。值得注意的是去年普遍不受到重視的顧客資安事件，今年的關注程度遽增。

文◎王宏仁

【金融業】2022 企業資安風險圖（未來1年）

第1象限 衝擊較高 發生風險高
第2象限 衝擊較高 發生風險低
第3象限 衝擊較低 發生風險高
第4象限 衝擊較低 發生風險低

首要風險
次要風險

未來1年 極有可能發生
未來1年 極不可能發生
衝擊 極高
衝擊 極低

攻擊者_駭客
攻擊途徑_社交工程手段
攻擊途徑_釣魚網站
事件_勒索軟體資安事件
事件_資料外洩事件
攻擊者_網路詐騙勒索
攻擊途徑_商業郵件詐騙站
攻擊途徑_行動應用的攻擊
攻擊者_國家級駭客組織
攻擊途徑_以第三方跳板
事件_顧客資安事件
攻擊者_第三方委外業者
事件_國家機構基礎設施遭攻擊事件
攻擊者_現任員工
攻擊者_離職員工
事件_軟體供應鏈資安事件
攻擊者_競爭公司
攻擊途徑_珍珠攻擊
攻擊途徑_以雲端供應商為跳板
事件_地緣政治相關的攻擊
事件_假消息/假資訊攻擊
事件_硬體供應鏈資安事件
事件_雲端基礎服務網路服務資安事件

資料來源：2022 iThome CIO大調查，2022年8月

企業資安風險圖製作說明：

在iThome 2022年CIO暨資安大調查中，由企業自評各資安項目的兩項指標，一項是該項目對企業帶來的衝擊程度（衝擊極高和衝擊極低），另一項是這個項目未來1年的發生風險（極可能發生與極不可能發生），再換算成不同程度的量化數據來製圖。垂直軸上代表衝擊越大，水平軸左側是衝擊越高。位置越往上代表該項目明顯提高。【問卷說明】大調查執行期間從2022年7月1日到29日，對臺灣大型企業、歷屆CIO大調查機關和大學的IT與資安主管，進行線上問卷，有效問卷416家，其中61.9%填答者為企業資安最高主管。

網路安全架構邁入新時代，用零信任面對現代資安威脅

零信任概念發展已久，這種提升企業網路安全的方式，已經成為全球企業都在重視的議題，近年更是成為國家都看重的資安戰略，在 2021 年，這股風潮也吹向臺灣

近年來，在網路安全的觀念上，零信任是越來越熱門，不僅資安專家、廠商都在提倡，在 2020 年 8 月，美國國家標準暨技術研究院（NIST）發布了 SP 800-207 標準文件，不只是成為美國政府所需的零信任原則網路安全架構，在國際上，也成為企業組織實踐零信任的重要參考。

這股零信任的浪潮已經開始來襲，並且持續發酵，例如在 2020 年 10 月，美國 NIST 旗下的國家網絡安全卓越中心（NCCoE）當時便預告，將推出相關 SP 1800 系列指引，以幫助當地企業落實零信任。

不僅如此，到了 2021 年 2 月，美國國安局（NSA）發布了「擁抱零信任安全模型」的技術指引，同年 5 月，美國國防部國防資訊系統局（DISA）也宣布，將推出零信任參考架構。

顯然，隨著零信任架構的發展到了全新階段，不只是資安業界提倡，如今，更是已經成為國家層級都相當看重的網路安全新策略。

而這股應用零信任的風潮，現在也正吹向臺灣。其實在前兩三年，我們就已看到不少廠商打出零信任的大旗，提倡新的網路安全觀念，但在國內仍是少見且新鮮的議題，特別的是，在 2021 年臺灣資安大會上，許多講者都開始探討或提及零信任。

在這樣的趨勢之下，零信任已成網路安全防護的新焦點，加上 2020 年全球疫情持續至今，使得遠端工作議題重新

在 2021 年 2 月，美國國安局（NSA）發布「擁抱零信任安全模型」的技術指引。

被思考，臺灣在 2021 年也深受其影響，因此，對於零信任這樣的網路安全趨勢，勢必成為臺灣企業與組織，都值得參考與重視的資安思維。

零信任網路安全的發展，已歷經 10 年的研究

關於零信任的網路安全戰略，這股資安防護趨勢其實醞釀已久，到了最近幾年，才成為熱門焦點。

事實上，隨著 BYOD 與雲端服務的興起，以及遠端存取等需求，許多年前，已經開始讓企業的網路環境有所變化，傳統單純以「內」、「外」來區隔的企業防護，已經逐漸被打破而成為備受關注的議題，更深一層來看，其實，在這樣的態勢之下，已經逐漸促使企業網路內外的邊界消失。而 2020 年後疫情影響下的大規模實施居家辦公，以及近年推動的數位轉型工程，再次讓企業積極評估相關風險，並驅動著零信任網路架構的持續發展。

然而，儘管 ZTA 概念持續發展，在這

10 多年來逐漸成形，但還是有很多人對於 ZTA 的認知，仍僅有模糊的概念，而且，到底零信任本身的發展，是否達到成熟的程度？可能還是許多人的疑問。

簡單來說，自從 2003 年在 Jericho 論壇，開始有跨國工作小組探討網路邊界消弭（De-perimeterisation）的議題，到了 2010 年，有了較為具體的零信任概念浮上檯面，因為時任 Forrester Research 首席分析師 John Kindervag，在此時提出零信任模型（Zero Trust Model），這些都帶動了零信任網路安全策略的發展。

Google 實踐以及推動經驗帶動潮流

不過，要將零信任網路安全架構化為可能，還是需要實踐，在 2014 年，Google 釋出了一份名為 BeyondCorp 的文件，成為焦點。

根據 Google 說明，當時幾乎每家公司都使用防火牆來強化企業邊界的安全，然而，這種安全模型是有問題的，因為當邊界被破壞時，對攻擊者而言，相對是容易存取公司內部網路。因此，Google 在網路安全採取了不同的方法，取消內部網路特權的要求，之後他們並長期推動這項計畫。

Google 之所以這麼做，是從他們在 2009 年遭遇網路攻擊後，開始有了這樣的構想。該起事件，被稱之為極光行動（Operation Aurora），當時該公司的 Gmail 服務在 12 月中旬，遭遇到來

2003、2004年	2010年11月	2014年12月	2018年12月	2020年8月
Jericho 論壇開始探討網路邊界消弭（De-perimeterisation）的議題，聚焦無邊界趨勢下的網路安全解決方案	《Build Security Into Your Network's DNA: The Zero Trust Network Architecture》報告發布 Forrester Research 前副總裁 John Kindervag 提出零信任（Zero Trust Model）模型，預設不信任任何事物	《BeyondCorp》於 Usenix 的;Login 雜誌發布 Google 釋出 BeyondCorp 文件公開其架構與存取流程，建立信任並持續驗證	白皮書《Zero Trust Is an Initial Step on the Roadmap to CARTA》發布 Gartner 提出精確足夠的信任——Lean Trust，以信任與風險為中心，持續動態調整信任評估	《NIST SP 800-207》標準文件發布 美國聯邦倡議採用零信任原則和方法來保護資訊系統與網路，NIST 推出 SP 800-207 標準文件

自中國的 APT 攻擊，同時還有 20 家業者也遭受類似的攻擊，包括 Adobe、Juniper Networks 等。

在上述資安事件後，Google 提出了新的內部計畫，目的是希望能了解員工與設備是如何存取內部應用程式，並重新建構自家網路安全架構。

經過五年的醞釀，Google 先是在 2014 年對外正式公開 BeyondCorp 的架構與存取流程，並在 2016 年公布他們本身是如何設計與部署。

從 Google 這七年來的努力來看，也意味著打造零信任網路安全環境，已經不再是空談。

到了最近三到五年，基於零信任的網路安全，呈現高度發展並持續演化的局面。例如，在 Google 長期推動之下，他們後續又將 BeyondCorp 實作於 Cloud IAP，再將此內部應用轉化為商用服務，於 2020 年 8 月宣布推出 BeyondCorp Remote Access 解決方案，之後又擴大解決方案功能，在 2021 年 1 月發表 BeyondCorp Enterprise。

事實上，不只是 Google 投入零信任，這幾年我們看到許多科技與資安業者，都基於零信任概念，持續研究發展網路安全架構或產品。

同時，對於零信任的探討也不曾停歇。例如，在 2018 年時，市調機構 Gartner 提出他們的看法，指出網路安全應基於風險與信任，做到持續監控、評估、學習與調整，達到精實的信任（Lean Trust），而零信任只是朝向此目標的第一步。

零信任已成美國國家級資安戰略，政府、企業與國防都看重

隨著零信任概念的演進，不只是資安界與科技大廠關切，更是成為國家級資安戰略，美國政府甚至已經採取行動。

由於美國政府倡議採用零信任原則與方法，來保護政府資訊系統與網路，所以，在兩年前，2019 年 2 月，美國 NIST 及旗下美國國家網絡安全卓越中心（NCCoE），在聯邦政府 CIO 聯席會（CIO Council）授權下，正式啟動零信任架構（Zero Trust Architecture）計畫。

在 2020 年 8 月，NIST 正式頒布 SP 800-207 標準文件，旗下 NCCoE 也已啟動 Implementing a Zero Trust Architecture 計畫，並在 2020 年 10 月，發布計畫說明文件，預告將藉由自家實驗室提供 ZTA 導入範例，並推出零信任相關的 SP 1800 系列實踐指南。

再加上 2021 年 2 月，美國國安局（NSA）發布了「擁抱零信任安全模型」的技術指引，解釋採用零信任模型的優點之餘，他們並強列建議：美國當地的國家安全系統、國防安全網路，以及國防工業的關鍵網路系統，都應該考慮零信任安全模型。後續，美國國防部國防資訊系統局（DISA）也在同年 5 月宣布，將提供零信任參考架構。

網路安全零信任已然成形

整體而言，持續演進的零信任網路安全架構，到了這兩年來，確實已經變得越來越具體，指出了傳統邊界防護策略的局限——舉例來說，傳統透過 VPN 讓員工進入內網的作法，一旦 VPN 帳密或憑證被竊，內網就被輕易突破。

相對地，在零信任概念上，是假設使用者帳戶與裝置都不能信任，因此強調內部網路應該如同外部網路，要有同樣的安全政策。

這種不信任的態度，如同白名單先預設都封鎖的作法，但零信任同時還強調了持續驗證以確保安全，包括藉由充分資料收集與分析，以及利用自動化達到即時決定，做到監控衡量現況與動態調整，以持續地活化整體防禦。

無論如何，網路安全零信任已有長足的發展與推動，決定採用的態度也越來越明顯，特別是在 NIST SP 800-207 發布之後，這不僅是讓美國政府對於零信任有遵循的依據，並可以讓外界對於日後的相關討論，能更有共識。

從這股零信任的發展潮流來看，對於臺灣企業與組織而言，勢必也成為必須關切的重要安全議題，最近一年以來，零信任幾乎成為各家廠商與專家都暢談的議題。接下來，我們將介紹 SP 800-207 零信任架構，同時也找來熟悉這方面的資安專家與業者來解說，幫助大家更進一步理解與認識新世代網路安全策略。**文⊙羅正漢**

首戰即終戰 全領域防駭
PROACTIVE CYBER DEFENSE

資安評級與管理合規
- 風險之眼服務
- ISMS/PIMS顧問輔導
- 電子郵件警覺性測試

企業架站與APP防護
- DDoS防護服務
- HiNet WAF網站應用程式防火牆
- HiNet ANDs先進網路防禦系統
- HiNet SSL憑證
- 滲透測試/弱點掃描/APP檢測/紅隊演練

資安監控與事件應變
- SOC委外監控服務
- 資安事件應變/鑑識
- MDR服務
- 資安健診

數位身分認證與識別
- PDF Sign 線上文件簽章系統
- S/MIME 郵件憑證
- FIDO生物特徵認證解決方案
- Block Chain區塊鏈解決方案
- Smart ID多元身分識別
- CLOUD HSM

物聯網與工控安全
- IoT檢測
- 工控(ICS)資安
- 關鍵基礎設施防護

企業邊界與閘道管控
- NGFW/UTM資安設備
- FireExpert防火牆管理
- 資安防護閘道器

勒索、木馬、網路釣魚防治
- 企業防駭守門員
- 檔案安心存/VES
- xDefender情資聯防系統

服務網址：https://secure365.hinet.net　　服務專線：0800-080-365　　www.cht.com.tw

中華電信 Chunghwa Telecom　　企 業 資 安

打造以零信任原則的
企業網路安全環境

ZTA 並非單一架構，而是基於 7 大零信任原則與不同情境來設計，每次資源存取都要經即時動態評估才放行，若要導入 ZTA 可採漸進方式，逐步做到更嚴格的資源存取控管

在 2021 年 5 月 12 日，美國總統拜登下達了行政命令，公布多項國家網路安全策略，期望改善該國的資安現況，當中最受關注的焦點之一，就是推動美國聯邦政府網路安全現代化，要求導入零信任架構的網路安全策略。

當中指出，美國政府須採取果斷措施，讓達成網路安全的方法能跟得上時代，包括提供政府對威脅的可見度，以及保護隱私與公民自由，因此，美國政府必須朝向零信任架構（Zero Trust Architecture，ZTA）邁進，加快腳步遷徙到安全雲端服務。

由於在 2020 年 8 月，NIST 已正式公開 SP 800-207 標準文件內容，成為美國政府採用 ZTA 的指南，在 2021 年 5 月頒布的行政命令中，規定當地政府機構 60 天內制定實施 ZTA 的計畫，並參考 NIST 標準文件指引的導入建議。

因此，我們別以為這樣的應用離現實還很遠！在國際上，零信任概念帶來的資訊安全架構重要轉變，已經邁向普遍應用的階段。

隨著企業 IT 環境面臨劇烈改變，資訊安全架構也需要翻新

零信任的網路安全策略，演變至今，

NIST零信任架構的組成

零信任架構中最主要的關鍵，就是每次資源存取都要經過存取控制的政策落實點（PEP）去確認是否放行，而此背後則是藉由相應的政策決策點（PDP）來判斷，特別的是，當中的政策引擎除了依據企業制定的資料存取政策，還應分析威脅情資、SIEM、活動日誌等多方資訊，來做到基於風險的評分以進行決策。

資料來源：NIST，iThome整理，2021年7月

由 NIST 公布的 SP 800-207 標準文件，可說成為各界瞭解 ZTA 的重要參考依據。不過，對於大多數的國內企業組織而言，可能知道零信任是重要資安趨勢，但談到 ZTA 可能仍是一知半解。

為了更完整掌握這樣的概念，我們請到臺灣科技大學教授查士朝進行解讀，他曾在 2021 年臺灣資安大會上，剖析簡中關鍵：NIST SP 800-207 標準文件。

若要了解零信任，有那些重點要注意？首先我們可以設法掌握制定此項架構的基本背景，而 NIST SP 800-207 的第一章就是針對這部分的整理。

簡單來說，現在 IT 架構變得複雜，已經超越傳統網路邊界安全的作法。因為企業網路的邊界並不是單一存在，並且難以識別。所以，一旦攻擊者突破邊界後，後續橫向移動則是暢通無阻。對此，查士朝表示，ZTA 主要就是針對

傳統強化邊界的方法，面對 BYOD、雲端服務與遠端工作等新興存取方式的挑戰而發展。

因此，現在提倡的新型網路安全模式，稱之為零信任。基本上，零信任的方法，著重於資料與服務的保護，但也應該擴展到所有企業資產與主體，這些企業資產包括裝置、基礎架構元件、應用程式，以及虛擬與雲端元件，而主體也包括來自使用者、應用程式或者機器的資源請求。

根據 NIST 說明，ZTA 是基於零信任原則的企業網路安全架構，目的是為防止資料外洩以及限制內部橫向移動。事實上，零信任並非單一的架構，而是關於工作流程與系統設計，以及營運的指導原則。

特別的是，NIST 指出，過渡到 ZTA 將是一段旅程，並非透過全面的技術更

換就能完成。

其實，現在多數組織本身的 IT 基礎設施，都已經存在 ZTA 的元素，因此，組織應逐步尋求零信任原則的實施、流程的變更，以及技術解決方案。

遵循的原則與信任關係是關鍵，組織內外資安管控應一致

在 NIST SP 800-207 第二章中，提供了外界更多關於零信任的基礎知識。

這裡有兩部分值得重視：一是具體描繪出 ZTA 的設計與部署遵循的基本原則；另一是提供從零信任的視角來看待網路的假設與見解。對於導入 ZTA 的組織而言，有了基本原則與相關假設，就能根據這些規範與設定來進行開發設計。

NIST 說明零信任是聚焦於資源保護為核心的網路安全模型。從定義來看，零信任提供了一系列概念與想法，重點在於防止未經授權存取資料與服務，使存取控制盡可能做到更精細。

但是，存取控制有其不確定性，因此重點將放在身分驗證、授權與限縮信任區域，而且，需要盡可能減少身分驗證機制的時間延遲，保持可用性，並盡可能讓存取規則更精細，讓每次資源存取請求操作，只提供所需最小權限。

而在過渡到 ZTA 時，NIST 也強調，並非單純替換技術就可以做到這樣的要求，而是關係到組織如何在其任務中評估安全風險的過程。

為了說明這方面的存取控制，NIST 提供簡要的存取模型。當使用者或機器需要存取企業資源時，會經過政策落實點（PEP），以及相應的政策決策點

零信任 7大原則

1. 所有的資料來源與運算服務都要被當作是資源。
2. 不管適合哪個位置的裝置通訊，都需確保安全。
3. 對於個別企業資源的存取要求，應該要以每次連線為基礎去許可。
4. 資源的存取應該要基於客戶端識別、應用服務，以及要求存取資安可觀察到的狀態，以及可能包括的行為或環境屬性，去動態決定。
5. 企業監控和衡量所有擁有與相關資訊資產的正確性與安全狀態。
6. 在允許存取之前，所有的資源的身分鑑別與授權機制，都要依監控結果動態決定，並且嚴格落實。
7. 企業應該要盡可能收集有關資訊資產、網路架構、骨幹，以及通訊的現況，並用這些資訊來增進安全狀態。

資料來源：NIST，iThome整理，2021年7月

（PDP）來授予權限，為的是即時基於風險評估結果，決定是否能夠存取。

查士朝指出，NIST 在此章節還統整出 ZTA 設計應遵循的 7 大基本原則，簡而言之，主要是：識別可存取資源、連線安全、妥善存取控制、考量存取者狀態、了解資源狀態，以及監控裝置與資源風險，持續蒐集資訊與改善。

而關於零信任架構的設計與部署，都要依據這些原則來進行，但 NIST 也說這些原則是理想的目標，畢竟，並非所有原則都能以最純粹的形式來實現。

另一方面，NIST 也列出在零信任的角度下，對於網路的 6 大假設，包括：

（1）企業私有網路不能預設為信任區

（2）網路中的裝置有可能不是企業所擁有的，或是能被設定的

（3）任何資源並非天生就可受信賴

（4）並非所有企業資源都位於企業擁有的基礎架構上

（5）遠端使用者存取企業主體與資產時，不能完全信任本地的網路

（6）在企業與非企業基礎建設之間

移動的資產與工作流程，應具有一致的安全政策與安全狀況。

不僅要持續驗證，存取控制也應基於風險評估而動態調整

要如何實現零信任架構？在 NIST SP 800-207 第三章中，描繪 ZTA 邏輯元件的架構圖，呈現 ZTA 核心元件的關係。

基本上，我們可將網路控管環境，區分為資料層，以及控制層。從資料層面來看，當任何主體透過系統要存取企業資源前，需先經過存取控制的政策落實點（PEP），決定是否給予權限。

而在 PEP 背後，將藉由控制層相應的政策決策點（PDP）來判斷，而 PDP 內部包含兩個部分，一是負責演算的政策引擎（PE），另一是負責策略執行的政策管理（PA）。

同時，在決策過程中，還會引入多方與外部資訊來幫助決策，包括：企業建立的資料存取政策、PKI、身分管理系統、SIEM 平臺資訊，以及威脅情報、網路與系統活動日誌，還有美國政府已提出持續診斷與緩解（CDM）系統，以及產業合規系統等。

查士朝表示，因此 ZTA 不只是依照管理者設定的政策去判斷可否放行，政策引擎還要考量到多方外部資訊，做到即時調整控制權限。

另一方面，在 NIST SP 800-207 第三章中，NIST 還說明了一些較為技術性的內容，包含 ZTA 的 3 項必要技術，4 種 ZTA 部署方式，以及政策引擎在考量多方與外部資訊時，所建議的可信任演算法、風險評分機制，同時，還有 ZTA 網路環境的需求。

舉例來說，由於 ZTA 並非單一架構，因此，組織可透過多種方式為工作流程

制定 ZTA，為此 NIST 也特別提出說明，他們表示，完整的零信任解決方案要具備 3 項要素，包括：進階的身分治理（Enhanced Identity Governance）、網路微分割（Micro-Segmentation），以及軟體定義邊界（Software Defined Perimeters）。

在部署方式上，由於每個公司與組織的環境不同，NIST 只是簡單提出 4 種情境，幫助大家了解。

簡單來說，前兩種是基於代理程式（Agent）的模式，它們之間的差異在於，存取資源時，是否經過單獨的網路閘道器，或者是將很多資源部署在同個網段，經過同個網路閘道器；後兩種則是沒有 Agent 的模式，彼此的不同之處在於：一個是經過網頁入口，另一個則是透過沙箱。

查士朝認為，要理解這些部署方式，其實可從在家工作的角度去思考，例如，透過下列 3 種狀況來比較差異，包括：（1）完全隔離的工作環境、（2）在辦公室工作、（3）異地分區辦公。如此一來，能夠更便於設想。

舉例來說，我們可以試想遠距或行動辦公會面臨的資安威脅。此時，通常較欠缺實體安全防禦，也缺乏維護作業環境安全能力，而且居家也可能受到網路攻擊，以及釣魚郵件攻擊，還有不安全的網路連線伺服器主機，以及未妥善保護的企業網路資源等。

為了讓大家對 ZTA 更有概念，查士朝具體談到了遠端連線的種類，並引用 SP 800-46 來對照說明。基本上，遠端連線包括直接應用程式存取、Tunneling、遠端桌面存取、以及入口（Portal），而在 ZTA 中，VPN 只是連線工具而非安全機制，遠端桌面則有很多缺點，當遠端機器很多時，容易產生安全問題，企業可能透過 VDI 做到集中式管理，因此，ZTA 方案多半屬於入口

網站形式，透過入口伺服器的驗證，再讓每個主體去存取後面的資源，Google 的 BeyondCorp 就是典型例子。

整體而言，查士朝認為 ZTA 有 5 大關鍵，包括保護裝置安全、識別存取者身分、存取控制、持續監控並視為存取控制依據，以及現在存取範圍，並以存取控制為核心，來考量其他技術元件。

對於 ZTA 整體布局，NIST 現階段僅提出較籠統的說明

ZTA 有哪些參考使用案例？在 NIST SP 800-207 第四章稍微提到，針對部署情境舉出 5 種企業型態的例子。像是：擁有衛星工廠的企業，使用多種雲端服務的企業，擁有合約服務與非員工存取的企業，跨企業邊界協作的企業，以及面向公眾或客戶服務的企業。

查士朝指出，這部分主要是在很單純的實務情境中，說明可以如何部署，但細節並未著墨太多。

至於接下來的兩章，分別探討 ZTA 的相關威脅，以及 ZTA 與美國既有聯邦指引的關連，包括美國政府在各方面提出的資安框架，以及法規要求等。

邁向零信任從評估著手，企業流程更是重要

由於邁向 ZTA 並非一蹴可幾，因此 NIST 在這份標準文件的最後（第七章），特別提供了導入 ZTA 的步驟建議，讓企業對於 ZTA 的導入更有方法。

以 ZTA 部署生命週期而言，首先要做到評估，這方面包含了系統清單、使用者清單，以及企業流程審查。也就是一開始就要對資產、主體與業務流程，有詳細的瞭解，否則，一旦無法掌握企業現況，企業將無法確定需要那些新流程系統。而在評估之後，步驟則是風險評估與政策制定、部署與作業。

值得關注的是，NIST 在這份文件說

明掌握業務流程的重要性，因為，相關調查的進行，都與組織業務流程檢查有關。同時，這些步驟可與 NIST 風險管理框架（RMF）的 SP 800-37 相對應。這是因為，採用 ZTA 的每個過程，也就是降低組織業務功能風險的過程。

整體而言，包括：識別企業中的攻擊者，識別企業擁有的資產，接著清查關鍵流程並評估相關風險，之後制定 ZTA 策略與選擇 ZTA 解決方案。

而在制定存取控制的政策時，也要考慮到基於風險評估的判斷，後續，還要加強對於行為的監控。

零信任下一關注焦點：ZTA 的 SP 1800 系列實踐指引

就現階段而言，有意導入 ZTA 的企業，NIST SP 800-207 無疑是必須參考的內容，這其實也讓日後各界在討論 ZTA 時，能夠有一致、共通的語言來溝通，至於後續是否還有其他更具體的資料可供大家參考？

事實上，美國 NIST 與旗下國家網路安全卓越中心（NCCoE），在 2019 年 2 月，啟動了零信任架構的計畫，當中有一部分的工作與此有關——除了發布 NIST SP 800-207 標準文件，他們還規畫 Zero Trust Test Lab 實驗室，以建立符合使用情境的網路環境，統整零信任技術與元件，進行場景測試。

NCCoE 也表示，將會啟動「實施 ZTA」的計畫。他們已經在 2020 年 10 月，發布專案描述文件「Implementing a Zero Trust Architecture」，這裡主要提供 6 個情境，而且針對的是存取的情境來舉例，同時，也預告日後將發布基於零信任架構的 SP 1800 系列指引，以及提供最佳實務與資源。

屆時企業可以同時參考標準文件與實踐指引，在設計、推動與落實零信任概念時，將會更有幫助。**文⊙羅正漢**

迎接零信任時代！
從盤點資產與資料流程著手

在推動 ZTA 網路安全策略時，組織的管理階層對於零信任必須有足夠的認識，若要踏出第一步，可從做好評估與盤點下手

面對零信任的議題，隨著各大資安廠商的推動，以及美國 NIST SP 800-207 的文件發布，臺灣企業與組織也很關心此一發展，但現階段應該要有那些正確的認知呢？我們找來多位資安專家與業者來進行解說，請他們提出具體的建議。

NIST 已界定 ZTA 問題範圍，奠定未來實作方向

儘管資安界對於零信任的概念已經倡議了很多年，然而，隨著 NIST SP 800-207 文件正式發布，我們現在持續探討如何建立零信任架構（Zero Trust Architecture，ZTA），對於這個概念邁向務實的發展，以及提升普遍採用的程度，仍然有很重要的意義。

臺灣科技大學教授查士朝指出，這份標準文件，不僅是提供美國政府遵循的依據，也可作為日後各界討論 ZTA 時，可以作為名詞上的共識，創造同樣的說法讓各界去應用，而後續也會有相關的 SP 1800 系列的網路安全實作指南，提供 ZTA 的實務指引。

對於 SP 800-207 定案所帶來的益處，奧義智慧資深研究員陳仲寬指出，它確定了各方探討零信任時的問題範圍，而且，這當中也提出了 ZTA 邏輯元件構成，以及部署情境與用例。

同時，此份文件也提供了具體的建置與設計作法。例如，針對邁向零信任的步驟提出說明，包含當 ZTA 與傳統架構並存，以及在傳統網路架構導入 ZTA 的步驟。因此，NIST 不僅是提出具體的架構，也提出如何漸進發展為 ZTA 的方式。

此外，由於這是第一份由政府研究單位所發布的白皮書，與之前許多廠商提出的白皮書相比，NIST 的立場在各方面較為客觀，而且，在 SP 800-207 發布後，主要零信任解決方案的廠商也都做了與該文件的對照。因此，其重要性不言而喻。

企業該如何看待零信任網路安全策略？奧義智慧資深研究員陳仲寬表示，若對照安全模型 Cyber Defense Matrix（CDM）的框架而言，零信任架構有助於整個識別與保護面向的強化。圖片來源／奧義智慧

從攻防角度看零信任網路安全

面對零信任網路安全架構的採用，不只是降低資料外洩、解決內網預設信任等問題，從防禦與攻擊角度來看，也是資安與 IT 單位可以延伸探討的議題。

就資安防禦觀點而言，奧義智慧資深研究員陳仲寬表示，可以從安全模型 Cyber Defense Matrix（CDM）來看，在這個 5 乘 5 的矩陣中，零信任所涵蓋的範圍，可說是整個識別與保護的面向，包含了裝置、應用程式、網路、資料與使用者的範疇。

他並指出，在過去幾年，資安韌性已經成為許多研究單位重視的一環，而在 NIST SP 800-160 Vol. 2 當中，也敘述了如何從系統設計的層面著手，並且從早期就加強資安韌性。但此處所提到的技術繁雜，有些互相呼應，有些相互衝突。而零信任架構則是在「沒有隱性信任（Implicit trust）的主軸」下，可以實作資安韌性的方式。

而從攻擊者的角度而言，零信任網路安全的防護也需與其他資安議題呼應。戴夫寇爾執行長翁浩正指出，在很多攻擊事件或演練的經驗中，攻擊方往往會繞過身分驗證機制，依此思考模式，為了零信任而導入的機制，是否也可能成為駭客的新目標。

同時，我們還要注意零信任實作面不足的情況，或是 ZTA 所信任的 PEP 可能被攻破。這些風險面都將是管理與軟體供應鏈等資安議題的範疇。文⊙羅正漢

釐清零信任網路安全的含意，有助於與各方的溝通與討論

雖然零信任議題當紅，各界看重其可帶動網路安全的提升，但我們實際看待「零信任」議題時，還是有些觀念有必要先釐清。

舉例來說，近年在資安界熱議的零信任，不論是零信任模型，以及零信任架構，都是基於企業網路安全範疇而論。

然而，一般人在接收零信任的觀念時，若不清楚有相關前提，就字面上的直覺念頭，可能會認為這只是「採取全不信任的態度」，或是聯想到「盡可能限縮被攻擊的表面」，雖然部分概念上並沒有錯，但基於零信任的網路安全，其內涵並不只是如此，而這樣的認知落差，就很有可能容易產生混淆。

另一方面，許多資安廠商都已呼應零信任，或是提出打著零信任旗幟的解決方案，當企業用戶在看待這樣的字詞時，也可能容易有認知落差。

查士朝表示，現在很多產品號稱與ZTA相關，但是，企業用戶必須了解：這些解決方案主要是滿足了ZTA的哪些方面需求？

他認為，最簡單的理解方式，可藉由ZTA的5大關鍵元素來區分，包括：最核心的存取控制、以及識別存取者身分、持續監控並視為存取控制依據，還有保護裝置安全與限制存取範圍，以分辨該方案所涵蓋的面向。

換言之，這將有助於要導入ZTA的企業用戶，能夠理解各家解決方案所對應到的環節，或只是某環節下的一部分。讓企業在看待這些安全解決方案時，可以更有邏輯。

關於各家系統與資安廠商所提出的ZTA應用方案，工研院產業與經濟研究中心電子與系統研究組研究經理徐富桂認為，由於每家廠商的作法與技術著重面向都不太一樣，因此，企業用戶需

考慮自身的環境特性與使用情境，才能有效去應用。

以Google的BeyondCorp為例，可支援雲端、企業內部的部署，或是混合式環境，其作法是用戶需連至特定的網站入口（Portal），以瀏覽器介面為主，因此，這種配置有別於在端點安裝代理程式（Agent）的方式。

而在政策引擎的設計方面，每家廠商做法也會不同，使用的AI、機器學習、自動化等技術，以及風險評估的機制，也會成為各廠商技術上獨到之處。

臺灣企業對零信任仍很陌生，階段式導入從掌握現況做起

現在是否為邁向零信任網路安全的最好時機？過去企業可能對於BYOD、雲端應用與遠端工作等，雖然已經採取各自的資安控管解決方案，但相較之下，基於零信任原則的網路安全架構，算是比較完整且全面，可視為增強網路安全架構的基石。

對此，查士朝表示，隨著現在遠端工作的議題，企業在考量遠端工作時，順便朝ZTA架構發展，其實是不錯的時機點，但還是要看企業本身是否真的想強化網路安全。他另提到的是，美國國防部發表網路安全成熟度模型認證CMMC，此議題也很值得重視，是更具強制力的作法。

而對於臺灣ZTA的發展現況，徐富桂表示，他在2020年舉行的RSA大會上，已經看到不少廠商都有ZTA解決方案，因此，國外這方面的發展算是趨於成熟，不過，徐富桂認為，臺灣企業對於零信任網路安全的認知，目前是相對比較不足。

至於是否已有臺灣企業開始朝ZTA邁進？徐富桂表示，已聽聞少數新竹的中小企業開始這麼做。

由於邁向零信任，並不是一步到位，

究竟要花多久時間才能達到這樣的終極目標？這並沒有普遍的答案，就現階段而言，該如何著手，是有意導入ZTA的企業可關注的焦點。

基本上，NIST SP 800-207已提供導入的步驟，當中提到企業可以先從評估開始，而就現階段而言，我們如果要開始實踐ZTA架構，有那些需要特別注意的地方？

戴夫寇爾執行長翁浩正表示，ZTA的重點可先放在資安管理：先清查有那些資產，再來做管理面的盤點，該公司事業發展經理鍾澤華強調，在盤點的過程中，還有一個大家都很容易忽略的重要觀念，那就是：必須要掌握業務單位的資料流，以瞭解現有的工作流程能否跟ZTA結合。

對此，奧義智慧陳仲寬同樣指出這方面的重要性，他認為，瞭解企業資料怎麼被應用相當重要——因為，企業過去較少針對存取路徑的盤點，釐清之後，才能知道要在那些地方部署存取管控點，以監控到所有資源存取。而且，除了考量使用者的存取，現在企業內部有很多工作流程，其實是機器在執行存取行為，這同樣要納入考量。

綜合上述說法，我們可以發現，企業在初期邁向零信任時，關於資料流的盤點可能會是一大挑戰。

須重新思考如何做到更嚴謹的資料存取控制

無論如何，零信任的網路安全策略，已經成為當今資安，並且是IT領域的重要趨勢，因為大家都期盼透過導入這樣的架構，能夠解決內網預設信任、降低資料外洩等問題，但要達到終極目標，也將面對一些挑戰。

畢竟，從現有的邊界防護策略若過渡到零信任網路安全策略，也需要漸進的導入過程。 文◉羅正漢

看懂零信任架構，
先釐清對於 ZTA 常見的 3 大迷思

面對現今的資安威脅，零信任的議題已成一大關注焦點，但各界對零信任架構（ZTA）概念可能仍不夠清楚，臺灣科技大學教授查士朝特別點出 ZTA 的 3 大迷思，並針對導入策略做簡要說明

近年來，在資安防護的觀念上，零信任概念越來越熱門，不僅資安專家、廠商都在提倡，美國國家標準暨技術研究院（NIST）在 2020 年 8 月也發布了 SP 800-207 標準文件，探討並說明如何建立零信任架構（Zero Trust architecture，ZTA）。

不過，儘管 ZTA 概念持續發展，逐漸成形，但還是有很多人對 ZTA 僅有著模糊的概念，對此，臺灣科技大學教授查士朝從 ZTA 的迷思與導入策略談起，讓大家更瞭解 ZTA。

零信任仍存在信任關係，不純粹信任網路邊界才是重點

對於零信任架構大家的認知是什麼？是指全部都不信任嗎？查士朝指出，多數人可能因為零信任架構這樣的名稱，而有了很多誤解。

查士朝說明，在企業防禦上，以往採區隔信賴邊界的做法，作為信任與否的憑藉，但在沒有區隔信賴邊界狀況時，就會變成所有的元件，都要經過重新經過安全的分析，才能夠判斷一個服務到底安不安全。

然而，不論使用資訊服務或任何事，其實一定都會存在某種程度的信賴基礎。他舉例，像是基於對於憑證管理中心（CA）的信賴，而去建立安全連線與簽章，相信對方是真的連接對象；基於對伺服器硬體的信任，因而在上面部署各式服務；以及基於對程式編輯器的信任，而使用它來開發程式。

因此，大家在理解零信任時，並不表示任何東西都不能信任。他解釋，我們不能只信任內網的使用者，但也不能單純不信任外網的使用者，重點其實在於：不能單純因為邊界，而去決定要不要信任使用者。

這是因為，傳統強化邊界的方法，在面對新興存取方式時有著不少挑戰。例如，10 多年前就興起的 BYOD 浪潮，而現在有更多企業將資料放上雲端，加上這一年來 COVID 19 使遠端工作成常態，因此，在 NIST SP 800-207 的 ZTA 文件中，就特別強調 ZTA 是針對目前依些新興存取行為的因應對策。

進一步探究近代零信任概念發展與現況

關於零信任概念的發展，追溯最早的起源，查士朝認為，可以說是來自於無心插柳的結果。

在 2003 年 Jericho 論壇上，那時討論

在 2021 年舉行的臺灣資安大會，以「TRUST: redefined 信任重構」為主軸，多位業界專家與學者都提到零信任的發展。此概念自 2003 年衍生，2010 年趨於具體，2020 年美國 NIST 也發布了 SP 800-207 標準文件，探討如何建立零信任架構。

的主軸，是關注於網路資源在不同企業的共享與利用，可以去除企業之間的邊界，因此，主要是聚焦無邊界趨勢下的網路安全解決方案。

不過，當時論壇所延伸出來的技術探討，也成為了零信任後續發展的基礎。

較為具體的零信任概念，是在 2010 年出現，由 Forrester Research 前副總裁 John Kindervag 提出。

John Kindervag 認為，裝置不再有信賴與不信賴的邊界，以及不再有信賴與不信賴的網路與使用者。查士朝舉例，像是不因為內網或者外網，而有信任或不信任的情況，也不會有絕對信任的使用者，而是判斷用戶行為與情境，再去決定相關權限。

關於零信任架構的邏輯與重點，查士朝分別從 2010 年 John Kindervag 提出的內容，以及 2020 年 NIST SP 800-207 所公布的內容，來說明發展現況。

查士朝表示，以 John Kindervag 的零信任考量重點來看，主要有 4 個主要的核心，這當中包括：使用整合的分割閘道器（Segmentation gateway）為網路核心；建立平行且安全的網路分隔；需考

慮網路後臺的集中管理；以及建立資料蒐集網路，以掌握網路的完整狀況。

而以 NIST SP 800-207 而言，在 ZTA 的核心元件中，也可瞭解當中的信任判斷依據。查士朝強調的部分在於：對於任何關鍵資源，在存取前都要檢查使用者是否有權限。因此，需要經過存取控制的政策落實點（PEP），做到權限的檢查，而在檢查過程當中，將透過政策決策點（PDP）來判斷是否有權限做這樣的事情。並且，此一過程將考慮到更多面向的資訊，包括資料存取政策、SIEM、活動記錄，以及威脅情資等 8 類資料來源，幫助決定存取決策。

而 ZTA 上述作法，更是具體說明了零信任仍然有信任的關係存在。查士朝指出，因為，在上述 ZTA 核心元件中，現在至少還是會信任某些元件，例如 PEP 與 PDP，只不過 ZTA 會要求在存取前，必須要做到檢查。

為了說明 NIST SP 800-207 中的 ZTA 邏輯元件組成，查士朝也特別將該架構圖翻譯成中文，讓現場聽眾可以更直覺了解 ZTA 的核心邏輯元件。同時，他也點出 ZTA 其實還是會信任某些元件，那就是關鍵的政策落實點（PEP）與政策決策點（PDP）。

ZTA 並非獨特架構，而是告訴大家安全上應考慮的原則

現在 NIST SP 800-207 所描繪的 ZTA，與 10 年前有何差異？查士朝認

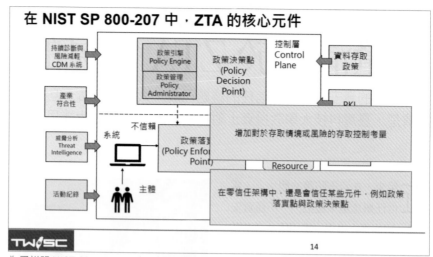

為了說明 NIST SP 800-207 中的 ZTA 邏輯元件組成，查士朝也特別將該架構圖翻譯成中文，讓現場聽眾可以更直覺了解 ZTA 的核心邏輯元件。同時，他也點出 ZTA 其實還是會信任某些元件，那就是關鍵的政策落實點（PEP），以及政策決策點（PDP）。圖片來源／查士朝

為，在於增加了對於風險或存取情境的存取控制考量。

他解釋，現在的 ZTA 不只是要看到風險的結果，還要能基於風險評估的結果，去決定是否能夠存取，而且，現在 ZTA 不再強調是特定架構，而是列出一些教條，也就是 7 大原則，讓各式實作能依循以符合 ZTA。

基本上，ZTA 設計的 7 大原則，包含：（一）所有的資料來源與運算服務都要被當作是資源；（二）不管適合哪個位置的裝置通訊，都需要確保安全；（三）對於個別企業資源的存取要求，應該要以每次連線為基礎去許可；（四）資源的存取應該要基於客戶端識別、應用服務，以及要求存取資安可觀察到的狀態，以及可能包括的行為或環境屬性，

去動態決定；（五）企業監控與衡量所有擁有與相關資訊資產的正確性與安全狀態；（六）在允許存取之前，所有的資源的身分鑑別與授權機制，都要是依監控結果動態決定，並且嚴格落實；（七）企業應該要盡可能收集有關資訊資產、網路架構、骨幹，以及通訊的現況，並用這些資訊來增進安全狀態。

因此，從這些原則所關注的焦點來看，簡而言之，就是識別可存取資源、連線安全、妥善存取控制、考量存取者狀態、了解資源狀態，以及監控裝置與資源風險，持續蒐集資訊與改善。

至於 NIST 中 ZTA 有那些新的重點？查士朝歸納出 3 大重要項目來說明。

首先是，可存取資源的識別，基本要知道哪些資源可被存取，那些資源不能被存取；其次，使用者層級的權限控制，需考慮使用者的身分，透過身分層級去做存取控制；最後，是在存取控制加入對風險的考量，透過風險考量每次決定使用

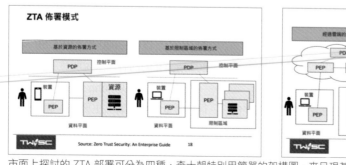
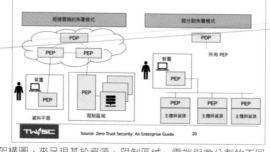

市面上探討的 ZTA 部署可分為四種，查士朝特別用簡單的架構圖，來呈現基於資源、限制區域、雲端與微分割的不同方式。圖片來源／查士朝

者是否存在相關風險，判斷是否能夠存取資源，以動態改變存取的原則。

導入 ZTA 並非要立即替換既有邊緣安全機制

對於企業該如何導入 ZTA，查士朝認為，市場上有提到 4 種部署方式，包括基於資源、限制區域、雲端與微分割的部署方式。這些是企業在導入 ZTA 時，可參考與評估的重點。

舉例來說，以基於資源的部署方式而言，在每個資源存取之前，都要經過相關的管控機制，他以 BYOD 或遠端工作情形為例，如果使用者端裝置都沒有安裝任何 MDM 相關軟體，將只能夠以訪客身分存取，並且不允許存取受保護的資源，如果裝置安裝了保護軟體並經妥善設定，才能夠依使用者的身分與狀態，存取這些受到進階保護的資源。因此，在這樣的概念中，不只是資源存取的強化，也包含了存取者風險狀態的綜合考量；此外，他也針對基於雲端的布署方式做說明，企業除了在雲端設置一個存取閘道，控管上將有兩種選擇，可將 PEP 與 PDP 設置於企業內部或是雲端。

不過，這部分他更想談論的是，既有邊緣安全機制是否無用之地？他指出，這些防護設備在 ZTA 中，其實都還是能夠發揮一定的效果。

例如，原本的身分識別與存取管理（IAM），在 ZTA 中仍然需要提供身分鑑別與存取控制資訊，次世代防火牆（NGFW）可做為 PEP，但通常還要加入對於裝置安全的考量，至於入侵偵測與防禦系統（IDP/IPS）也能夠與 ZTA 整合。

其他網路設備同樣會有合適的作用，像是網路防火牆，在某種程度上還是可

導入 ZTA 先別急著花錢，查士朝建議，可採取階段式導入概念，一開始可以先掌握現況，盤點要保護的重要資源與既有存取原則與安全控制，之後再循序強化，最終做到掌握風險資訊提前因應、依存取情境變更存取權限，以及持續檢討與改善。圖片來源／查士朝

以扮演政策執行點的角色；Web 應用防火牆（WAF）仍可用來減少攻擊介面；網路存取控制（NAC）可做為限制存取客戶端的初步手段；至於負載平衡器，在零信任架構中仍然需要，只是部署方式可能需要改變。

此外，像是 SIEM/SOAR 這類設備，將可幫助提供情資資訊，而特權存取管理也能與 ZTA 整合，以提供更好的控制決策。在 ZTA 架構中唯一可能會被淘汰的資安應用，他認為是 VPN。

建議採階段式導入，從掌握現況、強化根基再到深化安全

而在企業朝向 ZTA 邁進時，還要注意什麼？畢竟，從上述來看，與其說 ZTA 是一個架構，更可以說是企業或組織的資安策略。關於 ZTA 導入建議步驟，在 NIST SP 800-207 第 7 章已有相關說明，查士朝更建議，可採取階段導入方式來一步步完成，同時他更歸納出 3 大階段 10 大步驟，讓企業能有更簡單的依循方式。

首先，企業一開始不要急著花錢，應該要能掌握現況，先知道自己有哪些重要資源需要保護，並對既有的存取原則與安全控制作了解。簡單來說，初期步驟就是要盤點所有企業資源與存取情

境，掌握既有存取控制規則，以及掌握既有安全控制措施。

接下來是慢慢強化，也就是將既有存取控制進一步強化，確認存取控制是否正確，以及確認安全問題等。具體而言，這裡的實施步驟包括：強化存取控制措施、強化記錄機制、強化強化災難復原機制以及資安檢查。

最後是更進一步深化安全，像是做到能夠依照收到 Log 紀錄與知道的風險，去動態調整存取控制原則，他認為，這時候再去布置零信任相關元件，或許是比較好的做法。因此，相關步驟包括：掌握風險資訊提前因應、依存取情境變更存取權限、持續檢討與改善。

整體而言，在本場零信任架構的演講中，查士朝期望大家都能夠先釐清對於 ZTA 常見的 3 大迷思，才能更妥善應用其概念，來改進企業或組織的資安架構。包括要大家能理解，ZTA 還是會信任某些元件，但重點更是要我們不只是純粹信任網路的邊界，並要認識 ZTA 並不是一個獨特的架構，而是在安全上要考量到某一些原則，以及知道 ZTA 並不是要我們汰換原有的所有邊緣安全機制。

同時，對於 ZTA 導入策略，查士朝列出 4 大關鍵作為提醒，包括：盤點使用者與資源、妥善部署資源、檢視權限並落實存取控制，以及掌握資源與使用者狀態。他並表示，如果企業想要以最快方式完成這些動作，將重要資源集中是關鍵，並在前方設置相關次世代防火牆，做到資源動態配置與加強存取控制，這些是最基本要做到的部分。

此外，企業也應該要懂得考慮本身的狀態，引入相關的概念來逐步強化安全防護。**文⊙羅正漢**

從管理與信任本質去思考，
解析零信任架構設計與實踐方式

「永不信任，始終驗證。」是多數人對於零信任概念的第一印象，但要如何打造這樣的防護體系？
KPMG 闡釋零信任的定義與原則，並針對參考架構與發展歷程提出具體建議

企業面對現今複雜的資安威脅，零信任議題不斷被提出，隨著疫情加速改變 IT 型態，又提高企業的風險，零信任架構（ZTA）更受到各界看重，成為下一代網際安全必備架構。

為何許多資安廠商、雲端服務大廠都擁抱這概念？企業該有那些認知？對此，KPMG 安侯建業數位科技安全服務團隊副總經理邱述琛指出，信任其實是困難的，我們不僅思考到底要和誰互相信任，信任什麼事物，不只是了解 ZTA 的定義與原則，對於 ZTA 參考架構與實行，也需關心該如何發揮效果，更要注意在業務推動與安全考量間取得平衡，並透過持續監控檢討精進。

因此，近期談到零信任概念，就會同時強調「永不信任，始終驗證」。就其定義來看，簡單而言，它是以一個資料為核心，更著重身分驗證的模型，其設計目的，就是應對當今無邊界網路世界下的挑戰，同時，永遠不信任組織資安邊界內外的任何事務，並且必須驗證試圖連接到組織系統的所有連線，通過後才授與存取權限。

ZTA 是整體性概念，理解原則與信任關係，才能決定參考架構

對於零信任，企業要有什麼樣的認知？邱述琛表示，從 KPMG 的角度來看，ZTA 是一個整體性的概念，並非專屬技術，而且，在不同情境下，將產生不同零信任需求，很難一體適用。

因此，在零信任的世界，「原則」就

對於零信任的核心概念，KPMG 數位科技安全服務團隊副總經理邱述琛表示，持續驗證是一大主軸，同時須搭配供判斷的即時資訊，以及細緻的存取控制，而遵循最小權限原則同樣是關鍵。

是關鍵，以此作為標準來驗證，符合企業對零信任的願景。在 KPMG 的定義，ZTA 有 8 大原則，包括：無邊界的設計、環境感知、動態的存取控制、持續評估、精密的區隔、以及動態的風險分析、實施及審查信任與即時監督。

以環境感知為例，邱述琛表示，存取服務的授予，是基於企業對員工本身，以及對個別裝置的了解。不僅是對人與對裝置的授權有所不同，還有對於非存取裝置的管理，像是接收 OTP 的裝置，因此他強調，企業需要先知道管理的是什麼，才能設計出管理的情境。

在零信任世界裡面，所謂的信任關係，還比大家想得複雜。他說，若是自己加密一份資料傳給自己，這是儲存的需求，還是傳輸的需求？如果使用者加密的資料只能自己解開，但又往外傳送，這樣的情境是否合理？若不合理，企業應該就要管控，就像一個人偷了公

司營業祕密，先將資料加密後往外傳送，之後人被抓到，但沒有金鑰無法解開，組織對於這樣的風險，是否可能要採取加密金鑰備份與託管來因應，或是禁止自己加密資料傳給自己的功能，實務上，就已有企業這樣管控。

也因為零信任架構並不是指特定的技術，因此，企業在選擇參考架構時，邱述琛認為，必須有整體設計觀。

基本上，將 IT 資產分成網路、身分、裝置／工作負載與資料，這四大構面與其中的因子，都將是在設計有效的零信任模型與解決方案時，需要考量的重點。不過，企業一開始可能無從下手，邱述琛表示，此時其實可用簡單的方式將情境畫出，再予以考量。舉例而言，像是企業有 3 個網路、4 個裝置、3 個不同人員，以及 2 種資料等級畫分，全部相乘後的結果，就代表有多少路徑。接下來，企業就可以從路徑中識別最高風險，找出控制方法。

在四大構面中，邱述琛針對身分識別與資料方面提出更詳細說明。他強調，沒有身分識別，就不會有存取控制，不論是人與裝置等，都要先知道是誰，否則後續也都沒辦法驗證。他強調，我們必須思考其本質，包括要和誰信任？信任的又是什麼？以及管理的意義到底在哪裡？企業必須先搞清楚。

同時，對於異常偵測，他提到美國軍方曾使用一項技術，可藉由偵測使用者按鍵盤的習慣，進而持續驗證是否為本人，一旦發現異常，就會啟動查核機

制，查看坐在電腦前的人。

在資料方面，國內企業普遍存在資料分級做不好的問題，儘管資訊安全管理制度（ISMS）已有這樣的要求，但執行上仍有很多狀況。

相較之下，美國軍方的作法或許值得參考。他們在資料分級好後，機密資料只會透過機密網路傳送，非機密資料則在非機密網路傳送，若資料交換需要透過安全閘道去控制，因此這就是用資料等級區分。然而，臺灣企業卻習慣用業務角度區分，之後再分成機密與非機密，這種作法並非不可以，但是會增加管理複雜度。

另外，他也提醒，除了與業務流程之間與安全的綜合考量，在零信任架構中，必須要有自動化工具的輔助，以及具備可見度與分析能力，都是相當重要的一環，是企業在參考設計階段必須重視的部分。而在零信任的高階級設計中，身分識別代理更是關鍵。

邁向零信任將是一段旅程，同時也要覺悟有 4 大挑戰

整體而言，零信任是以假設資安事件已發生的思維來設計，在其核心概念中，持續驗證是一大主軸，同時也仰賴即時資訊來提供判斷，以及細膩的存取控制方案，綜合多方資源的配合，而遵循最小權限原則更是關鍵。例如，只給予完成任務必須要有的最低權限、持續判斷時都要給予權限，並透過網路分割來降低橫向移動攻擊的機率，才能達到核心概念的要求。

對於零信任的實踐，邱述琛直言，整個零信任無法一步到位，因此需要從基礎打好做起。哪些是基礎項目？以KPMG歸納的結果來看，具體而言，包括：登入安全的單一登入整合（SSO）與多因素身分驗證（MFA），資料與資產分類，以角色為基礎的存取控制

企業在選擇零信任參考架構時，KPMG強調應從網路、身分、裝置／工作負載與資料這四大構面來剖析，並要考量到是否需透過自動化進行，並重視可見度與分析能力，才能有效達到零信任的防護策略。

（RBAC），資料外洩防護（DLP），以及基礎的加密防護，還要有零信任任務分組。

奠定良好的基礎之後，企業可以逐步邁向發展階段，其中情境感知認證與異常偵測，是他特別強調的項目，同時還包括資料與資產的區隔、資料流與流量、端點偵測與回應（EDR）、雲端存取安全代理（CASB），以及零信任架構與發展藍圖。

最後，就是要讓安全性走向成熟，因此，在進階的階段中，企業要投入的重點，包括了：FIDO無密碼登入與持續核准、微切分、執行期加密，以及整合威脅情資的日誌管理，以及自動化資產與服務的監督。

不過，要走向成熟的零信任環境，企業將有不少挑戰需要克服，邱述琛引用美國NSA報告來借鏡，當中指出實施的四大困難，包括：未具備完全的支持、資源規模化的困難、無法持續堅持零信任，以及對組織的不了解。

邱述琛解釋，導入零信任架構之後的第一個衝擊，就是會帶來降低便利性的影響，包括領導階層、管理人員與一般使用者，可能很多人都不會支持，這是企業必須面對的第一個挑戰。

而且，要持續去判斷是否給予存取權，這將會需要考量資源部署，也就是要花錢投入。但這之後人員也可能對於零信任的持續實施而感到疲憊。

此外，若是不夠了解企業內部的資產、使用者與商業流程，會讓評估存取需求的效力受限。文⊙羅正漢

ZTA最終目標：降低資料外洩、橫向移動攻擊的機率

面對當今複雜的資安威脅，近年強調的零信任架構（ZTA），就是為了因應現在的局面，對於企業而言，採取ZTA將有何優點與結果？KPMG數位科技安全服務團隊副總經理邱述琛指出：「零信任的最終目標，是降低資料外洩、橫向移動攻擊的機率。」

他解釋，由於ZTA的持續驗證，優點是可以給予資安防護人員，更多偵測最新威脅的機會，也因此擁有更多可快速部署的策略，進而因應資安事件，此外，也能夠讓資安人員可以更敏銳辨認細微的資安威脅。

他提醒，企業並不是只要做完ZTA，就等於可以擁有金剛不壞之身，在資安的世界，並沒有這種事情。

而ZTA為運作環境帶來的改變結果？邱述琛表示，首先，是簡化的整體安全架構，以及應用程式與基礎架構，將更緊密結合，同時也將改善使用者體驗，並使體驗更值得信任，不僅如此，零信任也將透過自動化方面的技術，做到營運流程、法規遵循以及審核要求的精簡。文⊙羅正漢

美國白宮發布聯邦零信任戰略，帶動全美政府組織提升網路安全水準

零信任已成美國政府看重的網路安全策略，美國行政管理和預算局在 9 月推出「聯邦零信任戰略」草案，在 2022 年 1 月 26 日正式發布

面對當今日益複雜且持續的網路威脅態勢，保護國家基礎設施，已是全球焦點，以美國而言，企業與基礎建設頻遭重大網路攻擊，促使該國政府 2021 年積極採取行動，致力於改善國家網路安全。

例如，美國總統拜登（Joe Biden）在 5 月頒布「改善美國網路安全」的 14028 行政命令，當時便宣布要朝向零信任邁進。9 月 7 日，直屬美國總統管轄的美國行政管理和預算局（OMB）有了新的行動——他們公布「聯邦零信任戰略」（Federal Zero Trust Strategy）草案，以此推動政府走向零信任的網路安全原則，並支持 5 月該國總統拜登的行政命令（EO 14028），目標，是讓企業組織的網路安全架構，都是基於零信任原則而成，並且期望在 2024 完成初步推動。

到了 2022 年 1 月 26 日，OMB 正式發布一項適用於聯邦政府的策略，他們指示所有聯邦機構的網路安全策略，都應該要轉移到零信任架構（Zero Trust Architecture），並且必須在 2024 財年底（2024 年 9 月 30 日）之前，符合特定的資安標準與目標。

OMB 在發送給各聯邦機構的備忘錄 M-22-09 也提到，在目前的網路威脅持續進逼的環境下，聯邦政府不能再依賴傳統的邊界防禦作法，來保護重要系統與資料，因此必須作出大膽的改變，而轉移到零信任，將替這個新的威脅環境提供一個可防禦的架構。

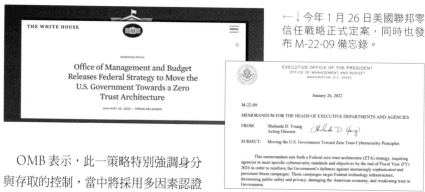

←↓今年 1 月 26 日美國聯邦零信任戰略正式定案，同時也發布 M-22-09 備忘錄。

OMB 表示，此一策略特別強調身分與存取的控制，當中將採用多因素認證（MFA）機制，因為，如果缺乏嚴格控管的身分辨識系統，駭客只要取得使用者帳號，就能進入特定機構以竊取資料或執行攻擊。

朝向零信任網路安全架構邁進，美國政府提出具體規畫

而在 2021 年 9 月 29 日舉行的一場線上演講，美國 OMB 資深顧問 Eric Mill 親自上陣介紹草案重點。

基於這樣的態勢，在臺灣不論是政府或者產業，除了關注這股潮流的發展，同時，也應該思考的是，自身的網路安全應該怎麼做。

基本上，這個聯邦零信任戰略草案目的，是讓所有聯邦機構的網路安全發展，透過這樣的戰略奠定初期步驟設置，促使所有聯邦機構處於同一發展路線，並持續採取行動，以邁向高度成熟的零信任架構，幫助每個單位認識到本身的成熟度狀態，而這僅是開始。

畢竟，過渡到零信任架構並不容易。在美國總統拜登頒布的行政命令（EO 14028）當中也指出，單靠漸進式改進，

無法為該國提供所需的安全性，因此，他們需大膽改變，以及重大的投資，以捍衛支撐美國生活方式的重要機構。而美方這次提出的聯邦政府零信任戰略，顯然再次呼應這樣的訴求。

雖然，這還不是全面且成熟的零信任架構指南，但已經對美國聯邦的零信任架構提出設想。在這個聯邦零信任戰略草案中，有五個要點，包括：（一）需要強式身分驗證，實踐於跨聯邦機構；（二）不再依賴邊緣安全策略，應依賴加密與應用程式測試；（三）要能識別政府的每一種裝置與資源；（四）資安反應要智慧且自動化的支援；（五）雲端服務的使用要有安全與穩健性。

多項資安要素成必備，以提升基本資安水準

就聯邦零信任戰略的目標而言，Eric Mill 表示，在行政命令 EO 14028 中，其實，已經明確指出多項具體的安全要素，包括：通用日誌管理、多因素認證（MFA）、可靠的資產盤點，以及無

所不在的加密使用，還有採用零信任架構，以滿足政府重要基本安全標準。

這是因為，現在的網路安全架構，必須假設網路以及其他元件將會受到入侵。因此，機構應該避免對設備與網路的隱含信任，並且要意識到自身擁有什麼，而這也是從根本上，提升了最小特權原則的遵循。

另外，此項戰略的內容也提到，儘管零信任架構背後使用的概念並不新鮮，然而，對於多數企業組織或是政府機構而言，仍然很陌生。所以，在此段期間，對於新政策與技術的實踐，都需要經過持續的學習與調整。特別是，這當中也相當鼓勵機構使用資安功能豐富的雲端基礎架構。

實踐零信任架構，可以從 5 大面向做起

關於這個零信任戰略的實現，從目前草案的規畫當中，已可看出該國政府設法採取的一些具體行動，或許可以做為外界設計零信任架構的借鏡。而當中也提及實施進度的要求，目前看來，應該是希望在該國的 2024 財政年度前，能夠達到特定的零信任安全目標。

在具體內容上，這個戰略中可分為 5 個部分，包括：識別、裝置、網路、應用程式以及資料。Eric Mill 並表示，這其實與美國 CISA、國防部或者國土安全部所談的零信任成熟度模型的五種支柱是一致的。

識別

以識別面向而言，主要有兩大目標，包括全企業範圍的身分識別存取，以及提供避免釣魚的多因素認證（MFA），以保護員工的存取與登入。

簡單而言，這部分強調整合身分驗證系統將是必要，政府機構需要設計良好的單一身分驗證系統（SSO），將各種工作上使用的服務的集中於此，並逐步汰換其他身分驗證系統。最終目標，就是要為所有內部用戶提供 SSO 機制，可支援 SAML 或 OpenID 等開放標準，並要與零信任與風險管理原則一致。

同時，進階的強式身分驗證是零信任架構的必要組成，而多因素認證將是該國政府安全最基本的要求，而且，MFA 需套用在應用程式層，而不是透過 VPN 這樣的網路身分驗證。要注意的是，由於許多雙因素認證無法抵擋複雜的網路釣魚，不過，現在 W3C 已推出 Web Authentication 標準，以及 FIDO 標準，也可參考 NIST SP 800-63B 中的

定義，以抵制網路釣魚。

這方面將有 4 大具體的行動項目，第一，必須為機構人員建立單一登入（SSO）服務，同時，整合包含雲端服務的應用程式與通用平臺；第二，必須在應用程式層級強制啟用 MFA，並在可行情況下使用企業 SSO，在此當中，對於機構工作人員、承包商與合作夥伴，必須採用能夠避免網路釣魚攻擊的 MFA。而對於公眾使用者，像是提供國民的服務，也應具備可避免網路釣魚 MFA 的選項；第三，必須採用安全密碼策略，並要根據已知外洩資料來檢查密碼安全性；第四，CISA 將提供一項或多項可私下檢查密碼的服務，以免因密碼查詢導致暴露。

裝置

以裝置面向而言，主要強調的關鍵是資產盤點的必要性，以及端點偵測與回應（EDR）設備的重要性。

基本上，機構本身必須知道自己擁有什麼裝置，以及何處容易受到攻擊，不論是在企業內部或是雲端環境，都要做到良好的監控，並要提升端點與伺服器與其他關鍵技術資安的安全性。

Eric Mill 表示，持續診斷和緩解（CDM）是長期存在的計畫，用於幫

聯邦零信任戰略草案五大願景

面向	願景
識別（Identity）	機構人員在工作中須使用企業級的識別來存取應用程式，並使用可防釣魚的多因素認證，以保護使用者受到複雜的網路攻擊。
裝置（Device）	機構需要建立完整的裝置清單，包含所有授權於政府使用，且為政府所擁有的運作裝置，並要能夠偵測與回應這些設備上的事件。
網路（Network）	主要重點放在對於環境中加密所有DNS請求與HTTP流量，以及制定網路分隔計畫，同時也將確定電子郵件加密的可行方式。
應用程式與工作負載（Applications and Workloads）	機構在看待所有應用程式時，都必須將之視為與網際網路連接，並要定期執行嚴格的實際驗證測試，並且樂於接受外部漏洞報告。
資料（Data）	在資料分類與保護方面，機構將有更清晰與共享的路徑，要利用雲端服務與工具的優勢，來發現、分類與保護自身的敏感資料，並需實現全企業範圍的日誌記錄與資料分享。

資料來源:OMB，iThome整理，2022年1月

助聯邦環境的監控，該計畫提供一套服務，可改進機構對於資產的檢測與監控，而這也是 EO 14028 行政命令中的一部分。現在，依據零信任原則來建構 CDM，將變得更加重要。

這有 2 個主要的具體行動，包括：第一、機構須參與 CISA 的持續診斷和緩解（CDM）計畫，而 CISA 將把 CDM 計畫建立在最小權限原則的基礎上，同時，優先考慮雲端基礎設施的運作方式，當中也提到了日後將朝向盡可能避免使用特權軟體代理程式；第二，是 EDR 設備的採用，需確保每個用戶操作的企業配置設備，都具有機構挑選的 EDR 產品——若缺乏這些工具的機構，將與 CISA 合作採購，此外，機構需建立相關技術與程序，將其 EDR 報告的資訊提交給 CISA。

網路

以網路面向而言，主要重點放在環境中加密所有 DNS 請求與 HTTP 流量，以及制定網路分隔計畫，同時也將確定電子郵件加密的可行方式。

在零信任架構的關鍵原則中，就是對於網路不再有隱式信任，因此，所有流量都需經過加密與身分驗證。至於可能無法深入偵測檢查的地方，則可藉由可視的 matadata、機器學習技術，以及其他啟發式技術來分析。另外，還需要解決網路分隔的問題。

在具體行動上，第一要務，是加密 DNS 流量，在技術可以辦到的情況下，都必須使用加密 DNS 來解析 DNS 查詢，而 CISA 的 DNS 保護計畫將對這方面提供支援；第二，是加密 HTTP 流量，環境中所有網頁與 API 流量，都要強制採用 HTTPS 連線，而 CISA 將與各個機構合作，將其 .gov 網域控制為只能透過 HTTPS 存取；第三，是加密電子郵件的網路流量，將評估以 MTA-STS 技術作為加密電子郵件的相關解決方案，

2021 年 10 月中旬，美國網路安全及基礎設施安全局（CISA）舉辦第四屆 Annual National Cybersecurity Summit，這場活動也針對零信任進行座談，現場討論的高層，包括：CISA 技術長 Brian Gattoni、國家安全局（NSA）零信任技術主管 Kevin Bingham，以及行政管理和預算局（OMB）資深顧問 Eric Mill。

並提出建議；第四，需提出圍繞在應用程式的網路分隔計畫，作法上將與 CISA 協商制定後，再提交 OMB。

應用程式

以應用程式面向而言，有兩個重點，首先是要假設所有應用程式都與網際網路相連，其次是要對於面對資安漏洞問題要積極且正向。

零信任架構強調防護要盡可能貼近資料與操作，而應用程式是最正面接觸的攻擊面，它作為系統元件，通常具有必須授予廣泛的資料存取權限。

然而，應用程式面所要顧及的因應面向不少，這裡提到幾個重點，例如，要執行應用程式安全測試，需容易取得第三方測試，要積極面對應用程式漏洞報告，並要從網際網路角度來考量，例如可以安全使用，並且不用依賴 VPN，以及零信任架構需全面瞭解組織可從網際網路存取的資產。

對此，這方面有 5 大具體項目：第一，執行專門的應用程式安全測試；第二，透過專業且優質的公司，進行應用程式安全的獨立第三方評估，CISA 與美國聯邦總務署（GSA）將協助公司採購；第三，需發布公開漏洞揭露計畫，並要維持有效性且樂於接受，CISA 將提供漏洞揭露平臺，便於機構接受報告並與安全人員聯繫；第四，必須可透過網際網路，以及企業 SSO 來進行存取，確定至少有一個內部面向聯邦資訊安全管理法 FISMA 的應用程式。第五，CISA

與 GSA 將合作提供線上應用程式與其他資產的資料，同時，機構也必須提供使用的非 .gov 主機名。

資料

以資料面向而言，在分類與保護方面，機構將有更清晰的路徑，要利用雲端服務與工具的優勢，來發現、分類與保護自身的敏感資料，實現全企業範圍的日誌記錄與資料分享。

簡單來說，雖然早已要求機構去做資料盤點，但全面的零信任資料管理方法，可能超越機構既有認定的資料集範疇，例如，還需包含結構更為鬆散以及分散的資訊系統，例如電子郵件與檔案協作等資料，另外也應納入中間資料（Intermediate data）等。

因此，這方面所制定 4 大具體行動中，首要工作就是，政府將制定零信任資料安全策略，以及資料分類與保護的指南，針對特定領域還要能監管。

第二，必須對資料分類與安全事件回應，建立初步自動化的機制，並聚焦於敏感文件的標記與存取管理，這部分提到 SOAR 的應用；第三，要求使用加密來保護商業雲端基礎架構中的靜態資料，並做到這方面稽核；第四，需與 CISA 合作，實行全面日誌記錄與資訊共享，當中也提到 OMB 已發布編號 M-21-31 的備忘錄，指出機構首要任務就是，執行完整性日誌記錄措施，以限制存取並允許加密驗證，以及記錄環境中發出的 DNS 請求。**文◎羅正漢**

臺灣資安人才超搶手，
政府民間紛紛出招培育人才

資安防護需求高漲！看見資安人才搶手盛況，政府、學校、企業與社群都向前推了一把，不只要培育資安人才，更要讓人才接軌產業，甚至擁有海外求職的能力

臺灣的資安人才到底有多麼搶手？根據 iThome 發布的 2021 年資安大調查，企業對資安人才需求力度連年提升，2021 年有 3 成 1 的企業都要招募資安人才，每 10 家企業就有 3 家開出相關職缺。

目前平均一家企業已經有 3.5 位資安人力，但根據我們 2021 年初的調查，每家大型企業 2021 年平均還要招募 2.3 人，希望能將資安團隊擴編到 5.8 人的規模，隨著企業數位化越深，資安挑戰和風險日益增加，企業現有資安人力明顯不足，必須要多補 6 成人手才夠用。

從個別產業別來看，最缺資安人才的依舊是金融業，僅管現有資安人力是整體產業平均值的 3 倍之高，位居各產業之冠，但金融業打算 2021 年平均還要多招募 3.8 人，而經常遭遇海外攻擊的政府與學校，也還要多找 3.2 人。

特別的是，一般製造業 2021 年要招募的資安人力也來到 2.3 人，甚至多於現有的 2.1 人，等於是要翻倍加碼資安人手，不僅因為 2020 年製造業資安災情頻傳，疫情下的遠距工作型態也提升了資安風險，使得製造業的資安投資意願大幅提高。

企業不只要徵才，更要找技術精熟的資安人才。企業 CIO 們自評，企業難以阻擋駭客的原因中，缺乏熟練人員的企業占比來到 3 成，比起 2020 年 2 成 2 高出許多，企業向來重視資安熟手，2021 年更是迫切需要。這也讓優秀資安人才的培育與招募，成為 2021 年各

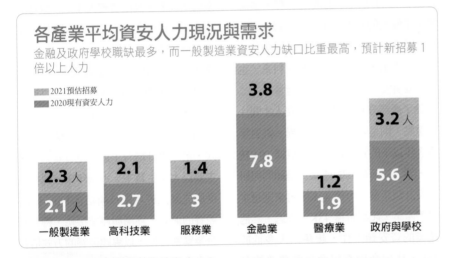

各產業平均資安人力現況與需求

金融及政府學校職缺最多，而一般製造業資安人力缺口比重最高，預計新招募 1 倍以上人力

▨ 2021預估招募
▨ 2020現有資安人力

	一般製造業	高科技業	服務業	金融業	醫療業	政府與學校
2021預估招募	2.3 人	2.1	1.4	3.8	1.2	3.2 人
2020現有資安人力	2.1 人	2.7	3	7.8	1.9	5.6 人

根據 iThome2021 年資安大調查，各產業 2021 年資安人才需求力度提升，金融業平均要多招募 3.8 人，政府與學校也要多找 3.2 人，一般製造業 2021 年則要招募 2.3 人，甚至多於現有的 2.1 人。

界都更重視與關注的焦點。

據 104 統計，3 到 4 家企業搶 1 個資安人

從這項超過 400 家臺灣 2 千大規模企業的調查，不難發現，企業對資安人才有迫切需求，但是，資安人才的供給量能滿足得了企業需求嗎？

在 2021 臺灣資安大會上，104 人力銀行以自家涵蓋臺灣 7 成工作人口的職缺統計數據，揭露了最新的資安人才需求趨勢。104 獵才招聘事業群資深經理劉俊鴻就直言，資安人才供應遠不及需求，以網路安全系統分析師來看，光是 2021 年第一季，平均每 3 家企業要搶 1 個求職者。

實際從 104 彙整的數據來看，針對「網路安全系統分析師」的職務，過去 3 年來，企業需求為人才供應量的 3～4 倍。比如 2019 年這項職缺需求就已經高達 4,193 人，2021 年第一季更成長到 4,529 人，但有興趣從事這項工作的人才供給量，2019 年是 1,075 人，而到了 2021 年第一季的統計卻只有 1,533 人，大幅低於市場需求。

劉俊鴻點明，由於供應量不足，資安工程師在市場上屬於待價而沽的狀態，薪水更有商議空間；但對企業來說，平均 3 到 4 家公司要搶 1 個人，容易面臨找不到人才的處境。

而且，從這項數據也可以發現，企業開出的資安人才職缺數近兩年來持續增加，劉俊鴻認為，COVID-19 疫情可能也起了部分推波助瀾之效，因為疫情帶來更多遠距、線上服務的需求，讓更多企業面臨了資安與風險管控的問題，而需要招募這類資安工程師。

進一步分析，若以資安人才就業的各產業分布狀況，前 3 大就業產業分布，最大宗是軟體及網路相關業，有 54.3% 資安人員都落點該行業，金融機構及其相關的產業則有 7.6%，接下來則是教育服務業有 4.3%。劉俊鴻解釋，金融業需求較大的原因，可能與金管會要強化金融資安的政策相關，而教育服務類產業的需求，則自於資安相關科系，也會需要資安人才來提升教育能量。

除了產業分布，另一項資安人才關注的重點，則是薪資條件的差異。針對年資 3 年以下的資安新鮮人，根據 104 統計，新人起薪最高的產業，是顧問與研發設計類產業，可達 45K，再來則是半導體產業，起薪可達 43K，不過，其他產業的資安類工作，起薪則大多低於 35K，比如金融業與會計服務業約為 34K，電腦及消費性電子製造業、電信及通訊相關業起薪最低，約為 31K。

為彌補資安人才供需落差，政府從教育面推動人才培育

資安人才企業搶破頭，不只是因為企業數位轉型潮的內部需求，政府這幾年也積極扶植資安產業成為國家重要產業，且為了彌補資安人才的供需落差，政府早在 5、6 年前就從教育著手，透過系統性養成資安人才的方法，來穩定增加資安人才的數量。

從 2015 年起，教育部推動「資訊安

全人才培育計畫」，目標提升大專院校資安教學能量，建立完整的資安人才培訓體系，同時也要透過產學合作，來培訓國際資安競賽選手，以及強調實務能力、能夠與產業接軌的資安人才。

幾年計畫執行下來，臺灣資安教育體系已然成形。高階資安人才上，教育部在 2019 年，就鼓勵 4 所大專院校，成立 5 個資安碩士學程。而 2021 年已經邁入第七屆的新型態資安暑期課程（AIS3），則是鎖定大學學生，以期培養更多企業資安中堅人手。

AIS3 透過暑期連續 7 天訓練營的形式，至今累計培育了近千位資安人才，主要以大學生為主。近兩年來，課程也從原先聚焦純攻擊技術結合 Final CTF 競賽的形式，逐漸與產業接軌，轉為與企業緊密合作，以專題競賽的方式培育更多企業所需的資安人才。

除了興辦 AIS3 課程，政府也與產業聯手，在 2016 年推行「臺灣好厲駭」課程，透過資安實務導師（Mentor）制度，以師徒制的方式來教學，在一年內請到不同業界與學界導師，來培育具有資安實務技術的學生。課程的目標栽培的對象，是具有一定技術能力以及社群經驗的資安人才，比如參加過 AIS3 課程的學員，目標是要培育學用合一的高階資安人才。

雖然臺灣好厲駭屬於高階培訓課程，但只要技術實力符合條件，不只大學、高中生，就連國中生仍有機會被錄取。

臺灣資安教育有 5 大目標，首先，是跨域教學以培育跨領域資安人才，二是培訓國際資安競賽選手，三是培育產業所需人才，四是向下扎根並發掘資安潛力學子，五是培養學生成為國際級資安人才。圖片來源／ISIP

1.聚焦資安產業領域，以主題式結合最新議題，開發實務創新跨域應用課群，帶動大學校院資安實務教學量能，培育跨域資安人才

2.透過暑期課程，連結國際講師、國內專家、學者及大學校院資安社群、社團交流，強化學員實務技能與實戰經驗，培訓國際資安競賽選手及資安攻防人才

3.辦理高中職資安體驗/研習營，課程規劃從體驗到實作，培養學生問題分析與理解能力，深掘員資安潛力學子

4.推動「臺灣好厲駭」計畫，結合大學教師及國內資安企業專家共同擔任導師（mentor），將學校課程理論與企業所需技術及產業知識結合，培育產業需要人才

5.建立國際資安教育夥伴聯盟，推動短期培訓課程，全程英語授課，培養學生國際化視野及培育國際化資安人才

1 跨域教學
2 實務實戰
產學鏈結
3 資安扎根
4
國際合作
5

 **Team**Viewer

隨時隨地 為您與企業完成各項工作所需

 TeamViewer

遠端存取／支援

 TeamViewer Tensor

企業級連接平台

 TeamViewer Assist AR

AR擴增遠端實境支援

 TeamViewer Remote Management

監控&資產管理／端點防護／
遠端備份與還原

 TeamViewer Frontline

全方位整合解決方案平臺

成功案例DHL

成功案例Airbus

想了解更多產品內容，**請聯絡TeamViewer台灣總代理 展碁國際**

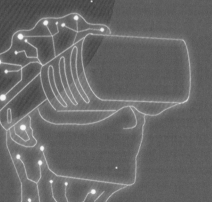

其中，少部分表現優異的學員，更有機會能夠獲得導師一對一的進階指導，若受到業界導師的青睞，也有機會直接獲得實習或是正職的工作機會，接軌企業來學以致用。

不只中短期鎖定大學生來培養產業所需資安人才，資安人才培育計畫這幾年更是往下扎根，向國高中，甚至是小學邁進，要讓更多學子從小就養成對資安的興趣。

AIS3專案計畫主持人鄭欣明指出，為了引起更多學生對資安的興趣，主辦方2020年成立了AIS3 Club，來輔導全國各高中職、大專院要資安社團的運作，不只提供補助、輔導、協辦活動等支援，也整合各校資安社團，成立北中南跨校社群，讓更多學生有機會藉由社團來接觸資安，希望未來可以帶來源源不絕的資安新血。

在臺灣好厲駭接受培訓的學生，同樣將資安教育能量，回饋給國高中小學，2017年到2020年間，已經辦理了上百場高中職生的資安培訓課程，也已經將課程推動到國中與國小5、6年級。同時，主辦方也將高中職資安授課課程，設計成教材，提供6個課程模組給教師使用，讓老師在經過培訓與研習後，也能教授初階資安課程，持續擴大體制內的資安教育能量。

從學習到求職，臺灣資安人才也要接軌國際

資安是全球火熱的技術，資安培育計畫也不只在地深耕，也開始接軌國際，讓臺灣學子可以接觸到國外頂尖技術和趨勢。比如AIS3從2017年開始，攜手其他7個亞太資安社群，催生出AIS3的國際版，協同日本、韓國、新加坡、泰國、馬來西亞、澳洲、越南等國，輪流舉辦全球資安營活動（Globe Cybersecurity Camp，GCC）。臺灣AIS3計畫每年都會挑選表現優異的學生出國參加，增廣他們的國際視野。

AIS3培訓的學生，也有機會被選入CTF戰隊，向戰隊前輩學習，還能與前輩共同參與世界級CTF來傳承經驗。比如臺灣HITCON x BFKinesiS聯隊，就在2019年美國DEF CON CTF奪得第二名的成績，HITCON x Balsn聯隊則在2020年獲得同比賽第三名的成績，其中，BFKinesiS與Balsn隊

與企業接軌，AIS3資安人才培育從狂派轉為博派

在教育部資安人才培育計畫的推動下，臺灣唯一一個長期資安實務暑期營隊活動AIS3，已經走過6年，累計招收了近千名學生。AIS3專案計畫主持人，同時是臺科大資工系的副教授鄭欣明指出，AIS3屬於資安中階課程，較適合對資安有興趣，且已經具備一定資安能力的學生參加。

鄭欣明表示，AIS3主要有兩大目標，其一，是培訓國際資安競賽選手，也就是攻擊導向的「狂派」人才，尤其在AIS3開辦的前4年，更是以此目標來規畫課程，而且不只舉辦資安攻防賽，也安排學生與國際資安教育社群、CTF戰隊接軌。其二，要逐年培育能接軌企業的「博派」資安人才，解決業界資安人才不足與人才的學用落差問題。對此，主辦方也在這兩年改變課程規畫，且開始與企業更緊密合作。

回顧了AIS3幾年來辦理營隊的成果，鄭欣明指出，剛開始辦理AIS3時，課程規畫以資安實務技術為主，並邀請國內外知名CTF戰隊成員來授課，甚至有美國PPP戰隊成員、韓國BoB戰隊成員來臺授課，藉此來吸引學生目光。學生報名後，篩選方式以線上pre-exam進行，入選的學生除了上課之外，還能參加主辦方舉辦的Final CTF競賽，表現優異者更有機會獲得參加DEF CON CTF的資格。

2016年，AIS3規模擴展到北中南三地。隔年，主辦方也在Final CTF中，導入日本NICT（情報通信研究機構）的視覺化特效技術，讓參加者能體驗國際級CTF競賽的氛圍。

邁入2018年時，講師陣容更開始納入過去曾參與AIS3活動的學員，顯示過去培育的資安人才已有獨當一面的能力，當年由AIS3校友組成的BFS戰隊，更打入DEF CON CTF，榮獲第12名的成績。這一年，優秀隊伍更能獲得參加日本最大規模駭客比賽SECCON CTF的資格。

培育了許多狂派資安人才後，主辦方也逐漸發現，產業界也存在了龐大的資安人才缺口，「所以我們做了重大改變，決定在2019年取消舉辦Final CTF。」鄭欣明指出，大約三年前，主辦方為了讓學生了解，資安不僅限於CTF，更有企業防禦的面向，因此改以專題競賽的形式，來取代Final CTF的舉辦。原先分散北中南三地的課程，也改在同一地點舉行。

近兩年來，AIS3課程也延續了專題競賽的形式，2020年的課程中，主辦方與企業更緊密合作，來推出更具產業經驗的題目，更提供相應的課程與專題指導。2021年，他們也決定改變徵選的方法，將過去透過pre-exam來篩選報名者的辦法，改為一半pre-exam、一半甄試的方式，也限制AIS3的參加次數以兩次為限，希望能讓更多專長與特質的資安新血參與。而在2021年，他們預計招收150位學生來參與培訓。

除了辦理暑期課程之外，AIS3主辦團隊也辦理初階CTF比賽「My First CTF」，在每年的5、6月舉行，針對高中職生與資安初學者來推廣，期許學生能燃起對資安的學習熱忱，4年來更已經累積了超過500位學生參加。而表現優異的人，更能獲得參加全球資安營隊（Globe Cybersecurity Camp，GCC）的機會。

針對資安技術更加純熟的學生，AIS3主辦方也辦理了高階EOF CTF競賽，要透過建立資安實戰演練平臺，讓學生互相切磋資安實務能力，更要藉由這項競賽，提供高階CTF實戰技術訓練，選拔優秀參賽者成為戰隊選手，讓學生有機會躍上世界級的競賽舞臺。4年以來，這項比賽已經有154人參加。文⊙翁芊儒

AIS3專案計畫主持人鄭欣明指出，要長期培育人才，必須先建立資安教育的典範，並深植學生的心中，當他們日後有所成就，就會願意承接前輩們的教育精神，回頭推廣資安。

伍的主要參賽成員，大都來自 AIS3 課程的培訓，這也意味著資安人才培育計畫，在推動不到 5 年時間，就擁有培育全球頂尖資安競賽人才的能力。

臺灣資安人才接軌國際的管道越來越多元，也開始有非政府組織協助臺灣資安人才出海發展。比如 Amazon 資訊安全部總監陳浩維，就在 2018 年創辦臺灣未來基金會，要連結海外工作的臺灣資安人才，來與國內人才交流。

臺灣未來基金會從 2020 年底開始，與臺灣駭客協會、資安解壓所，共同發起了資安職涯讀書會，讓現役與未來留學生、資安前輩、有資安人才需求的企業能申請加入，在此交流經驗與技術，組成資安人脈網。

同時，對於有意到海外就業的學生，海外資安工作者也共同貢獻過去經驗，建立起系統性的求職知識庫，降低海外就業的門檻，也能讓初出茅廬的資安人才，藉此規畫未來職涯發展。

陳浩維指出，臺灣人具有勤奮、認真、負責的特質，且具有世界級的技術能量，加上長年受到中國駭客攻擊，對於攻擊手法也有一定程度的了解，這些條件都是臺灣資安人才的優勢，也具備成為國際級資安人才的潛力。

社群助結交同好、吸收新知，更能汲取前輩經驗

除了政府和民間都紛紛動起來、培育資安人才，過去十多年，還有一個重要的人才培育基地，那就是臺灣資安社群，讓學生、資安新鮮人與資安工作者，都能透過不同管道來吸收資安新知、結交同好。

在臺灣，如果想要加入資安社群，可選擇學校、區域限定的類型，例如：UCCU、TDOH、BambooFox，同時，也有全臺社群重鎮：臺灣駭客協會，甚至全球社群 OWASP，這些都能參與。

以臺灣駭客協會而言，在 2015 年成立，以推廣資安為己任，積極推動資安相關社群活動的發展，十多年來持續舉行 HITCON 大會。

iThome 舉辦的臺灣資安大會，同樣也是社群同好聚集的資安盛會。在 2021 年舉辦的活動中，臺灣資安大會也特別規畫了資安人才專區，讓不同工作職務、學習環境、成長背景的各類資安人才齊聚一堂，向資安新鮮人傳授職涯經驗，讓更多對資安懷抱憧憬的新血，能一窺行業專家的成長歷程，開拓他們對資安工作的想像。

比如戴夫寇爾執行長翁浩正，就分享了資安技能樹的重要性，翁浩正鼓勵資安新鮮人要找到自己擅長的技能並深入學習，作為自己立足的資本。台灣大哥大資安長陳啓昌則強調，資安人才不能只會用技術專有名詞來溝通，要學會「講人話」！才能取得他人、尤其是管理階層的信任。

其他還有聞名全球的頂尖駭客 Orange Tsai，分享一路拿下世界冠軍的成長歷程；永豐金證券資訊安全部協理謝佳龍，則談到自己跨國、跨產業的工作經驗；安永會計師事務所諮詢服務執行副總曾韵，更歸納出自己 6 個職涯轉捩點，分享曾有過的掙扎與體悟。

還有紅隊隊長許復凱、數聯資安資深 IR 技術顧問周哲賢、Panasonic IoT 資安研究員賴婕芳，都分享了從事不同資安工作的職場實戰經驗；臺灣駭客協會首任秘書長李尚韋與學生計算機年會創辦人黃一晉，則是分享社群經驗如何對現在的工作帶來助益。這些寶貴經驗雖無法完全複製，卻能帶給資安新手更多職涯規畫的啟發。文⊙翁芊儒

資安人才

溝通與管理是資安技能新焦點

要成為傑出資安人才，就必須發展自己的資安技能成長樹，戴夫寇爾執行長翁浩正認為，找出自己的定位，更要以遊戲化的精神來學習，在人生中進行 Life Hack

戴夫寇爾（Devcore）執行長翁浩正作為 2021 臺灣資安大會資安人才系列活動的開場講者，他以自身經驗為例，分享要成為傑出資安人才可參考的幾種方法與心態。他特別聚焦在資安技能的學習上，認為正在學習資安技能的人，應逐步找到自己在產業中的定位，並同步發展自己的資安技能樹。

每位資安人才都應找到自己的定位，培養資安技能樹

「Allen，你不再玩技術了嗎？」翁浩正一開始就以他人對他的疑問，來說明自己技能樹的轉變。他表示，十年前自己也是資安技術的狂熱研究者，近年來，雖然仍會花時間研究技術，但在開始經營公司之後，受到工作需求驅使，也開始發展策略面、管理面的技能，在原有的技能樹上，長出其他能力。

過程中，他逐步尋找自己的定位，更遭遇了挫折。他在活動上詢問現場與會

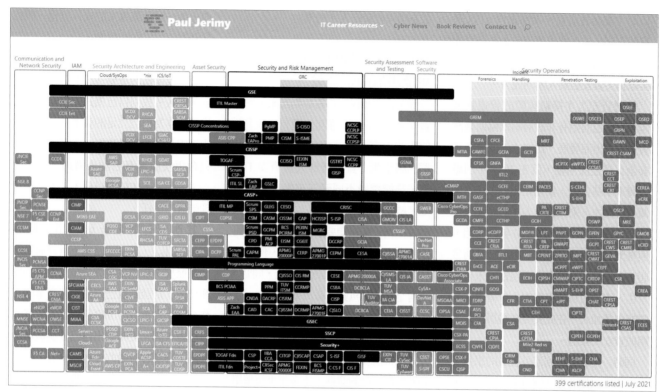

399 certifications listed | July 2021

證照是資安人員證明能力的方式之一，不過，在準備考試之前，要先了解每張證照的定位，翁浩正提到可參閱美國資安專家 Paul Jerimy 製作的資安證照地圖，就能比對證照分屬的技能類別與理解其定位。

者，身邊是否有一個天才朋友，對於某項技能的天賦極高，且令人絕望的事，這位天才朋友還比自己還更努力，「遇到這種情況，你要如何贏過他？」

翁浩正點明，在這個情況下可以轉念思考，如果無法在單一技能贏過對方，那何不與對方合作，比如推廣對方的研究成果讓更多人看見，「如何把天才的話語，翻譯成人類看得懂的話？這是我覺得我可以做的事。」他因此開始盤點自己的技能，找出可著力的方向。

比如說，翁浩正發現，技術成果最終一定要靠溝通、演講來傳遞給更多人了解，因此，翁浩正強迫自己要培養溝通的技能，從過去至今已經累積發表超過 300 場演講，從 5 人到上千人規模的研討會皆有，希望透過更精確、易理解的話語來對話與溝通，「讓大家都能聽得懂、感興趣。」

同時，翁浩正也意識到：「相較於一

個人作戰，團體戰一定可以走的更遠。」因此，從學生時期開始，翁浩正就與學弟妹籌組相關社團，後來也加入 HITCON 帶領社群，更創辦了戴夫寇爾，參與臺灣駭客協會。過程中，他也重新思考自己的定位，開始精進領導、組織、管理、策略規劃等技能，促成資安圈用打群架的方式，增進群體的資安實力。

「資安人才應去思考自己的優勢在哪裡？」從自身的經驗出發，翁浩正鼓勵，欲從事資安工作的人，應先盤點自己擁有的技能，找出自己的專長，尤其資安領域的技術範疇非常廣闊，從事滲透測試、資安研究、戰略擬定等不同工作者，所需的技能與知識素養都不同，「你要知道你感興趣的領域是什麼，才

戴夫寇爾（Devcore）執行長翁浩正，在 2021 臺灣資安大會上，以自身經驗分享資安人才成長術，他認為，要成為傑出資安人才，需發展自己的資安技能成長樹，還必須以遊戲化的學習方法來精進資安技能。

能專精技能來獲得更高的成就。」

培養資安技能的工具與方法

資安人才在發展自己技能樹的過程中，也有些資料與工具能利用。比如翁浩正就分享了中國一家駭客公司定出來的通用技能樹，其中不只有技術面的必備專業能力，也列出了做事方法的準則、自我成長的心態要點、甚至對於任

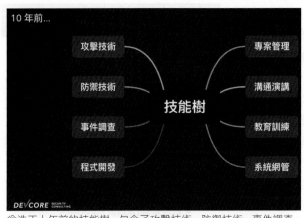

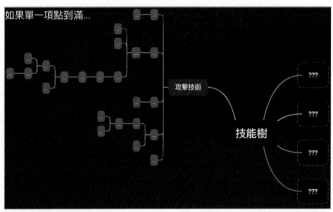

翁浩正十年前的技能樹，包含了攻擊技術、防禦技術、事件調查、程式開發、專案管理、溝通演講、教育訓練、系統網管等技能。他表示，當時是個資安技術的狂熱研究者。

近年來翁浩正仍會花時間研究技術，但在經營公司後，因為工作需求驅使，他也開始發展策略面、管理面的技能，而在原有的技能樹上，長出其他能力。

職企業的信念等，他鼓勵，資安人才可以透過表格來檢視自己，還有哪些不足的能力需要補強。

至於在專業技能的部分，則有一份在 GitHub 上的 Hack with Github 文件，其中有一個 Awesome Hacking 專區，羅列了不同資安相關技術可使用的工具、可參考的技術文章或書籍，讓資安人才可在了解自己感興趣的領域後，能針對該領域所需技能來精進自己。

在學會相關技能後，資安人員可能會透過考取相關證照，來證明自己的能力，但翁浩正也提醒，在考照之前，要先了解每張證照的定位。

比如透過一份美國資安專家 Paul Jerimy 製作的資安證照地圖，就能比對每一張證照分屬哪個技能類別，來了解每張證照的定位，「不是考了 CEH（Certificated Ethical Hacker，道德駭客認證），就可以去當資安顧問或研究員了，這是不足的。」

發展出自己的資安技能樹後，翁浩正認為，下一步，則是要盤點自己的能力，找出在資安業界的定位，才能了解自己適合哪種類型的企業，進而發揮所長。但客觀盤點自身能力的方法，不是靠自己嘴巴上說：「我很強！」而是要透過與身邊朋友或合作夥伴的對談，來了解

自己在合作過程中展現了哪些更突出的能力，同時也要思考「有什麼事非我做不可？」來找出自己獨特的定位。

翁浩正建議，可以用三個面向來找出自己在產業中的定位。首先，是盤點自己的資安能力，找出自己與他人差異化的技能。找出這項技能後，同時，也要從市場需求的角度來看業界是否具有這類職位，是否需要這類人才。最後，則是要對這項工作懷抱熱情，尤其在資安領域，每天都有新攻擊手法、技術的演進，「如果沒有熱情，就難以追求新知識，把資安當成職業來做。」

靠遊戲化學習方法，找出精進資安技能的動力

翁浩正也分享，在學習資安技能的過程中，如何能持續不斷的學習？「回想一下，你在做哪些事情的時候可以廢寢忘食？打遊戲就是一個例子。」他指出，遊戲讓人沈迷的原因，在於遊戲具有某些特質吸引人持續性地玩，比如每天都要登入領獎勵、角色被賦予神聖的任務等，讓人感覺自己比別人厲害，從中獲得成就是一大關鍵。同理，若能將資安技能的學習「遊戲化」，持續學習並精進，就會變得更容易。

翁浩正以自己學習 Python 的經驗為

例，指出自己先前本來沒有動力去學 Python，但有一位朋友在網路投票的活動上請他幫忙灌票，在這個需求驅使之下，由於用 Python 寫程式的速度快、複雜性低，他也就以 Python 來協助完成這項任務。另一個動力，則是來自於過去看網路漫畫下載速度慢，但改用 Python 一次將漫畫抓下來，後續就能更順暢閱讀。換句話說，學習 Python 帶來的使命感與成就感，就成為翁浩正精進 Python 技能的動力。

「我覺得作為一個駭客的駭客精神，不只是要駭入一個系統，更要駭入你的人生（Life Hack）。」翁浩正指出，用遊戲化的精神來進行 Life Hack，就能在人生中學習各種技能時，都能更加有動力，且這個論述不僅能套用在資安技能的學習，更可以套用在各類技能學習以及習慣的培養上，「為了健康去運動、跑步、健身房，大家一定都有失敗的經驗，但如果在過程中獲得成就感，就能更容易將習慣養成。」

在培養資安技能的過程中，翁浩正也指出，每個人也要找出自己快速進入心流（Flow）的方法，也就是快速進入非常專注於某件事的狀態，才能更心無旁騖的追求、學習、精進技能。他也分享自己快速專注的方法，就是戴上耳機聽

特定的幾首歌曲,而每個人都應有最適合自己的專注方法。

翁浩正也發表看法,指出當前許多人都會以「斜槓」學習了很多技能為榮,但他提醒,不是會下 Google 廣告,就可以稱為行銷人,斜槓學習了很多技能,可能對每一個領域都只是略懂皮毛而已。因此,他也呼籲,在學習資安技能的過程中,不要盲目地想要斜槓學習或發展,而是應該先培養自己精通的第一專長,再根據需求培養第二技能,因為「每個技能都是武器,武器越鋒利,才能去打仗,獲得很棒的成果。」

跨入職場前可先評估能力與職位是否相符,更要思考興趣當工作的可行性

最後,對於要進入資安產業的求職者,翁浩正建議可用一些相關工具,來輔助資安人才盤點各種工作所需的能力。比如透過國外 Cyberseek 網站,可以了解各種職業的薪資水平、所需的技能,資安人才就能藉此檢視,自己距離這個職位還有多遠,還要再學哪些技能、考取哪些證照,才能勝任,「除了薪資的部分,臺灣可能還沒跟上,但其他資訊可讓求職者知道自己的定位。」

另一個參考內容是 iThome 繪製的資安市場地圖,求職者可以從中檢視各種資安服務與產品的供應廠商,根據自己想從事的工作類型,選擇有興趣就業的公司來應徵。

翁浩正表示,資安人才選擇工作時,也要考量到興趣與職業的權衡,「要不要把興趣當成工作,這是沒有答案的。」他舉例說明,有些人喜歡做打網站,但當資安攻擊成為工作,就需要根據客戶要求來進行攻擊,除了有各種限制,還要公布攻擊工具、把攻擊的結果整理成報告呈現,這不一定是求職者選擇這份工作的初衷。

同樣的,喜歡挖漏洞的人,將資安研究當成工作後,每天都要從事資安研究,且一年產出的漏洞數量有限,大多時間是做白工,也不是每個人都能承擔這個壓力。「不要盲目覺得這個工作好棒,要思考,當它成為你的日常生活,你是不是能接受?」

資安所需的知識背景與技能

- 資安意識 Security Awareness
- 資訊收集 Information Gathering
- 加密與解密 Cryptography
- 系統安全 System Security
- 網路安全 Network Security
- 無線安全 Wireless Security
- 應用程式安全 Application Security
- 網頁應用程式安全 Web Security
- 行動裝置安全 Mobile Security
- 逆向工程 Reversing Engineering
- 數位鑑識 Digital Forensics
- 硬體安全 Hardware Security
- 滲透測試 Penetration Testing
- 事件應變處理 Incident Response
- 社交工程 Social Engineering
- 雲端安全 Cloud Security
- 物聯網安全 IoT Security
- 工業控制安全 ICS Security

翁浩正最後也提醒:「人生中的每個歷練,都會成為成長的養分。」他過去曾覺得自己的資安技術超強,但後來發現許多努力的天才比自己更厲害,而在重新找到自己的定位之後,他體認到挫折會成為進化的養分,重新化為成長的動力。文⊙翁芊儒

資安人才

資安長不可或缺的能力

如何成為資安長?台灣大哥大資安長陳啓昌認為,關鍵在於:解決問題、溝通力、充分授權,還有及早為公司下一步準備充足的資安能量,都是資安長不可或缺的能力

數位轉型風潮下,資訊安全威脅日益嚴峻,促使企業越加重視資安,甚至設置專責資安工作的單位與高階主管職位。台灣大哥大資安長陳啓昌在 2021 臺灣資安大會上,便以自己一路走來累積的資安長工作經驗,向有意晉升資安長,成為企業核心管理團隊一員的資安人,分享資安長需要具備哪些能力和觀念。

了解資安長具備的能力與態度之前,陳啓昌先提出資安治理金字塔,來說明不同資安管理階層的職責。資安治理金字塔分為三層面向,從上往下看,分別是戰略、戰術到底層的維運。他表示,每個資安治理層面對應著不同的職位,且每個職位負責不同的工作內容。

最頂端的戰略層面對應的是,資安長、處長以上的職位,負責規畫企業中長期的資安發展方向;接著,戰術面對應的是部長或經理級職位,負責執行年度專案;再來,維運面對應的是課長或副理,負責每日維運工作。

陳啓昌表示,從時程來看,越上層的職位要關注的時間軸越長,廣度也越高,而越下方職位關注的單點深度則越深。因此,資安長如果只看年度專案,便無法顧及自身職位負責的中長期方向

規畫，所以，他特別強調，資安長需清楚高層未來想做什麼，才能提早布局、培養團隊具備相對應的資安能力，確保資安能量可滿足業務發展。

陳啟昌以自身接任台灣大哥大（簡稱台灣大）資安長後，面對的職務內容為例，提出說明。因了解高層要積極發展5G、IoT服務，他便著手開始培養有能力進行5G滲透測試與IoT檢測的團隊。他表示，資安長該著眼的是3到5年後的需求，而不是只管理今年的專案規畫，像是EDR導入等專案。

此外，因了解高層對區塊鏈、5G等議題有興趣，他更曾利用連假拼命研究新技術，了解技術採用上會面對的資安問題，而因應台灣大現與許多新創合作，他也協助高層評估可能面臨的資安議題，以便事前做準備。

找出問題的最合適解法，是獲得高層信任的關鍵

談到資安長可為公司帶來的價值，他認為，資安長需先認知到找問題和解問題的區別。很多人認為，能發現問題就很厲害，但他提醒，如果向高層提出公司資安上的缺失，卻缺乏可改善問題的解法，對高層來說，知道這些問題的意義不大，因為沒有解法，就沒有任何改變。對於只有想到找問題的資安長，他認為：「必須調整心態。」

他表示，資安長須為公司解決資安上的問題，而不是單純找問題，因為「老闆知道的問題不會比較少，找你來是要解決問題。」

「所有事物沒有100分的答案、最佳解，只有最合適的解。」陳啟昌自己一直用這樣的信念，督促自己為公司找尋更好的解決方式，而這樣的態度更成為他獲得高層信任的關鍵。他強調，「沒有老闆的信任，很難做資安。」

除了不斷找尋問題更好的解法，資安長也需隨時間推移，在各階段交出不同的成果，來獲得老闆信任。陳啟昌提醒，高層在各階段著眼資安長有不同的表現。一般來說，資安長到任第一年，需提出資安發展方向的計畫；到任第二年，須落實規畫；第三年之後，需持續改善規畫落地後不足之處。

現在許多企業發展新業務時，也會需要評估日後可能面臨的資安風險。陳啟昌提到，「資安最難的是說Yes，」不過，他提醒，資安長要盡量避免以資安問題為由，向高層說該業務推動不可行，反之，應向高層提出推動該業務需要哪些資源，以及有什麼解決方案，而若是受限法規，應讓高層了解法規面限制，他強調，業務最終能否推行應由高層做決策，不過，資安長應讓老闆了解所有的風險和選項。

資安長對上扮演幕僚，充分提供資訊，而在向下管理上，「相信專業，並充分授權，」也是陳啟昌認為一名資安長須具備的觀念。他表示，資安長需相信部屬，授權部屬承接事務，且給予部屬發生錯誤的空間，讓他們能夠從錯誤中學求進步。

但，他也提醒資安長需建立代理人與接班人制度，確保任何一名人員離開都不會威脅公司營運，包含自己在內，他強調，資安長需確保自己離開公司後，至少半年內都不會發生維運問題，他直言，如果資安長一離開就出現重大問題，「那就是資安長失職了。」

隨著資安長職務經驗的積累，陳啟昌也逐漸感覺到，許多資安作法常無效率，所以，他進一步學習各種IT治理的框架，他表示：「資安為骨，治理為肉，」資安可以確保底子不跑掉，但要讓肌肉長得順，容易施力，需靠IT治

若有意晉升資安長，成為企業核心管理團隊一員的資安人，台灣大哥大資安長陳啟昌表示，需清楚組織高層未來的發展目標與願景，才能提早布局、培養團隊，使其具備相對應的資安能力，確保資安能量可滿足業務發展。

理，因此，他建議資安長們，「把IT治理內容套用在資安。」

臺灣有許多企業近年紛紛導入資安管理國際認證標準ISO 27001，陳啟昌提醒，導入標準之外，還需要確實去了解標準的內容，才能真正地掌握每件事是否有缺失。

為了確實了解標準，陳啟昌每年會熟讀認證標準超過10次，甚至背誦條款，再針對每件事列出相關聯的條款，以真正熟悉標準的內容。他表示，資安長需練習如何將所學的理論，應用在工作上，把理論與現實結合，甚至轉化為可以依循的資安制度，他也進一步提醒，如果學習認證標準，卻沒有與工作結合，那麼「就白學了。」

例如，他把自身當作服務提供商（SP）的思考，就是從IT治理學習得出的心得。他建議資安長把自己當作SP，列出自身可為公司提供之服務的清單，再與高層提出的服務要求清單對照，兩方吻合才能彰顯資安長的價值。

溝通力不可少，練習用舉例來說明專業術語

陳啟昌更提到，資安長與非技術人員

溝通時，要用對方容易理解的方式，他打趣的比喻就是「要講人話」。特別是與高層的溝通更要留意，他強調，若使用對方聽不懂的術語，則溝通效果不彰。也就是說，資安長需練習如何與人溝通，不能只會用專業術語。

陳啓昌自己就經常用舉例的方式與高層溝通。像是說明抽象的 IT 治理概念時，他會用一家餐廳作為比喻，IT 容量不足，就像是椅子量不足，就很難支撐大量顧客的狀況，而對於 IT 可用性不夠，他就用椅子壞掉來描述，設法讓這些抽象 IT 概念變得更具體。

懂得與人溝通還不夠，陳啓昌提醒，還要考慮每個人熟悉的領域，與不同人溝通使用的詞語也要有差異，須找出雙方的共同語言。

陳啓昌回溯自身溝通能力的養成，有賴職涯的經歷，一個是在英國標準協會（BSI）擔任稽核員，另一個是擔任資策會、BSI 等單位的講師，讓他累積了許多演講經驗，培養溝通能力。

過往的工作經歷除了讓陳啓昌具備擔任資安長，不可欠缺的溝通能力外，也讓他體認 IT 與資安密不可分的關係。進入台灣大前，陳啓昌在 104 人力銀行擔任資安長，除了管理資安工作外，他也管理 IT 基礎建設，這段經歷讓他體會 IT 的辛勞。

他比喻，IT 就像背著一堆黑鍋的烏龜，當中的辛酸外人很難體會。特別是基礎設施團隊，平時團隊確保網路順暢大家沒有感覺，甚至覺得這是應該的，然而，網路一旦斷線，抱怨聲就四起。他提醒，IT 是推行資安重要的夥伴，資安人必須尊重 IT，才能找到與 IT 相處的平衡，共同合作解決資安問題。

針對想爭取成為資安長的資安人，陳啓昌也分享自己求職的經驗，像是撰寫履歷和面試時需留意的事項。比如說，自傳部分要避免流於基本自我介紹的呈現，他直言，這樣的履歷表無法引起面試官的興趣，自傳一開場更要點出重點，吸引面試官往下看。此外，撰寫過往工作經驗的內容時，需避免使用大量的形容詞，他建議，使用量化數字呈現過去工作上的成就，才具說服力。

接到面試通知後，更不可鬆懈，像他自己在面試前的準備，包含搜尋面試企業的新聞、產品、業務等訊息，還有企業高層的資訊也需一併掌握。他表示，面試過程中，面試官對面試者掌握企業資訊的程度，「會有感覺。」

另外，他建議，面試者要事先設想面試官會提出的問題，掌握哪些問題對自身不利，以準備簡短答覆的內容，把問題帶到對自身有利的另一個問題，來控制面試節奏。他強調，做這麼多事前功課，就是要盡量「控制面試場合，不被面試官帶著走。」文⊙黃郁芸

資安人才

成為全球頂尖駭客，資安研究員公開經歷的 5 階段心路轉折

從覺得駭客很帥、學習技術很好玩，到逐漸產生認同感、成就感與使命感，這些不同階段心路轉折，成就了全球頂尖駭客 Orange Tsai

回顧自身學習資安的歷程，Orange Tsai 表示，不同階段目標的疊加，成就了現在的自己，他很自豪地說駭客是終身職，面對別人提問是否有一天不做資安，他反問：為什麼會放棄資安？

在 2021 年率領戴夫寇爾（Devcore）資安研究團隊，在全球頂尖白帽駭客比賽 Pwn2Own 奪冠的戴夫寇爾首席資安研究員 Orange Tsai，在 2021 臺灣資安大會上，分享自己一路成長為世界頂尖駭客的心路歷程。

他大方揭露，自己也經歷所謂的「萌新」時期，從找不出錯誤的程式碼，一步步學習、成長、歷練，才能達到現在的成就；而在各大比賽中嶄露頭角後，頂著資安新星的光環，卻也有遭遇挫折的時候，這時就需要重新找到動力，才能堅定的持續前行。這些一路走來面臨的轉捩點與課題，都是 Orange Tsai 不斷精進自我的關鍵。

以數碼寶貝進化 5 階段，回顧自己 14 年駭客學習歷程

「大部分人可能會好奇，我以前如何接觸電腦？如何想當駭客？」Orange

Tsai 表示，開始接觸電腦的契機，是在小學四年級，接觸到知名電腦補習班補助弱勢孩童的電腦課程，儘管他已記不得當時所學內容，但是過程中「很好玩」的感覺，開啟了他摸索電腦的興趣。

這段學習電腦的「幼年期」，Orange Tsai 表示，自己也曾經是個「萌新」，就像是遊戲中的新手玩家，還在不斷學習探索。遇到問題，也會到「Yahoo 奇摩知識＋」徵求網友解答，比如詢問該如何打開「命令提示字元」；或是自學 C 語言時，把整段程式碼貼上詢問錯誤之處。

直到 2007 年底，Orange Tsai 看到新聞正在播送一個轟動全臺灣的駭客新聞，因而萌生了一個想法：「如果可以在網路世界中，神不知鬼不覺地來去自如，應該帥爆了！」至此，他就立下了要當駭客的目標。

在興起這個念頭後，Orange Tsai 的駭客生涯進入「成長期」。回想成長期的學習歷程，他認為，「學習一門技術，就像玩遊戲的過程，」比如任天堂在 2017 年發行的遊戲薩爾達傳說，讓玩家在開放世界的地圖中探索，就像學習一門新領域時，從最熟悉的地方逐漸向外探索的過程，「如果你在探索某塊地圖、打倒某隻怪物的過程中感到好玩，代表你已經開始樂在學習了。」

Orange Tsai 在成長期的時候，正是秉持著探索的精神，開始學習各種駭客攻擊手法，無論是木馬程式、逆向工程、網路攻防等各類知識，都主動接觸，如果遇到看不懂的內容，就先筆記下來，「每隔一段時間重看一次，直到看懂為止。」

持續摸索一、兩年後，由於一個人學

幼年期 → 成長期 → 成熟期 → 完全體 → 究極體

習有其侷限性，也缺乏與他人的交流，Orange Tsai 主動與當年在資安圈小有名氣、現在則是戴夫寇爾執行長翁浩正聯繫，進而加入了他在輔仁大學創辦的資安研究社團 NISRA。

當時，Orange Tsai 只是高中生，但每週都會固定到輔大的資安社團學習，他也因此接觸到更多的資源，比如開始迷上鼓勵駭客思維的 Wargame 比賽，也曾經為了某個挑戰而茶不思飯不想，渾然投入其中。

而這些學習經歷，更讓他在 2009 年，第一次以高中生身份參加臺灣駭客年會時，就一舉奪下冠軍。

「我從最初覺得駭客很帥，到學習駭客技術上癮，又因為冠軍引起關注，這對一個高中生來說，自信心是很大的膨脹。」Orange Tsai 說。

開始歷經挫折，卻從中找回屬於自己的駭客精神

以奪獎作為分界點，Orange Tsai 的學習歷程進入「成熟期」。在這各階段，為了獲得更多認同感，他開始刻意訓練自己的演講能力，也投稿各類研討會，來分享自己習得的知識或資訊。

「雖然當時是因為認同感才決定演講，但回想起來，這是我做過最正確的一件事。」Orange Tsai 指出，一場演講的準備，就是進行一次小型研究的過程，為了確保演講內容精彩且正確，得

不斷地對同一個主題深究，過程中，會將雜亂的資料整理成有用的資訊，內化成自己的知識，再向觀眾解釋，「這些能力對我日後有很大的幫助。」

除了對外尋求認同感，Orange Tsai 也對內尋求自我的認同。

當時，由於好奇自己的極限，他開始駭入曾經使用過的服務，「我不是要搞破壞或從中獲利，我也知道這會為自己帶來很多麻煩，可是這個挑戰非常吸引人。」剖析當時的心境，他也坦言，駭入時，會在滿滿的罪惡感與成就感之間徘徊，甚至會為了是否按下 Enter 鍵而猶豫許久。

雖然 Orange Tsai 找到了漏洞之後，都會向提供服務的企業回報，但是，這類攻擊舉動仍對這些企業造成困擾。

Orange Tsai 強調：「這是不好的示範，我不鼓勵大家這麼做。」尤其，當時他剛加入戴夫寇爾不久，公司剛逐漸上軌道，他才驚覺，自己一時錯誤的決定，可能會因此連累所屬公司的名譽受損。「這件事情帶給我很大的反思，後來，不輕易造成別人的誤會與困擾，成為我的重要原則。」

Orange Tsai 建議，若新手駭客要練功，無論是 CTF 或是 Bug Bounty 之類的挑戰，都是很好的方向。就像當時，他對於駭客技術的追求與提升，轉而透過 CTF 這類比賽來實現，「CTF 更專注技術，且自帶競爭感，跟我當時的想

要聚焦技術、追求成就感的想法不謀而合。」

這段參加 CTF 競賽的時期，被 Orange Tsai 畫分為進入「完全體」的階段。而藉由參與競賽挑戰的過程，他獲得了非常豐碩的成果，比如學習還原只剩一半的 QR Code、學習開鎖技能、甚至透過逆向工程使吃角子老虎機中大獎等，「在 CTF 可以挑戰各式各樣新穎有趣、甚至一輩子都碰不到的技術。」甚至，在 CTF 上獲得表現亮眼的成績，還讓他與戰隊成員，受到總統接見的殊榮。

但在這時，Orange Tsai 卻開始遭遇了另一個挫折，「雖然 CTF 帶給我很大的成就感，但也要承認，永遠會有比你天才的存在。」這個認知，甚至讓他開始質疑自己：「為什麼要這麼努力？自己的價值到底在哪裡？」

經過一段時間的反思，Orange Tsai 逐漸體認到，在真實世界的駭客攻防中，除了技術之外，更重要的是經驗，「我這幾年的經驗累積，是對方單靠技術無法碾壓的。」他也替自己打氣，因為，只要不停止接觸資安，在攻擊的經驗上，自己肯定能佔據優勢。

對此，他更特別引述一位駭客余弦（EvilCos）所說的話，來勉勵自己與觀眾：「哪怕再小，也要讓自己成為某一點的 No.1。」不論有渺小，每一次成為第一名的過程中，就是一次自我學習的實現，「當你可以說服自己在某一點擁有價值的時候，心中就能更踏實的走下去。」他坦然的說。

站在放眼世界的資安舞臺，使命感油然而生

當了多年的電競選手之後，Orange Tsai 發現，CTF 的成就感已經逐漸滿足不了自己，因而開始轉往更大的目標

該如何提升資安實力？Orange Tsai 認為，找到動機、主動挑戰、設法解決、檢討失敗是關鍵，而且要持續、刻意地進行，就能逐漸進步。

挑戰，這是他的學習歷程中最後一個階段「究極體」。

這個時期，Orange Tsai 陸續挑戰各種駭客領域自己尚未拿過獎項的比賽，結果他不只在 2021 年的 Pwn2Own 比賽中，獲得破解大師（Master of Pwn）的桂冠殊榮，2019 年他與同為戴夫寇爾資安研究員的 Meh Chang，獲得漏洞界奧斯卡獎 Pwnie Awards「最佳伺服器漏洞獎」的肯定，而在更早之前的過去，他也曾任世界級駭客大會如 Black Hat USA、Defcon、HITB 的講者。

「當眼界放大到世界，使命感會慢慢地浮現，尤其在國際舞臺上，臺灣常遭鄰居打壓，如果可以大聲講出你來自臺灣，心裡就會莫名的爽。」Orange Tsai 毫無保留的說出，要讓世界能夠看見臺灣的決心。

不只如此，Orange Tsai 的使命感，還在於對臺灣資安人才的培育，近年來，他也參與了政府辦理的資安人才培育計畫，希望要透過自身的力量，幫助臺灣年輕駭客成長。

然而，步入這個發展階段的 Orange Tsai，看似已經達到旁人不能及的高度，仍舊遭遇了更多課題需要自我克服，「雖然說我的成就看似光鮮亮麗，全世界可以相比的人也屈指可數，但我也有自己的課題要面對。」

比如追逐成就感的過程，雖然是驅使自己不斷向高處攀登的動力，但有時這也讓 Orange Tsai 陷入了鑽牛角尖的循

環。例如，為了產出比前一年傑出的研究成果，2020 一整年他每天都強迫自己找漏洞，也因此，找漏洞變成一件痛苦的事。

而經過一段時間的沈澱，他才發現，有趣的不是挖漏洞的過程，這是別人花時間也能做到的事，反而是創造出新的攻擊手法，才能更能彰顯他的價值，也是他真正感興趣的事。

「很多人問我，你會不會有一天不做資安？」Orange Tsai 鄭重地說，若做資安的動機，只是單純因為帥、或是覺得好玩，將來就可能會被更有趣的事吸引而放棄。

他也總結自己學習資安的過程，從覺得駭客很帥、學習技術很好玩，逐漸獲得認同感、成就感與使命感，不同階段目標的疊加成就了現在的自己，「套一句某個前輩說過的話，駭客是終身職，我為什麼會放棄資安？」

找到學習動機、刻意練習，每個人都有機會成為第一

最後，Orange Tsai 給所有對資安有興趣的年輕學子幾個變強公式。儘管這不一定適用所有人，但他建議，在學習資安的路上，首先要找到學習的動機，「有夠強的動機，才能驅使你不怕任何事情持續前進。」再者，則是要刻意練習、刻意挑戰，持續挑戰比現在水平更難一點的題目，若挑戰成功，就能從解題過程中獲得樂趣與成就感，若挑戰失敗，也能檢討反思，來避免日後犯下同樣的錯誤。

Orange Tsai 說，就像自己過去，也曾循序挑戰更難的題目、刻意練習演講的能力，「持之以恆，就能在某個領域中成為第一名。」文⊙翁芊儒

克服資安職涯挑戰，適應不同國家與產業的環境

擁有跨國、跨產業工作經歷的永豐金證券資訊安全部協理謝佳龍，認為資安人員在投入職場的過程中，關鍵要先讓自己適應不同的資安場景，才能進一步發揮自身的經驗與能力

在永豐金證券資訊安全部擔任協理的謝佳龍，具有日本與臺灣兩國豐富的工作經歷，更跨產業曾在資安軟體商、電信集團、電商集團、金融業等領域工作，認為資安人員在投入職場的過程中，重點在於調整自己，適應不同的資安場景。

日本知名網站資安社群 OWASP 有一位臺灣人，因為相當活躍而聞名，他就是任職於永豐金證券資訊安全部協理的謝佳龍，因為早在 2013 年，他就將業界年年必看的英文版 OWASP 網站十大安全風險名單，進行翻譯、帶進日本資安圈，讓社群驚訝不已。

不只與 OWASP 結緣近 10 年，他更兼具企業端與廠商端的海內外資安工作經驗，而在 2021 臺灣資安大會中，謝佳龍更特別以自身經驗為例，向 3 年以下資歷年輕資安人才分享磨練資安技能，以及心態養成的作法，盼更多新血加入，為資安領域貢獻。

繪製資安職涯動力曲線，詮釋自身職涯發展的困境與收穫

曾在日本求學與工作長達 11 年的謝佳龍，先是就讀美國卡內基·梅隆大學的日本神戶分校，而後在攻讀碩、博士時，開始學習資安並研究數位隱私權的相關議題。畢業後，進入一家臺灣資料外洩防護（DLP）廠商的日本分公司，接著進入日本最大電信集團的資安子公司，以及日本最大電商企業的資安辦公室。回到臺灣之後，曾在臺灣最大電信集團內工作，也短暫在日商銀行工作，目前為永豐金證券的資安主管。

為了更進一步說明每個工作經歷所面臨的困境與收穫，謝佳龍繪製出自己的資安職涯動力曲線，來剖析從事資安工作的動力起伏。比如剛開始在唸研究所時，謝佳龍對於資安領域的興趣濃厚，卻在實際接軌就業時，發現日本企業聘用博士生的意願低，加上非本國籍的身份，使他求職面臨求職不易的困境。因此，他的動力曲線在歷經第一個高峰之後，逐漸開始走下坡。

進入臺灣 DLP 廠商的日本子公司工作後，雖然與客戶逐漸建立起信任關係，動力曲線稍微回升，但在公司撤出日本市場後，又開始下降。一直到謝佳龍重新找了一份工作，進入了日本最大電信集團的資安子公司任職，他的動力曲線才又開始穩定成長。

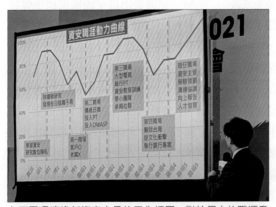

在不同環境擔任資安人員的工作經歷，對於個人的職涯發展而言，往往會有不同程度的動力，謝佳龍在 2021 臺灣資安大會的演講中，公開他自己從事資安工作的動力起伏。

這份在日本電信業的工作，讓謝佳龍接觸了滲透測試、弱點掃描等資安檢測工作，也巧合地加入了資安社群 OWASP，開始與社群產生連結。當時，他甚至翻譯著名的 2013 年版 OWASP Top 10，將內容從英文翻譯成日文，他說：「連社群的人都嚇一跳，日文版居然是外國人翻的！」

在社群耕耘的經驗，也將謝佳龍帶到了第三份工作，進入日本最大電商企業的資安辦公室。原先工作是執行滲透測試，後來受到主管指示，他開始對內部員工進行資安教育訓練，對象從開發者、系統維運人員，陸續擴大到全公司，工作之餘也持續投入社群，他的動力曲線也在這時達到第二高峰。

離開這份工作後，他在日本的職涯也告一段落，選擇搬回臺灣。謝佳龍比喻，在日本找工作遭遇了一次文化衝擊，回到臺灣工作後，卻又面臨了一次「逆文化衝擊」，「因為我已經習慣日本產業了，回來臺灣的第一份工作就感受到思維的不同。」由於在臺灣零工作經驗，他在面對客戶時，發現對方在意

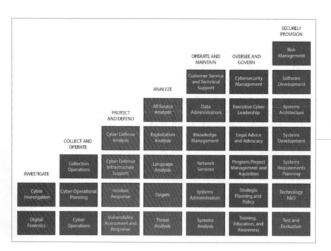

之處與過去從業經驗有許多不同，需要重新適應。過程中，他也接觸到銀行資安專案，開始對金融界資安有更多了解。

這時，他的動力曲線也因逆文化衝擊而下降，但在進入現任職場，擔任永豐金證券資訊安全部協理後，動力曲線也持續回升，來到第三個高峰。

謝佳龍解釋，在金控公司任職資安主管一職，工作內容與過去有很大差別。比如需要全盤進行策略規畫，來決定組織該如何分工，甚至須進行決策；還有一個與過去截然不同的學習經驗，那就是：以往未擔任主管時，總是想著要做什麼，但任職主管後，反而得決定哪些事不要做，「主管時間非常有限，要把精力花在對公司有幫助的地方。」

這份工作，更讓謝佳龍深刻體悟溝通的重要性，從部門內、跨部門的溝通，到與資訊單位、業務單位協調，更需向上級報告。由於溝通的對象不一定具有資安背景，為了讓對方能了解自己的想法，就需要培養自己的溝通技巧。

至此，謝佳龍曾任前端的售前規畫顧問（Pre-Sales），負責與客戶討論需求、規畫架構，也曾任後端技術支援的溝通協調者，向開發團隊反映客戶使用上的問題、需客製化的功能；後續也曾在企業內辦理資安教育訓練、進行資安推廣，因而更熟悉安全系統發展生命週期（SSDLC）的流程。這些橫跨廠商與企業兩端的工作經驗，以及從日本到臺灣的廣闊視野，都是他累積至今奠下的能力基石。

以自身經驗出發，提供資安初階人員技能與心態養成建議

面對學生、或工作未滿三年資安人才新鮮人，謝佳龍建議，每個人都得規畫自己的職涯發展方向，「雖然計劃很常趕不上變化，但不代表就不用規畫，自己的職涯該怎麼走。」

除了了解自己的職涯發展方向，也需要培養自己的技能（Skillset），從技術到軟實力都得具備。

在技術方面，可以分為：密碼學、網路安全、逆向工程、程式安全、數位鑑識等領域，而要熟悉這些知識或技能，謝佳龍建議，透過參與社群來學習是一個切入點，國內外可關注的社群，包括：UCCU、TDOH、BambooFox、AIS3、OWASP、HITCON 等，這些都能積極參與以深化自身的技術實力，因為在職場上，「沒有人會平白無故教你東西，老闆、前輩都不會！」

在軟實力方面，則是要具備五大技能。一是溝通能力，無論在企業端或廠商端都同等重要，若身為企業端，需透過溝通來說服上級或其他員工，也能認同自己的決策或建議，如果身為廠商端，更得具備溝通技巧，才能說服企業採用自家的服務。二則是要具備團隊合作能力，才能在資安領域合作對抗敵人，比如透過不同角色分工來蒐集情資、布建資安防護、監控防火牆 Log、進行事件回應等，分工合作來面對駭客集團的攻擊。

三是適應性（Adaptability），指的是

面對不同產業的客戶，或是在身處不同產業從事資安工作時，不能用同一套思維套用到所有場景，要根據不同產業或環境的需求，來提供服務。四與五，則是需具備解決衝突的能力，以及領導能力。

「Fit yourself/security into scenarios.（調整自己，適應不同的資安場景。）」謝佳龍以這句英文來強調，在投入職場的過程中，關鍵是要先讓自己適應不同的資安場景，才能進一步發揮自身的經驗與能力。

另外，考取證照也是一大重點，網路上也有些整理圖表，告訴資安人在不同能力程度及不同專業下，應該考取哪些證照較為合適。

比如，2019 年美國計算機行業協會（CompTIA）更新的 IT 證照地圖（IT Certification Roadmap），就可以做為參考標準。

另一個圖表出自美國國家標準暨技術研究院（NIST），他們的國家網路安全教育倡議框架（National Initiative for Cybersecurity Education，NICE），將資安工作分為 7 大類、33 個專業領域，若查看 NIST SP 800-181 規範，能了解不同工作角色的任務，成為技能學習參考依據。

除了資安技能，心態養成（Mindset）也是重要的一環。對此，謝佳龍提出一個稱之為「資安 VIP」的心法。

他解釋，這裡的 VIP，所指的是：專

關於資安領域的證照，謝佳龍列出兩個可參考的框架，一是美國計算機行業協會 CompTIA 2019 年更新的 IT 證照地圖，另一是美國國家標準暨技術研究院（NIST）提出的國家網路安全教育倡議框架（NICE），如圖。圖片來源／NICE

業（Professional）、正直（Integrity）、價值（Value）。

首先，從事資安工作要具備專業性，再來，則是要將專業用在光明面，做正直的事，才能夠進一步產生價值，「專業與正直結合，來產生價值，就是資安VIP。」而為企業帶來價值的同時，也同時會為自己帶來價值，讓職涯的發展更進一步。

選擇進入廠商端與企業端，也需有不同心態。以自身經驗來看，謝佳龍建議，若進入廠商端工作，「用專業解決問題，成為企業的夥伴。」有了這個態度，才能讓企業信任，在面對資安需求的時候，訴諸自家服務來解決問題。

而在企業端資安職場工作時，謝佳龍則建議：「應用問題來培養專業，」由於資安專業領域的範圍太廣泛，但不同產業面臨的挑戰有別，因此，身在不同產業的資安工作者，不需要什麼專業都

學會，而是須根據不同情境下面臨的挑戰，來培養專業能力。同時，也要具備「被討厭的勇氣」，他指出，許多人不了解資安人員的工作，時常覺得資安人員無所事事，只會突然丟漏洞要開發人員修補，而面對他人的不理解，資安人員也需要具備良好的心態來面對。

資安產業的機會與挑戰：零失業率、高人才缺口

雖然資安工作辛苦，但謝佳龍也提出幾項數據，來增加新鮮人跨進資安產業的動力。

首先，根據美國資安研究與出版商Cybersecurity Ventures的數據顯示，截至 2019 年為止，美國資安工作者的失業率已經連續 8 年為零，同時，2021年的資安職缺將達到 350 萬個，相較於2014 年的 100 萬個，在 7 年之間，成長了 3.5 倍。

「哪一個產業能成長的如此快速？」他鼓勵學生與資安初階人員，要有被討厭的勇氣、努力追求新知，更要加強技術與軟實力，從各方面精進自身能力，來滿足資安人力需求的大量缺口。

同時，他也引述金管會去年 8 月發布的金融資安行動方案，其中規定，具一定規模的金融機構，必須設置副總經理層級的資安長，這意味著，未來金融資安領域的從業工作者，有一定程度的機會，能夠擔任主管職，來承擔金融機構需肩負的資安重任。他藉此給予資安人員一個願景，盼人才更有動力留在資安產業耕耘。

最後，謝佳龍也點明：「資安非常重要，不只是對金融重要，更是國家安全的一環。」他期許有更多資安新血的加入，願意秉持著資安與每個人同在的精神，不斷地對資安產業投注心力與貢獻。文⊙翁芊儒

從社群培養駭客精神與斜槓能力，職場協作也能派上用場

累積 11 年社群經驗的黃一晉，不僅從中培養追根究底的駭客能力，還斜槓拓展了許多技能，他更將技能用於職場，來提升與他人的協作效率與流暢性

踏入資安領域一定要具備駭客精神，要保持好奇心，對一件事情要有追根究底的本能。臺灣學生計算機年會（SITCON）共同發起人之一，現為遊戲公司資料團隊領導者的黃一晉，提醒資安新手們在學習資安時，應發揮駭客精神，勇於對未知的事情嘗試、探索，還要試著「重造輪子」，透過拆解重組的過程，追根究底的了解一項技術

或工具，來精進自己的技術能力。

「在學習資安的階段，你必須要非常認真的去重造輪子，去了解每一項功能如何被實現出來、原理是什麼，而不是只會用工具，卻不知其運作原理。」黃一晉指出，尤其在進入職場後，為了追求效率，不一定有時間再深究每一項技術或工具，「總會有人告訴你，不要再重造輪子，用現成的就好，」這也凸顯

學習資安的過程，要知其然也要知其所以然，黃一晉認為，駭客精神的思維，不只能用來精進技術，更能進一步應用於職場上，面對需求，我們需要知道為何要做、目標是什麼，追根究柢，若能投入社群的參與、回饋，能夠磨練演講、溝通的技能，並且逐漸獲得組織管理、任務分工、社群經營的能力。

了在學習過程中，每一次重造輪子過程的難能可貴。

駭客精神的思維，不只能用來精進技術，更能進一步應用於職場上。黃一晉以自己為例指出，每當接收到公司指派的一個需求，他會不斷向需求指派者提問，來釐清需求被提出的原因，「永遠要問，為什麼要做這件事情、要達成什麼目的？」唯有如此，才能回過頭來檢視，是否具有更好的方法能解決這個問題，「因為每個人都會有思考盲點，但他人可以回過頭幫他，思考其他方法的可行性。」

因此，黃一晉建議，資安人才在職場上也能發揮駭客精神，對事情追根究底，而非盲目地遵循上級的命令，「不要等著被指派任務，就算被指派任務，也不要瘋狂的做，要先清楚任務發起的

原因是什麼。」

從社群累積跨領域「斜槓」技能，再回頭運用於職場

黃一晉不只培養了追根究底的駭客精神，來專精技術，更「斜槓」拓展了技能的廣度，這些能力的培養，與他的社群經驗密不可分。他參與技術社群長達11年，不只是臺灣學生計算機年會的共同創辦者，更是資安社群熱心志工，更活躍於開源人年會COSCUP。從參與社群、當講者回饋社群，到後來創辦社群，他在過程中不僅磨練了演講、溝通的技能，更在從頭創辦一個社群的過程中，學會了組織管理、任務分工、社群經營的能力，甚至要懂行銷。「我就是斜槓到爆炸的人，什麼都要懂一點，這些技能就是從社群來的。」他說。

累積了許多技能後，黃一晉也回過頭來運用於職場中，「社群的人來自不同領域，公司的員工組成也一樣，一定會需要與不同領域的人溝通，所以在社群學到的技能，就能回過來對職場帶來幫助。」他舉例，在目前的工作中，他需要了解每個團隊的業務需求，擔任技術提供者的角色，從旁協助來提升業務流程的順暢度，過程中更要讓夥伴了解，每件事情的做法與緣由。

因此，他建議資安新鮮人多參與社群，更可以試著在有能力後，反過來對社群貢獻，「當你有能力貢獻時，可以學到更多。」他也建議，每個人都有自己不擅長之處，比如學生或資安新手可能技術能力很強，但不擅長溝通，這時，就需要去找到弱項來補強，把弱項化為對自己有利的技能。文⊙翁芊儒

資安人才

資安新鮮人與紅隊的距離

攻擊導向的紅隊演練，是許多資安新鮮人嚮往的工作，但要勝任這份工作，不只要具備頂尖技術實力，更要累積戰場經驗與紅隊思維

要有效抵禦駭客入侵，就得透過最接近真實世界的駭客攻防演練，培訓企業產生抵抗力來抵禦潛在的駭客威脅。而這劑疫苗，正是紅隊演練扮演的角色。戴夫寇爾紅隊隊長許復凱說：「以注射疫苗來說，最真實的病毒才能讓企業產生抗體，來對抗病毒，」

紅隊演練並非聚焦單一網站或系統執行滲透測試，而是更全面地運用多種攻擊手法，試圖攻破企業內網，找出潛藏的漏洞所在。許復凱比喻：「就像是玩手足球臺，攻擊手法不受限制，從空中、地下、或者是直接破壞手足球臺，就是要想盡辦法攻進內網，拿到企業最

在乎的資料。」

就算獲得企業授權下，要有能力暗中入侵企業環境來測試，紅隊就像是一群資安高手組成的特戰隊，負責攻防演練的紅隊隊員，也是許多資安新鮮人嚮往的工作。臺灣少數有能力執行紅隊演練的戴夫寇爾，2017年就推出了臺灣第一個紅隊演練服務，許復凱正是這項服務的領導者。

戴夫寇爾至今已經執行了超過40場紅隊演練，駭入企業內網的成功率達到百分之百，「演練過程中，我們駭入企業內網，多半像是如入無人之地，有時候在裡面逛很多天，對方才問說是不是

攻擊導向的紅隊演練，是許多資安新鮮人嚮往的工作，但要勝任這份工作，戴夫寇爾紅隊隊長許復凱認為，不只要具備頂尖技術實力，更要累積戰場經驗與紅隊思維。

已經打進來。」

但許復凱觀察到，越新開發的網站，就越難攻破；少數能定期執行紅隊演練的企業，因為重新檢視系統開發的方法與習慣，來改善自身的資安體質，資安

防護上也有長足的進步。顯示臺灣企業的資安意識，近年來已經有所提升。

要成為紅隊隊員要經過 4 階段努力，考證照、打比賽是技術奠定的不二法門

一個資安新手，許復凱認為，還是可以成為紅隊的一員。他提供了一個 4 階段學習過程，從初學、技術小成、技術精熟與強大的紅隊成員，每階段的目標和學習方法的建議。

比如資安初學階段者，許復凱定義，是指具有資訊背景，能架網站、寫程式，同時對資安領域懷抱憧憬，願意在未來十年投入其中的人。換句話說，這群人「雖然什麼都還不會，但是對這條路充滿熱情。」而熱情就是前進原動力。

在這個階段，許復凱建議，初學者可以利用網路上豐富的新手入門資源，直接 Google 搜尋關鍵字「資安、新手、建議」，就能找到許多學習的方法，包括與資安技術相關的筆記、書籍、課程等，來善加利用。若想上實體課程，則可以接觸教育部資安人才培育課程 AIS3，或是積極參與各種資安社群，都是可利用的管道。

不過，許復凱也特別提醒，過去會推薦初學者參加 CTF 比賽，或是透過 Bug Bounty 挖漏洞來培養實戰經驗，然而，到了現在，這兩項挑戰的門檻都變得更高了。比如 CTF 演變至今，題目已經越出越難，「甚至可能直接給一個 GitHub 的函式庫，要挑戰者找漏洞，那根本就直接找零時差漏洞，已經不太適合新手，」因此許復凱建議，如果初學者要參加 CTF，必須慎選新手導向的比賽來參加。

而企業釋出的 Bug Bounty 計畫，也逐漸不適合新手練功，因為大多數新手能發現的漏洞都已經被找到，若要再找到新的漏洞並非易事，還必須與全球的高手競爭，「不建議這個階段就打 Bug Bounty，可能會花很多時間，卻沒什麼回報。」許復凱說。

因此，許復凱推薦，資安初學者在課程方面，可以先完成資安線上課程 PentesterLab，並且在習得技能之後，練習線上靶機，比如參加 Hach the box 來測試自身的實力。最後，再進一步考取實體資安證照，來驗證自身的能力，而他推薦新手考取的實戰型證照，包括 OSCP 與 OSWE。

接著，進入技術小成階段。許復凱對於技術小成者的定義，是要能對各種漏洞瞭若指掌，知道 OWASP 有哪些漏洞、漏洞成因、建議的修補方法，「代表的意義，就是對教科書上已知的技巧已經有一定的熟練度。」他更透露，這個階段也是戴夫寇爾對於求職者能力的基本要求，就連內部寫研究報告的員工，為了能與資安研究員溝通，都具備了 OSCP 的證照。

這個階段的目標，許復凱指出：「要讓自己成為一個領域的專家，最好是全臺灣前十名！」他鼓勵，由於資安攻擊的專才不多，只要把目標訂得夠小，就有機會達成。這個階段中，他也建議可以參加 CFT 資訊網站「CTFtime」中，評級權重（weight）高的賽事，來驗證自己的實力，或是透過 Bug Bounty，找商用或開源軟體中「未知」的漏洞，不

僅能累積實戰經驗，若能找到全球極少數人能發現的漏洞，伴隨而來的成就感，也能推動自己持續向前。

精熟技術還不夠，紅隊成員更需累積戰場經驗與思維

下一步，來到技術精熟的階段，「老實說，技術面已經無懈可擊了，」許復凱認為，技術精熟者若繼續精進技術，就能開創屬於自己的技術流派。不過，儘管這個階段的技術實力來到巔峰，他仍點出，臺灣當前的主流技能樹較無涵蓋持續潛伏（Persistence）、防禦逃脫（Defense Evasion）與橫向移動（Lateral Movement）這三種實戰技巧，技術精熟者可以持續學習非主流的技能，來增加攻擊技巧。

持續累積資安實力，就是為了上戰場攻擊，但許復凱也提醒，並非具備強大的技術實力與攻擊技巧，就懂得如何打仗，若要成為紅隊成員，還需要同時具備紅隊思維、累積紅隊經驗。

他舉例，假設在戰場上，隊友已經殺出一條血路直達敵區，目標要拿到保險箱內的東西，「不知道大家有沒有想過：放眼望去，看到的敵人這麼多，怎麼知道要狙擊誰？打誰而獲得的效益較高？」而且，「任務要拿到保險箱，但怎麼知道保險箱在哪？」

轉換為真實的案例而言，假設紅隊演練的目標是要入侵 ATM，但是，在成功進入內網之後，該如何得知 ATM 在哪裡？如果在攻進內網後，更攻下了網

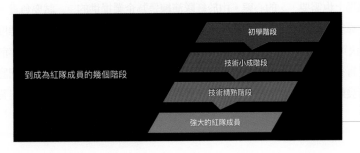

到成為紅隊成員的幾個階段

初學階段
技術小成階段
技術精熟階段
強大的紅隊成員

想要成為紅隊的成員，許復凱提出區分為 4 階段的學習過程，從初學、技術小成、技術精熟，最終成為強大的紅隊成員，針對每階段的目標和學習方法，他也提出對應的建議。

域管理服務 Active Directory（AD），就算能控制網域內上萬臺電腦，又應該如何找到 ATM 發動攻擊？「根據我們的經驗，打下 AD 是家常便飯，但跟拿下 ATM 之間，還有很大的距離。」許復凱表示。

藉由這個情境，許復凱點出，紅隊隊員在戰場上如何攻擊，並沒有標準答案，「但上戰場後，就得為這些過去不曾想過的問題，找到解決方法，這就是紅隊思維。」

不只要培養紅隊思維，戰場上也需要不斷的評估與抉擇，必須要靠許多經驗的積累，才能下好每一個決策。比如說，如何在黑箱的情況下，盲猜攻擊目標可能具備的防護機制？若發動攻擊可

能有 7 成會因曝光而失去據點，但攻擊成功就有機會推展戰線，又該如何選擇？又或者，進入核心網段需要串 5 層 Tunnel，要如何決定，第幾層該用哪個 Tunnel 技術？

許復凱表示，戰場上該如何決策，同樣也沒有標準答案，但作為紅隊成員，每個人都需要下意識地累積經驗，「這是一般攻擊技術很強的人，跟紅隊成員之間的差距。」

許復凱也點出身為紅隊成員應具備的心態。由於紅隊演練是為企業提供的一項服務，本質在於解決企業的問題，「雖然當駭客看到什麼好打就想去打，但是不行、更不能亂打，心態必須有所改變。」比如在戰場上，目標明明是攻

擊企業的 ATM，隊員卻打進門禁系統，對戰場來說不僅沒幫助，還平添困擾。

而且，紅隊成員在攻擊過程中，成功攻破對方守備的同時，也得為對方思考，應如何改善才能避免再次遭駭，並改變企業資安體質？許復凱指出，唯有不斷站在客戶角度思考，才能確實解決客戶問題。

最後，就是要保持專業，「這也是我們公司第一個準則，要保密、謹慎測試，發現漏洞要謹慎揭露，對自己的測試要負責。」許復凱指出，戴夫寇爾以嚴謹的態度在進行紅隊演練，就連客戶詢問一年前的攻擊行為，都能調閱記錄來詳實回應，這也是成為一位紅隊成員必備的素養。文⊙翁芊儒

助家電設備提升產品防護，IoT 資安研究員加入戰力

跨足製造商 IoT 資安研究領域的 Panasonic IoT 威脅情資研究員賴婕芳，負責從產品端搜集 IoT 威脅情資、進行特徵分析，再將產出的洞察，用來強化 IoT 產品安全

在資安防護的多種領域當中，IoT 仍是比較辛苦的，因為會面臨艱難挑戰，像是不同平臺、難以管理的設備等，賴婕芳表示，製造商投入可直接從源頭找尋解決方案，以 IoT 製造商的角度出發，來研發資安防護作法，成為產業先行者來推動 IoT 資安的發展。

談到 Panasonic，大家很容易聯想到是專門做家電設備的超大集團，但但可能沒想過，這樣的家電廠商，如何做資安？一般人對資安的想像常是金融、電信或網路公司，較少想到家電、電子產品製造商，這也是 Panasonic IoT 威脅情資研究員的賴婕芳，當初進入公司前，未曾觸及的領域。

過去賴婕芳曾是臺灣資安社群 HITCON Girls 的共同創辦人，也曾在行政院國家資通安全會報技術服務中心擔任資安工程師，具有 APT 威脅獵捕、惡意程式分析相關經驗，也在博科通訊

系統擔任過軟體工程師，2019 年進入 Panasonic 任職，從 IT 跨足到 IoT 資安研究的領域。賴婕芳表示，成為 IoT 威脅情資研究員，是自己職涯發展過程中的一大轉變。

一個資安實驗室、三大資安團隊，Panasonic 如何做資安？

IoT 資安近年來備受重視，從智慧手機、穿戴裝置、智慧居家到智慧城市，處處可見物聯網設備，根據 Gartner 的預測，物聯網裝置更將在 2021 年達到 250 億個，大家較為耳熟的 IoT 資安威

脅，常見如入侵監控錄影機、印表機等設備被駭等案例。

賴婕芳解釋，Panasonic 也有許多種

IoT 產品，除了智慧家電，更有飛機座椅後背的顯示螢幕、車用多媒體主機等設備。因此，IoT 資安也逐漸成為 Panasonic 的一大挑戰。

對資安重視程度的提升，也源自一般消費者對於商品安全性的期待，比過去更高了，從製造到銷售，經手的廠商或外部監督單位，都被賦予不同程度的資安期待。「對消費者來講，他期待製造商不只是賣出產品，還要能確保產品的安全性。」賴婕芳指出，甚至，未來若發生資安事件，廠商也得有足夠的能力來解決問題，還要能管控上下游供應鏈，提供足夠安全的設備零組件，並提供自家產品的資安報告給政府，來取得政府對產品的資安防護認可。

「消費者對於廠商有非常高的期待，」賴婕芳表示，這也成為廠商提供更高品質產品的動力，另外還有一股更大的資安推動力是，政府對 IoT 資安的規範，「法規要求，也會變相推進廠商提升資安防護能力。」

不過，如同大多數的傳統家電廠商，Panasonic 也不是剛開始就有足夠的資安能量，為了培養自己的資安實力，他們選擇先與外部資安廠商合作，引進資安防護的產品，後來，才逐漸增進自己的研發能量，更在臺灣設立了資安實驗室，來測試設備、執行資安專案，並進行資安事件的協調與處理。

賴婕芳指出，Panasonic 主要分為三個資安團隊，其中之一是偏向電腦資安事件應變小組（CSIRT）的範疇，專門維護企業內部 IT 資訊系統的資訊安全，包括網站、PC、伺服器、網路、資料以及 App 等。

另一個團隊則偏向產品資安事件應變小組（PSIRT）的範疇，也是賴婕芳身處的團隊，主要針對集團出產的設備，如家電、飛機椅背顯示螢幕等產品，提供安全性檢查或資安服務。最後

一個團隊則是工廠資安事件應變小組（FSIRT），針對工廠的製造系統與機器的安全性，來進行資安防護。

面對 IoT 資安威脅，Panasonic 也建置了 IoT 威脅情資平臺，來搜集針對家電發動攻擊的惡意程式情資，接著，透過對惡意程式進行特徵分析，再將分析結果用來強化 IoT 產品安全。

賴婕芳表示，當前在資安實驗室中執行的專案內容，正是搜集並分析 IoT 資安情資，產出可用的報告，除了將資訊提供內部使用，未來更要回饋給社群或其他廠商。

「IoT 資安防護，還是比較辛苦的領域。」賴婕芳指出，由於 IoT 設備的通用性及廣泛性，使得 IoT 資安解決方案大多十分相似，這類產品多從 IT 或是資安廠商的角度為出發點。

但是，賴婕芳指出，在 IoT 資安領域，許多企業與廠商，都面臨了不同平臺、難以管理的設備等挑戰。「製造商自己投入的優勢是，可以直接從源頭找尋解決方案。」

這也是為何 Panasonic 要切入 IoT 資安的領域，自行成立資安實驗室，就是要以 IoT 製造商的角度出發，來研發資安防護作法，成為產業先行者來推動 IoT 資安的發展。

保持對資安的熱情，培養多層次思考、協作與整合力

回憶自己為何要成為一名資安研究員？賴婕芳表示，是源自於很中二的理由，因為覺得打抗駭客很酷，就像電影情節，才引起了自己的興趣；同時，也因為資安領域會一直接觸到新知識，且富有挑戰性、趣味性，於是就促使她進入了這項產業。

「真正加入了之後，會發現資安的世界跟外面不太一樣，工程師就已經是另一個世界，資安又是其中更小的圈

圈。」賴婕芳注意到，資安圈除了相對小，與其他產業相比，可見度也沒那麼高，常常是被隱藏起來的一群人，她參與國內外研討會時，除了常遇到熟識的夥伴，而議程中的主講者或技術發表單位，也通常是熟悉的人物或組織。不過，儘管圈圈小，卻不妨礙資安技術的快速更迭。

進入職場，賴婕芳從一開始身為資安服務的提供者，後來轉換到企業資安部門。而在角色轉換的過程中，也讓她對於資安的理解，有了更深體會。

她過去在資安服務的供應端，僅從較單一的視角來檢視企業資安，總是認為企業不夠重視資安，應投注更多的資源；直到進入企業以後，她才了解到「買再多設備、做最好的防護，只要有一個豬隊友，一切都毀了。」

換句話說，資安並非只有一個層面，而是應該從軟體、硬體、甚至是員工的教育與管理制度，各個層面都需要考慮到，她現在也已經能以多層次的角度，來檢視企業的資安作法。

在從事資安工作的過程中，賴婕芳也體認到不斷吸收新知的重要性。除了與工作中其他技術研究員互相分享資訊，由於本身是 HITCON Girls 社群的創辦人，她也推薦資安人員可以多參與社群活動，或是前往各大國內外資安會議與研討會，來不斷追求新知，還能結交資安領域的同好。

不只如此，她也會定期從不同的新聞、論壇與訂閱的報告來吸收新知，同時增強自己對資安事件的敏銳度。

職場上，除了必須持續學習新知來精進技術，與他人的協作也是一大挑戰。比如在推廣研究的產品或專案時，不只要統整各方面的資料，更要懂得與其他單位協調，才能共同推出研究成果。

但相對地，她也從中獲得許多成就感，比如在進行資安研究時，她喜歡在

許多小而混亂的資訊中,找到枝微末節的線索,再將線索們串連成一整個故事,「我自己是喜歡想故事、聽故事的人,將這些線索拼湊起來變成小秘密,是非常有趣的過程。」

對於自己身為資安產業中女性的角色,賴婕芳指出:「資安相對其他產業,對女生比較開放,很多時候是看你擁有什麼能力,把你放在什麼位置。」

賴婕芳在職場中,並未感受到歧視或玻璃天花板的現象,所以,她以此來鼓勵女性,不需要靠言語去向別人訴說自己的能力,這是因為每個人在職場上的高度與位置,取決於工作表現或研究成果。**文⊙翁芊儒**

資安人才

有資管與資安學習背景的安永諮詢服務執行副總經理曾韵,橫跨多種領域、涉獵了多項顧問服務,面對資安這項工作,她體會到選擇無關對錯,要了解自己追求的目標,再做決定。

通過多個領域的歷練,成就資安顧問的專業

從資安、營運持續管理、個資法、數位鑑識到大數據分析,安永諮詢服務執行副總經理曾韵曾從事多項顧問服務,資管與資安背景出身的她,如何辦到?

在職場上,我們可能會遇到一些關鍵時刻,而當時的決定有可能產生重大的影響,塑造了現在的自己。「你要用多少代價,去換取你現在的地位或成就感?」安永諮詢服務執行副總經理曾韵如此提問,不只是向外拋出一個開放式問題,更是她對自己職涯發展所下的最佳註解。

長期在顧問產業耕耘的曾韵,從剛入職,開始從事電腦稽核的工作,逐漸培養起建置資安管理體系的能力,後來更跨足營運持續管理體系的建置,並在進修了法律相關知識後,開始提供個人資料管理制度導入、鑑識調查與分析服務。近年來,她更搭上大數據應用熱潮,進修了大數據相關知識,開始提供

巨量資料分析、數位轉型以及科技風險諮詢服務。

涉獵了如此多元的專業領域,曾韵卻是資管與資安背景出身,曾以為自己會進入資安公司或企業資安部門,成為鑽研技術的資安工程師,沒想到一轉念,卻踏上顧問一職。對於自己的與眾不同的職涯歷程,曾韵娓娓道來她一路上的堅持與挑戰。

跟隨本心投入顧問產業,更秉持學習精神一路進修

大學時期,曾韵就讀資管系,為了砥礪自己的專業技能,研究所選擇踏入資安領域,向看重技術力的教授學習。回憶當年,她深感自己的資安基礎不夠,讀研期間督促自己吸收海量的資安知識,遇到聽不懂的名詞,先筆記下來查資料,還是不懂,就抓緊機會詢問實驗室的學長姐或教授。經歷兩年的磨鍊,好不容易領到碩士學位,接踵要面對的卻是人生第一道選擇題:就業。

「我記得老師們說,科技是要幫助企業做更好的事情。」因著這個信念,曾

韵在選擇職業時思考,能否找到一份工作,能深入瞭解企業的需求。再加上,她認為自己的技術實力拼不過他人,反而是綜合性應用的工作較適合自己,在這個前提下,現在擁有的技術實力,更能進一步化為優勢與立足點。因此,儘管面試上了資安企業,曾韵仍選擇進入安永聯合會計師事務所,從事電腦稽核的相關工作。

這一份工作中,曾韵曾負責稽核銀行,針對資安控管不足之處提供建議,包括查驗權限控管機制、驗算部分銀行業務的程式邏輯、進行滲透測試等工作。隨著資訊安全逐漸受到重視,顧問類型的資安服務也越來越多元,就在這時,她抓住勤業眾信拋出的橄欖枝,決定嘗試新類型的資安顧問服務。

曾韵到勤業眾信後,從資安顧問做起,在辦理業務的過程中,除了累積自己的顧問經驗,也逐漸培養了管理與領導團隊的能力。經過一段時間的積累,曾韵也跨足營運持續管理(BCP)的領域,提供企業營運不中斷的建議,從災害備援到業務持續都是其中一環。她在

這段經驗中體會到，當沒有法規強制規定時，很少有企業會對營運持續的建議買單，時常等到發生意外時，才會來尋求資安顧問支援。

在熟稔了營運持續管理的業務之後，曾韵隨後也承接了個資保護的業務，「資安不就是資料保護嗎？聽起來很簡單！」殊不知，卻開始面對許多客戶的法律諮詢，曾韵這才發現資料保護涉及個資法的範圍，是自己過去未曾涉獵的領域。而為了補足不諳法條的弱點，她報名了臺大法律學分班，在工作之餘精進自己的法律知識，才逐漸克服業務帶來的挑戰。

奠下了法學的基礎，曾韵更承接了數位鑑識的新業務，也就是臺灣勤業眾信後來在亞洲推行的資安鑑識服務，「我們有自己的實驗室、具鑑定人的資格，在法院上提出的報告也都能被認可。」她指出，透過數位鑑識的服務，企業在訴訟過程中提出的數位證據，就有機會在經過鑑定後，成為逮捕犯人的依據。而在這段期間，曾韵也協助了多家政府數位實驗室，取得鑑識實驗室的認證，同時，也參與了國內多家大型公司舞弊案件的調查。

在提供數位鑑識服務的過程中，曾韵又發現，在科技辦案的時代，資料分析人才角色不可或缺，加上大數據、數位轉型的概念屢被提及，「那麼，我們就找很多年輕人，成立大數據團隊，去開發新服務。」

不過，找來了大數據團隊後，曾韵卻遭遇了新的挑戰，在於難以與團隊成員溝通，一開始也難以提供符合客戶期待的服務。原本，她將新人投入顧問團隊，學習顧問業的領域知識，但大部分的人都因為工作內容不符預期而離開。最後，她選擇二度回到學校，取得東吳巨量資料的學位，深度了解大數據的運用後，才更好的與年輕人溝通，更順

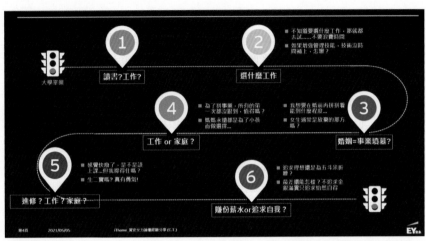

每個人的成就，與自己在人生道路的選擇有密切的關係，安永諮詢服務執行副總經理曾韵回顧她的個人職涯發展，歸納出 6 個轉捩點，以及對應的問題思考。無論從事何種行業，我們都可能面臨這些抉擇。

利的推動巨量資料分析、數位轉型與科技風險諮詢服務。

選擇沒有對錯，但永遠做好最壞的打算

從現在往回看，曾韵斐然的成就，與她在人生道路上的選擇密不可分。她自己也歸類出 6 個職涯轉捩點，尤其是自己曾有過的掙扎與體悟。

大學畢業後是第一個抉擇點，如同許多人的疑惑，究竟要選擇繼續唸書，還是先工作？曾韵過去是選擇先唸研究所，再投入職場，「但以我現在的角度，建議可以先工作，」尤其在顧問領域中，社會歷練不夠，反而較難與客戶的應對進退，「我們從來不在乎你是學士或碩士，在乎的是你的特質，學習能力好不好、能不能繼續進步？」

第二個職涯抉擇是在進入職場時，究竟要選擇什麼工作？曾韵回想，自己碩士班同學中，有的進入政府機關、資安企業、企業資安部門，都需要持續鑽研技術的工作，自己卻選擇了駁雜綜合性技能的顧問工作，「那時候我覺得我好像是異類，是不是低人一等？」但曾韵強調，不用在乎別人的眼光，「重點是你想要什麼？」

工作幾年之後，可能有升小主管的機會，但相對的，就無法花那麼多時間在鑽研技術，必須帶領新進同仁來熟悉工作，曾韵也開始面對第三個轉捩點。她指出，顧問產業更凸顯了這個兩難，一旦開始面對客戶之後，為了瞭解產業概況，必須不斷增進相關知識，但時間有限，用於精進技術的時間就相對少了，「許多人甚至會擔心，資安技術日新月異，我的技術會不會就廢了？」

面對這個問題，曾韵坦言：「你必須要有所抉擇，這是一個分歧點，」她舉例，顧問跨足的領域相當廣泛，雖然放掉了技術，卻能與許多企業的資深長官，用他們能理解的方式進行對談。「職涯的選擇沒有對錯，端看每個人自己的想法。」

第四個情況是性別角色的影響，女性在職場上是否會被特別對待？「我從來沒有因為女生受到歧視，真的沒有！」曾韵回應，在臺灣的顧問產業中，自己不僅沒有感受到性別歧視，顧問從業人員的男女比例也趨近於 1：1，像她任職的安永有全球 Woman in Tech 計畫，會透過校內培育或企業內孵育，使更多女性能從事技術職業，甚至成為領導階層，目標是讓女性的技術力、領導力都

能更上一層。

但她也提到，雖然在職場上沒有遭遇歧視，但在社會現實上，女性確實有被社會賦予的性別角色期待，比如在結婚生子後，可能會被要求要放棄工作、回歸家庭，「但在這個時代，沒有一定，有的女生妥協了，但也有男生為了老婆而放棄，每個人的條件都不一樣，需要商量與討論。」而且，在有了家庭後，不免會遇到家庭與工作之間的兩難，選擇為了工作而繼續奮鬥，就可能失去了與家人相處的時光，過程中必然得有所付出，這也是一個抉擇。

為了提供巨量資料分析的顧問服務，曾韵面臨了第五個轉捩點，是否要重回學校進修巨資碩士學位。當時，她選擇重回學校，但也因此，她得同時兼顧家庭、工作與唸書進修，也曾懷疑自己是否能順利畢業。不過，她仍憑著勇氣與毅力克服挑戰、完成學位，還以此為基礎，推動工作上新業務的發展。

最後，則是在勤業眾信取得了一定的成就後，她選擇轉換人生跑道，申請到雪梨大學進修，「這個決定會不會成功？我不知道，但我跟隨自己的本心來決定，」但曾韵也點出，「永遠做好最

壞的打算，」先預設好失敗的退路，如果可以接受，就能大膽地向前。

「很多年輕人都會說，我想要在工作與生活達到平衡，我只會說，沒有這回事。」曾韵從自身的經驗出發，篤定的說，排除掉天才以及富豪這類身分的人，要在職涯中達到一定的高度，絕非一蹴可幾。

「你要用多少代價，去換取你現在的地位或成就感？」這句話，更是她職涯回顧的最佳註解。她也慶幸背後一直有支持自己的家庭，使她能遵循本心，持續在職場中自我實現。文⊙翁芊儒

資安人才

從資安社群練出的溝通力，成勝任專案管理職務關鍵助力

憑著一股對資安社群的信念，李尚韋成為臺灣駭客協會第一號員工，從中學到的溝通與管理經驗，更成為她在後續職場上的優勢技能

進入資安這一行，除了技術、興趣等理由，每個人是如何決定的？「我覺得職涯就是不斷的選擇，沒有對錯、也沒有標準答案，但是要相信自己的選擇。」資安廠商 Team T5 漏洞研究團隊擔任專案管理職務的李尚韋，大三意外成為臺灣駭客年會（HITCON）的志工，從一開始只是在門口指引路線，逐漸在社群中活躍，後來甚至成為了臺灣駭客協會首任秘書長。一路上，她也曾面臨職涯發展的兩難抉擇，但她仍選擇遵循本心，且對於自己的選擇全力以赴。沒想到，這一段資安社群練出來的溝通力，成了她扮演好專案管理角色的關鍵能力。

李尚韋與資安社群的結緣，來自於她大三時，意外替補了臨時缺席的志工名

額，成為 HITCON 活動上，負責在門口引導路線的工作人員。隔年，她加入 HITCON 的贊助組，負責處理贊助的相關事宜，「但那時候，都是前輩拉完贊助後，再交給我負責後續流程，我就想，我有沒有機會創造自己的 KPI？」她當時選出 50 家左右的企業，一一寄信拉贊助，卻沒有企業願意支持，讓她深感募款的不易。

大學時期，她除了加入 HITCON 志工團隊，也曾在學校的多個單位實習，比如在學務處協助處理學生請假、缺曠課事宜，也曾到技服中心處理學校專案的申請，更曾到計算中心幫學校寫網站。這些實習與社群的經驗，也對她的職涯發展，帶來一定程度的幫助。

畢業後，她在資安前輩的推薦下進入

希望自己發揮影響力去幫助臺灣，是 Team T5 漏洞研究團隊擔任專案管理職務的李尚韋從小到大的夢想，基於對資安領域有幫助，曾擔任臺灣駭客年會志工的她，後來成為臺灣駭客協會的第一號員工。

台灣大哥大，成為一名工程師，負責寫 Java、執行 QA 與帳號管理工作，加上公司的福利健全，「我那時候決定，這就是我一輩子的工作了。」但在工作快滿一年時，適逢臺灣駭客協會的創辦之際，HITCON 創辦人徐千洋及 TeamT5

創辦人蔡松廷，轉而詢問她是否有意願擔任秘書長，成為協會第一任、且唯一一個員工。

「我那時候完全不了解，也不想放棄我的鐵飯碗，」李尚韋坦言，當時她的意願不高，尤其已經找到一份穩定的工作，同事與家人也不看好。她甚至畫了一個表格，列出在台灣大工作一年、五年、十年後的藍圖，以及在臺灣駭客協會看到的前景，相較之下，後者的發展全是未知數。

然而，李尚韋後來還是決定接下這個任務，「我從小的夢想就是，希望自己發揮影響力去幫助臺灣，那臺灣駭客協會應該對資安領域有幫助吧？所以我決定試試看。」在這個信念的驅使下，她成為臺灣駭客協會第一號員工，踏上一條與過去設想不同的人生旅程。

從社群累積溝通與管理經驗，成為下一份工作的一大助力

擔任臺灣駭客協會秘書長一職的工作中，李尚韋需負責辦理各種活動，比如 HITCON、HITCON Community、HITCON Pacific、HITCON Free Talk 等，需擔任起組織間的溝通協調角色，並與社群志工們共同協作。她舉例，就以協會內 9 個理事與 3 個監事來說，每個人的個性都不同，有些人喜歡天馬行空的想像，有些人做事沈穩內斂，有些人則是技術狂熱者，身為秘書長的李尚韋就必須在其中溝通協調，「不只是程式碼的溝通，還需要換位思考，抓大家的平衡點。」

這段過程中，李尚韋也曾感到孤單，「好多時候想說，如果還在台灣大就好了，」不過，她還是憑著熱情一路堅持下去，不僅辦理了數十場資安活動、獲得國際認可的資安競賽，也著手辦理資安教育課程，協同戰隊前往美國參加 CTF 比賽，「雖然過程很辛苦，但是很享受成果帶來的影響力。」

將協會發展到一定規模後，李尚韋也開始協助聘僱更多員工，過程中也學習擔任管理的角色，訂定相關規範、決定夥伴薪資，「最特別的是，我必須為其他人的人生負責，因為他們決定加入臺灣駭客協會，每個人都代表一個家庭。」在擴大團隊成員同時，她也將臺灣駭客協會的創辦初衷傳遞下去。

現在，李尚韋對自己的職涯發展有了新的規劃，卸下秘書長的職務，改任協會理事，並開始在 Team T5 擔任漏洞研究團隊專案管理職務。在新工作中，她過去累積的溝通技巧與經驗，讓她在對外面對客戶需求、對內面對資安研究員時，可以更好的扮演居中協調的角色，且在與雙方溝通時，她也能進一步換位思考，去了解客戶與研究員分別的需求與挑戰，找到其中平衡點。

不過，這份工作對她帶來了全新的挑戰，是在與資安研究員溝通時，需要對資安相關知識具有一定程度的了解，才能勝任這份工作。因此，她也要求自己，不懂就要問，把任何不熟的關鍵字都記錄下來，再用自己的話語重新詮釋一遍，透過學習「換句話說」，增進自己對資安技術的理解。

最後，李尚韋也歸納了過往經歷帶給自己的收穫。第一，是擁有比自己年長的朋友，會快速開拓自己的人生經驗跟視野；二是不要對自己的人生設限，且要相信自己的選擇；三是要找一個感興趣的工作，才會有熱忱、且願意全力以赴地投入工作中；四是要懂的換位思考，去了解他人在想什麼、其他人的觀點或角度是什麼；五是要有同理心，去同理他人的作為。**文⊙翁芊儒**

要做好 IR，我們可透過 4 大實戰法則找駭客入侵源頭

每當企業發生資安事件，IR 工作者就必須奔赴第一線，在海量資訊中揪出入侵源頭，但有時己方豬隊友也會不慎滅證，而阻斷調查線索

曾經協助法務部調查局偵辦震驚全臺的第一銀行遭駭盜領案，任職於數聯資安資安鑑識暨服務發展部的資深技術顧問周哲賢，本身具有 10 年資安事件應變（Incident Response，IR）的經驗，他說：「駭客一定會找防禦最弱的地方進行攻擊，所以，我們做資安事件調查，一定會從最脆弱的地方優先查起。」周哲賢這段話點出了資安防護的重要性，因為駭客不會費力去攻打防護面向完整的企業，而是一定會挑防禦力弱的企業來下手。

從弱點查起，可遵循 4 大法則

對於想要從事 IR 工作的資安新鮮人，IR 涵蓋那些範疇？以 SOC 監控服務來說，分為 Tier1、Tier2、Tier3 等層級。Tier1 負責 7 天 24 小時全天監控，發生攻擊事件時，在第一線即時通報、判讀、進行基本調查與處置；Tier2 負責處理 Tier1 無法處置的案件，由較為資深的資安工程師執行進階調查。

Tier3 負責 Tier2 無法解決的事件，進行進階事件分析、事故處理（ERS）、數位鑑識與惡意程式調查。周哲賢指出，除了廠商端提供 SOC 服務，企業也可能自建 SOC 監控團隊，但因企業內的規模通常較小，Tier2 與 Tier3 可能直接畫分至同一個團隊。

要從事 IR 分析的人，必須熟諳各種駭客攻擊的手法。周哲賢根據過去從事 IR 的經驗，歸納駭客入侵企業的管道大致有五個途徑：一是透過社交工程中的電子郵件釣魚手法，騙取使用者帳密來駭入系統；二是從企業網站駭入；三是使用者錯誤行為所致；四是從供應鏈或廠區電腦來入侵；五則是從分公司、子公司或雲端入侵。而調查駭客的入侵管道，就是資安事件調查的關鍵。

「我們做資安事件調查，在無線索的情況下，一定會從最弱的地方查起，」周哲賢表示，就像知名 Twitter 帳號 SunTzuCyber 提到：「駭客攻擊的戰術就像水，一定會找阻力最小處流去。」循著駭客從弱點開始攻擊的角度思考，資安調查也需從防禦弱點找起。

周哲賢從自己經驗歸納 4 大事件應變通用法則，「當法則用在不同情境可能會變形，但核心概念不會變。」

一是時間軸（Timeline Analysis），在資安事件發生後，先調查入侵過程時間軸，比如在哪些時間點、發生什麼情形，將事件串連成線，就能得到較完整的攻擊過程，並快速判定那些資訊可用

於後續分析。「因為客戶要的不是單點事件，而是完整的故事。」周哲賢表示。

二是透過關鍵字（Signature）來搜尋。周哲賢指出，關鍵字的使用目的，是要讓 IR 人員在進行資安事件應變時，能利用關鍵字快速搜尋與過濾，在幾十萬個 Log 中找出可疑的記錄，再進行 Log 的前後比對或分析。因此，關鍵字的定義很廣，包括設備的規則與各種系統的記錄檔，或是各種攻擊手法的英文單字，IR 人員需積累經驗，記下常見

從事資安事件調查，若暫時沒有線索，通常我們會從最弱的地方開始查起，數聯資安資安鑑識暨服務發展部的資深技術顧問周哲賢表示，循著駭客從弱點開始攻擊的角度思考，資安事件調查也得從企業防禦弱點找起。

關鍵字，才能更快找出攻擊源頭。

三是透過統計及頻率分析，檢視企業 IT 各項記錄或數值的頻率，找出不尋常攻擊行為。周哲賢解釋，這個做法的核心概念是透過統計分析，找出各系統運作的平均值，以此代表正常狀態，並透過同樣方法統計資安事件發生時各系統的數值，若超過平均值就能判為異常，來找出被入侵的系統源頭。

最四，則看資安攻擊的方向，是由外而內（inbound），或是由內而外（outbound），因為方向性決定了後續分析的方向。比如若攻擊是由外向內，

代表有人在攻擊用戶的網站，但如果攻擊是由內而外，那就可以假設，用戶 IT 系統可能被駭客植入後門程式，所以產生了內而外的連線，「方向性可以確立調查方向。」周哲賢說。

周哲賢更幽默地說：這四大經驗法則好比通靈法則，因為企業遇到資安事件時，提供線索可能非常少，比如只感到電腦執行速度變慢等情況，但執行事件調查，就必須從蛛絲馬跡找出駭客攻擊路徑，才能進一步協助企業防範。

實務上面臨的事故應變挑戰

除了 IR 產業面臨的挑戰，周哲賢也舉出自己 IR 工作的實際情形。比如在客戶受到攻擊後，由於攻擊事件牽涉企業 IT、IT 設備商、資安廠商等多方角色，容易發生責任歸屬不明確，有沒有人願意承擔責任的問題。因此，IR 工作中，除了在技術上追查駭客入侵源頭，有時也必須擔任勸架的角色，在不同立場的涉事角色之進行周旋。

另一個情境是有些客戶求好心切，會不斷插手 IR 工作內容，反而影響 IR 調查進行。又或是企業遭遇資安事件後，讓 IR 廠商用類似競爭的方式，將案子交給最快著手調查的廠商，而非選擇最合適的廠商來提供服務。這些都是在臺灣從事 IR 工作需要適應的情況。

IR 工作還有一些辛苦之處，周哲賢指出，一是必須承擔一定的心理壓力，其二是必須克服時差問題，駭客不會只在白天發動攻擊，有時半夜一通電話，就要快速趕往因應，「所以在臺灣做 IR，要有很健康的身心理狀態。」

該如何增強自身的 IR 能力？周哲賢建議，參加研討會與閱讀分析報告是關鍵，他也建議大家看看位於 GitHub 的學習資源，名為 APT_CyberCriminal_Campagin_Collections，資安人才可善用這些資訊精進自己。文⊙翁芊儒

處理器與雲業者紛紛投入機密運算

經過多年發展，機密運算從處理器平臺各自發展的專屬技術，一路從軟體支援走向雲端服務的應用，甚至可能成為 IT 系統基本配備，而隨著資料外洩事件層出不窮，可望加速這類方案的普及

在 2018 年 1 月，Google 的 Project Zero 團隊揭露的資安漏洞，震驚整個 IT 界，那就是目前許多處理器普遍採行的推測執行技術（speculative execution），雖然大量用於改善 CPU 運算效能，但有可能會因此導致嚴重的資安漏洞，也就是眾所周知的 Spectre 與 Meltdown。

這項漏洞影響的處理器廠商，主要有英特爾、AMD、Arm，其中又以英特爾受到最大的責難壓力。近幾年以來，雖然三家廠商都在持續關注與修補，直到 2020 年下半，相關風波才逐漸平息，但從此之後，處理器是否具有資安漏洞、如何緩解，已成為 IT 界發展各式應用的重大隱憂。而由於出現這樣動搖 IT 根本的資安漏洞危機，也促使 2019 年 9 月成立機密運算聯盟（Confidential Computing Consortium）。

兩大 x86 處理器廠商陸續投入機密運算領域的發展

爆發上述危機前，CPU 廠商已發展防護，實現「可信任執行環境（Trusted Execution Environment，TEE）」。

英特爾 SGX

英特爾在 2013 年推出軟體防護擴充指令集（Software Guard Extensions，SGX），首度應用產品是 2015 年登場的 Skylake 架構第 6 代 Core 處理器，以及工作站與伺服器級處理器 Xeon E3 v5 系列，並於 2015 年 11 月開始支援 Windows 10 作業系統。

隔年英特爾推出 SGX SDK for Linux

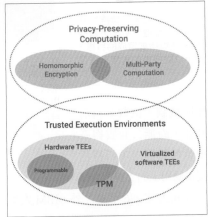

機密運算包含兩大類相關技術，一是隱私確保運算，一是信任執行環境（TEE），而這樣的界定，源於由多家 IT 廠商組成的機密運算聯盟，他們針對產業的相關用語進行調查之後，以此來突顯保護「正在使用的資料（Data in use）」的技術，以及彼此之間的關係，最終也顯示看待機密運算應用的不同與共通角度。圖片來源／機密運算聯盟

OS 1.5 版，提供 Linux 作業系統支援，而 2017 年 RSA 資安大會期間，英特爾也發佈消息，強調 SGX 可以保護正在使用的資料（Data in use）。

後續推出的 Xeon E 系列也內建 SGX——2018 年 11 月推出 Xeon E-2100 系列，2019 年 11 月初推出 Xeon E-2200 系列）。到了 2019 年 2 月舉行的 RSA 大會上，英特爾展出專屬介面卡產品 SGX Card。

在 2021 年 4 月發表的第三代 Xeon Scalable 系列，全面支援 SGX，象徵該公司的機密運算技術，躋身主流伺服器平臺，可望帶動更多雲端服務業者、軟體廠商、企業的研發與建置使用。

AMD SEV

另一家處理器廠商 AMD，則是在 2013、2014 年推出的 APU 處理器，增添了平臺安全處理器（Platform Security Processor，PSP），而能以此支援可信任執行環境的應用方式——PSP 是基於 Arm Cortex-A5 核心而成，裡面提供了 TrustZone 進階資料防護技術。

到了 2017 年以後，他們推出 Zen 架構的 PC 與伺服器處理器，又增添了硬體記憶體加密技術——在處理器當中，包含了嵌入記憶體控制器的 AES-128 硬體加密引擎，以及專屬的安全處理器 AMD Secure Processor（AMD-SP，也就是上述的 PSP），而結合兩者後，也促成安全記憶體加密（SME），以及安全加密虛擬化（SEV）這兩大新技術。

以伺服器處理器為例，AMD 在 2017 年 6 月發表的第一代 EPYC（7001 系列）開始內建 SME 與 SEV。兩種技術有何異同？共通點在於，應用程式不需修改即可使用，而兩者的差異在於：SME 用於單支金鑰的防護，在系統開機時產生金鑰，若需啟用這項防護，是從 BIOS 或作業系統來著手；SEV 是用於多支金鑰的防護（每臺虛擬機器或每個虛擬化平臺配置單支金鑰），由 AMD-SP 與 Hypervisor 來管理金鑰，若需啟用這項防護，是從 Hypervisor 與虛擬機器執行的作業系統來著手。2017 年 11 月，Linux 系統核心 4.14 版開始支援 SEV。

在 2019 年 8 月 AMD 推出第二代 EPYC（7002 系列），由於公有雲業者 Google Cloud 看好 SEV 技術，而在隔年 7 月運用這款處理器，推出該公司首

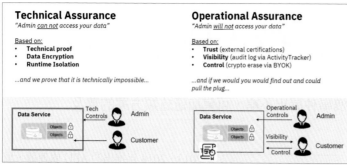

在機密運算的應用環境當中，IT 角色會有不同變化，例如，右側是傳統的 IT 服務模式，系統管理人員在面對 IT 基礎架構時，著重的是維運，對於資料存取的保證，是基於信任、透明度、控制；左側則是機密運算所要達成的目標，為了因應資料外洩日益嚴重的態勢，系統管理人員可以從技術的角度來確保他們無法接觸到資料內容。圖片來源／IBM

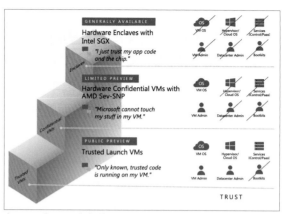

在 2021 年 5 月舉行的 Build 全球開發者大會期間，微軟揭露他們可提供 3 種機密運算執行個體服務，當中囊括 Intel SGX、AMD SEV 等兩大記憶體加密技術。關於這類服務的應用定位為何這樣畫分，微軟表示，英特爾較早推出這類技術，目前功能涵蓋更為周延，而 AMD 則是在特色與價格有所區隔。圖片來源／微軟

款機密 VM 服務 N2D 系列。

第二代 EPYC 增設了安全加密虛擬化－加密狀態技術（SEV-ES），相較於 SEV 是針對虛擬機器的記憶體存取，提供加密保護，SEV-ES 則進一步對 CPU 的暫存器執行加密，為此，AMD 也尋求與其他 IT 廠商聯手合作，希望發展相關應用。

而率先響應合作的是 VMware，在 2020 年 9 月，他們宣布伺服器虛擬化軟體平臺 vSphere 的 7.0 Update1 版，將支援 AMD 的 SEV-ES；到了 2021 年 3 月，vSphere 的 7.0 Update2 版登場，此時，VMware 也公開展示用 SEV-ES 提供 Confidential vSphere Pod 的功能，強調此技術可促使虛擬機器記憶體持續處於加密狀態，以便防護從 Hypervisor 層發動的惡意存取行為。

2021 年 3 月他們發表第三代 EPYC（7003 系列），Google Cloud 也宣布將基於這款處理器推出 C2D 系列執行個體服務，並比照現行 N2D 系列，支援一般用途與機密運算的 VM 服務。

此外，第三代 EPYC 處理器又繼續擴充 SEV 技術陣容，AMD 加入安全加密虛擬化－安全巢狀記憶體分頁技術（SEV-SNP），當中新增記憶體完整性防護功能，可針對從 Hypervisor 層建立隔離執行環境的惡意攻擊手法，提供預防機制。但截至目前為止，尚無公有雲與系統軟體針對這項新特色提供應用上的支援與合作。

而在上述 x86 平臺之外，IBM 大型主機系統、Arm 等處理器平臺，也強化機密運算相關功能，希望能以此延伸或擴大應用場景，我們會在接下來的幾篇文章單獨介紹。

公有雲陸續推出機密運算服務，期盼大幅提升資料安全

發展與推動機密運算技術的最主的理由，在於保護「正在使用的資料」，而擁有龐大、多樣工作負載的公有雲服務環境，毫無意外地，成為當前投入態度最為積極的應用場域。

如微軟 Azure、IBM Cloud、Google Cloud，都陸續推出執行個體服務，他們搭配的運算平臺，大多是上述的英特爾內建 SGX 的 Xeon 處理器，以及 AMD EPYC 處理器，而這些都是可以支援一般用途的伺服器處理器平臺。

這意味著，其他雲端服務業者也能跟進這樣的策略，推出同類型服務，而隨著基礎系統軟體平臺的支援，這些業者若要推出機密運算執行個體服務，應該不會有太高的進入門檻。

因此，各家雲服務業者應思考的是，如何突顯支援這類應用的競爭優勢，甚至須發展更多元的延伸應用，或以此替旗下其他雲服務與資料處理軟體加值。以目前來看，微軟在這方面的發展，已做出不錯的示範。

而在運算平臺的多樣性而言，我們看到 IBM Cloud 由於身兼大型主機系統廠商，因此，他們先是發展與提供基於這種架構的機密運算保護機制，後續也與其他機密運算應用廠商合作，搭配 Intel SGX 來提供解決方案，在 2020 年 11 月，也展示紅帽 OpenShift 與 AMD SEV 之間的整合應用。

而此舉讓我們想到，另一家公有雲業者 GCP 也有類似舉動，在 2020 年 10 月，他們宣布推出 Confidential GKE Nodes 預覽版，顯然容器、Kubernetes 會是下一個兵家必爭之地。

至於公有雲業者的龍頭 AWS，作法與眾不同，在 2020 年 10 月，他們推出 Nitro Enclaves 的延伸應用，用戶可以此針對基於 Nitro System 而成的 EC2 執行個體，建立隔離環境，運作上，Nitro Enclaves 會從原本的 EC2 執行個體當中，透過額外的處理器與記憶體分割來提供隔離區。文⊙李宗翰

kaspersky 卡巴斯基

工業網路安全

工業系統應急小組
提供專家情報和諮詢服務

Authorized to Use CERT™
CERT is a mark owned by
Carnegie Mellon University

卡巴斯基 ICS-CERT

Kaspersky Industrial CyberSecurity

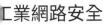
支持的工業端點
· SCADA 伺服器
· SCADA 用戶端
· 人機學習介面(HMI)
· 工程工作站
· Historians
· OPC 閘道

PRODUCTS

Industrial Endpoint Protection	Industrial Anomaly and Breach Detection	Industrial Endpoint Protection
KICS for Nodes	KICS for Networks	Kaspersky Security Center

SERVICES

Training and Awareness		Expert Services and Intelligence		

Kaspersky® Security Awareness	Kaspersky® Security Trainings	Kaspersky® Security Assessment	Kaspersky® Incident Response	Kaspersky® Threat Intelligence

端點保護功能
· 應用程式白名單
· 反惡意軟體引擎
· 設備控制
· 檔完整性監控
· 漏洞利用組織
· 無線存取控制
· 日誌檢查
· PLC 完整性檢測
· 反勒索軟體保護
· 防火牆

網路安全功能
· 網路虛擬化
· 網路活動監控
· 資產發現
· 深度資料包檢測
· 基於機器學習的異常檢測
· 遠端存取檢測
· 惡意軟體傳播檢測
· 事件關聯
· 安全的非入侵模式
· SOC/SIEM 集成

安全意識和培訓專案
· 工業網路安全意識
· Advanced Industrial Cybersecurity in Practice
  高級工業網路安全實踐
· ICS 專業數字取證
· ICS 專業滲透測試
· 物聯網漏洞研究和利用培訓
· 奪旗比賽(CTF)
· 成為一名培訓師——培訓培訓師
· 卡巴斯基互動保護模擬 (KIPS)

專家服務內容
· 滲透測試和威脅建模
· 安全網路架構和控制建議
· 提供緊急支援以對事件和數位取證進行當地語系化
  (按需提供或通過訂閱提供)
· ICS對手最新報告(TTPs、目標、溯源)
· Vulnerability database and advisory
  漏洞資料庫和諮詢

資安概念

微軟提供最多元的機密運算應用

身兼作業系統、伺服器虛擬化平臺與公有雲廠商的微軟，發展機密運算時間相當久，支援的運算平臺、提供的執行個體與應用服務，堪稱最為豐富

關於伺服器虛擬化平臺的系統安全防護強化上，微軟 2013 年推出的 Windows Server 2012 R2，就已經支援安全開機，在 2015 年的 2016 技術預覽版，提供受保護的 VM（Shielded VM）及主機守護者服務（HGS）功能。

而關於機密運算的發展，微軟英國劍橋研究院 2015 年開始有學者發表相攘論文，隨著微軟將重心放在 Azure 雲端服務，到了 2017 年 9 月，該公司的技術長暨技術院士 Mark Russinovich 宣布，他們將推出一系列提升資料安全的功能與服務，稱之為 Azure Confidential Computing（ACC），並開放先期試用計畫，將提供公有雲服務先前缺乏的資料保護機制，那就是針對使用中的資料實施加密，讓雲端服務處理的資料，能在具有擔保的方式下，處於用戶掌控的狀態。

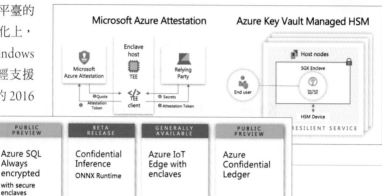

從 2020 年下半至今，微軟陸續宣布多種結合或支援機密運算的服務，在性質上，可再細分為基礎架構型（右圖），以及資料應用型（左圖）等兩大類，能夠分別針對驗證與金鑰管理需求，以及各種資料處理的情境，針對正在使用的資料提供保護的功能。圖片來源／微軟

提供軟體與硬體信任執行環境

在機密運算的軟體與硬體的發展上，微軟在 2017 年發布消息指出，已累積 4 年以上的努力，投入單位有 Azure 團隊、微軟研究院、Windows 團隊、開發者工具事業群，以及處理器廠商英特爾。

基於上述單位的合作，微軟發展能讓開發者善用多個信任執行環境（TEE）的平臺，而且開發者不需調整程式碼。微軟表示，初期將支援兩種 TEE。

其中之一是軟體型 TEE，微軟將其稱為虛擬安全模式（Virtual Secure Mode，VSM），並且實作在 Windows 10 與 Windows Server 2016 作業系統。

此環境會在內建虛擬化平臺 Hyper-V 中，針對具有系統管理者權限層級的程式碼執行，提供 PC 或伺服器預防機制，而在這樣的保護之下，無論本機系統管理員與雲端服務的系統管理員，均無法檢視 VSM 安全區（enclave）內容，或修改當中的執行方式。

另一是硬體型 TEE，是基於 Intel SGX 技術而成的作法，微軟將在公有雲環境搭配內建 SGX 功能執行個體服務），以提供這項保護。

當時微軟表示，正在與其他軟硬體廠商合作開發 TEE，並且提供工具、軟體開發套件，以及 Windows 與 Linux 等 OS 支援。

在此同時，微軟也將安全區的概念用於幾種領域。以區塊鏈保護需求而言，他們在 2017 年 8 月推出機密聯盟區塊鏈框架（Coco）；而針對資料庫的存取保護的應用，微軟也以此實作「使用中加密（encryption-in-use）」的功能，而且，可以適用於 Azure SQL Database 以及 SQL Server。

而這技術其實也是 SQL Server 的一律加密（Always Encrypted）功能強化，可確保微軟資料庫能夠全程、持續加密，而無損於 SQL 查詢的使用。

推出支援 Intel SGX 的執行個體服務，實現機密運算應用

到了 2018 年 5 月，微軟進一步闡釋 Azure Confidential Computing 的定位。Mark Russinovich 表示，鎖定雲端服務處理資料的應用保護需求，也是微軟機密雲（Confidential Cloud）願景的基礎。

而在推動機密運算的方法上，他也提到硬體、軟體、服務等 6 大關鍵。

以硬體與運算而言，Azure 將推出 DC 系列執行個體服務，採用內建 SGX 技術的 Xeon E 處理器，用戶可在雲端服務執行支援 SGX 的應用程式，保護程式碼與資料的機密性與完整性；在軟體開發的部份，微軟與多家廠商開發橫跨硬體 TEE 與軟體 TEE 的 API，讓程

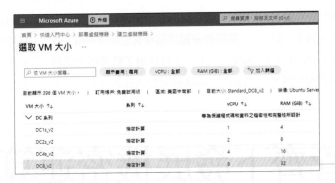

在機密運算領域，微軟與英特爾長期合作，運用該公司支援 SGX 的 Xeon E 系列處理器，推出專用的執行個體服務，未來隨著支援 SGX 的第三代 Xeon Scalable 系列處理器的普及，以及 AMD 第三代 EPYC 處理器的採用，勢必可為其雲端服務用戶提供選擇更豐富的機密運算環境。
圖片來源／微軟

式碼具有可移植性，同時，也提供相關工具與除錯支援，協助這類程式的開發與測試——初期能以 C 或 C++ 語言，搭配 Intel SGX SDK，以及安全區 API 來組建應用程式。

在服務以及應用案例上，微軟表示，可結合多資料源，支援安全機器學習。

在 2018 年 9 月舉行的 Ignite 全球用戶大會後，微軟宣布 DC 系列執行個體服務將提供公開預覽版，也推出開原碼的軟體開發套件 Open Enclave SDK，提供一致的 API 介面與安全區抽象化設計，他們也預告後續版本將開始支援 Arm TrustZone，提供更多執行時期元件與 Windows 支援，以確保這套 SDK 能廣泛應用，能夠橫跨不同安全區技術，以及雲、混合雲、邊緣運算、內部等環境的使用。

為強化物聯網與跨平臺能力，這套 SDK 整合 Azure IoT Edge 安全性管理員，如此一來，採用 Azure IoT Edge 平臺的開發者，在撰寫受信任的應用程式時，搭配的信任根可置於基於安全晶片

相較於目前市面上的機密運算平臺，微軟憑藉自身的研究、與多家廠商的合作，打造出一個涵蓋層面更為廣泛、多元的應用生態，從串連其他業者組成機密運算聯盟、支援 3 大處理器平臺、推出執行個體與物聯網設備支援，到發展出上層的各式資料應用服務、公用服務、軟體開發套件，成果斐然。
圖片來源／微軟

而成的 TEE，而且，實際應用上，可涵蓋 Intel SGX、Arm TrustZone，以及採用 Linux 與 Windows 系統的嵌入式安全元件（eSE）。

翻新執行個體，拓展更多應用服務

在 2019 年下半，微軟與其他廠商成立機密運算聯盟（CCC）。隔年，新一代 DC 系列執行個體服務 DCsv2，也正式上線。

此時，他們也拉攏更多與安全區技術相關的產品技術應用廠商，像是：Fortanix、Anjuna、Anqlave，邀請他們的機密運算產品在 Azure 市集上架，宣布 3 家公司採用，分別是：加密即時通訊軟體廠商 Signal、加密貨幣業者 MobileCoin，以及區塊鏈數位資產交易公司 Fireblocks。

到了下半年舉行 Ignite 大會之後，微軟強調，他們是最先推出機密運算解決方案的公有雲，而且，能夠提供多種服務讓用戶選擇。

整體而言，微軟除了先前推出的機密執行個體、機密機器學習，以及機密 IoT Edge 設備，到了 2020 年 9 月，他們開始提供機密容器服務，

稱為 Confidential Computing Nodes on Azure Kubernetes Service，而在 Azure SQL Database 資料庫服務上，也將增設機密運算相關功能。

在機密運算的應用服務部分，微軟也在此時宣布與展示多種解決方案，像是全代管硬體安全模組金鑰管理服務：Azure Key Vault Managed HSM，驗證平臺可信度與二進位碼完整性的見證服務：Azure Attestation。

他們也公布機密推論（Confidential Inference）的開發專案，當中協同多個單位進行合作，包含：微軟研究院、Azure 機密運算、Azure 機器學習，同時，這裡還有微軟針對機器學習模型格式 ONNX（Open Neural Network Exchange）開發的執行時期元件軟體專案，提供資料加密與見證功能，限制機器學習主機不能夠同時間存取推論請求與回傳的反應。

而在運算平臺的部份，IoT Edge 搭配安全區的作法此時正式推出，若用戶須將敏感資產與工作負載，部署至支援安全區的 IoT Edge 設備，可提供保護。

順應英特爾隔年將推出內建 SGX 的第三代 Xeon Scalable 系列處理器，微軟也趁機宣布先期採用計畫。

至於市面上另一個提供機密運算能力的伺服器處理器平臺：AMD EPYC，在 2021 年 3 月此平臺的第三代產品（EPYC 7003 系列）問世之際，微軟不僅宣布支援，並標榜他們是首家採用

這款產品提供機密 VM 服務的公有雲，用戶可運用新增的安全加密虛擬化 - 安全巢狀記憶體分頁技術（SEV-SNP），透過建立 TEE 的方式來保護虛擬機器，

微軟也開放用戶限定預覽版申請。

關於機密運算服務其他延伸應用，微軟於 2021 年 2 月釋出了機密帳本服務 Azure Confidential Ledger 封閉預覽版，

針對記錄保留、稽核、資料透明度，提供敏感資料儲存的註冊與防竄改機制，5 月已發布公開預覽版本，而在今年 7 月 19 日已經正式推出。文⊙李宗翰

資料加密

IBM 多管齊下發展機密運算

在投入機密運算的 IT 廠商當中，IBM 發展時間最為長久，涵蓋層面也最為廣泛，橫跨大型主機、公有雲服務，以及伺服器虛擬化與容器工作負載

談到伺服器安全性，擁有大型主機系統、Power 處理器平臺、雲端服務，以及多種 IT 系統軟體的 IBM，經過近 10 年的發展，在自家產品與服務，已經陸續加入強化資料加密與工作負載隔離等功能與技術，實現更強韌的機密運算與零信任架構。

在大型主機提供信任執行環境保護

單就 System Z 大型主機而言，可追溯到 2012 年發表的 zEnterprise EC12，就已經開始主打這樣的特色，後續推出的 z13 與 LinuxONE（2015 年）、z14 與 LinuxONE Emperor II（2017 年）、Z15 與 LinuxONE III（2019 年）都不斷強化資料與應用程式加密保護。

到了 2020 年 4 月，IBM 發表 Secure Execution for Linux 的硬體安全技術，內建在 Z15 與 LinuxONE III 這兩種系統，針對個別工作負載，提供可延展的隔離機制，防護外部攻擊與內部威脅（insider threats），而有了這樣的機制，無論是將 Z 與 LinuxONE 部署在內部網路或混合雲環境，當中所執行的應用程式工作負載，均可以獲得保護與隔離。具體而言，Secure Execution for Linux 主要是透過硬體型態信任執行環境（TEE）的實作，提供工作負載隔離與強化的存取限制，

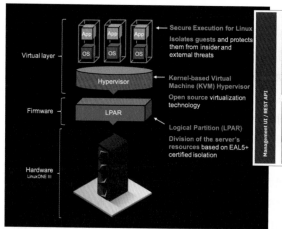

IBM 機密運算產品應用包含了兩大技術，一是 IBM Secure Execution for Linux，採用大型主機的硬體安全防護技術（左圖），另一是 IBM Secure Service Container（右圖），採用軟體型態的資安應用設備，主要是經由 Hyper Protect Services 系列產品來提供。圖片來源／IBM

以達到保護資料的效果。

針對自家公有雲，提供資料加密，以及伺服器與容器隔離

針對公有雲服務的環境，該公司在 2018 年 3 月推出了 IBM Cloud Hyper Protect 系列服務，他們希望將 Z 大型主機系統提供的資料保護，帶到 IBM 公有雲服務，能使開發者可以在運用記憶體內加密、傳輸加密、儲存加密的資料保護技術之下，進行應用程式的組建、部署、代管，抵禦內部威脅。

金鑰管理

Hyper Protect Crypto Services 的應用

架構是基於公有雲的硬體加密模組（HSM）服務，開發者可藉此將資料加密與金鑰管理等防護機制，引入他們的應用程式之中，並且透過 IBM Z 加密硬體設備來支援安全金鑰維運作業，以及隨機數字產生。相較於其他公有雲業者的作法，IBM Cloud 這項服務內建的加密技術是通過 FIPS140- 驗證，而且是由公有雲業者提供，IBM 表示，它同時也是 IBM Enterprise Blockchain Platform 解決方案的後端。到了 2019 年 3 月底，IBM 宣布這項服務正式上線。

以主要提供的功能與特色而言，Hyper Protect Crypto Services 提供專屬的金鑰管理，以及基於雲端架構而提供硬體安全模組代管服務，適合於想要進一步控管資料加密金鑰，以及硬體安全模組的用戶。

而 且，Crypto Services 支援自留金鑰（Keep Your Own Key，KYOK），因此，在這套服務當中，能由一個專屬、由用戶控制的 HSM 服務，來提供資料加密金鑰保護。而這套服務採用通過 FIPS140-2 第四級認證的設備。IBM 還透露，這項服務是建置在 IBM LinuxONE 的技術基礎之上，能保證 IBM Cloud 的系統管理人員，無法存取用戶金鑰。用戶若想採行自帶金鑰（BYOK）的模式來保護資料儲存，可搭配 2017 年底推出的 IBM Cloud Key Protect。

同年 8 月，Crypto Services 代管雲端 HSM，支援 IBM 實作的企業公鑰密碼學標準 Enterprise PKCS#11（EP11），能讓應用程式整合加密處理，能夠經由 EP11 的 API 來進行數位簽章與驗證，而 EP11 程式庫本身也會提供類似於標準 PKCS#11 的 API 介面。

到了 2020 年 11 月，Crypto Services 則開始支援有狀態版本的 PKCS #11，用戶可以將這項加密服務作為雲端 HSM，以此支援 TLS/SSL 網路加密傳輸處理的卸載、資料庫加密，以及應用程式層級加密。

加密資料庫

Hyper Protect DBaaS 是保護雲端原生資料庫服務的解決方案，像是 MongoDB 企業版，主要適用對象是因個資處理而受高度監控的產業。到了 2019 年 6 月，IBM 宣布這項服務正式上線，提供 MongoDB 與 PostgreSQL 等兩種資料庫。

工作負載防護

而針對有法規顧慮的企業，IBM 則是推出了 Hyper Protect Virtual Servers，在 2019 年 12 月上線，內建工作負載

Hyper Protect Services 是由 IBM Cloud 提供的解決方案，使用時，用戶需將其部署至 LinuxONE 大型主機。目前這系列包含了三大產品，分別是：加密服務 Crypto Services、資料庫即服務 DBaaS，以及伺服器虛擬化服務 Virtual Servers。圖片來源／ IBM

隔離、竄改防護（預防特權使用者擅自存取）、資料傳輸加密，以及靜態資料加密等功能。

關於正在使用的資料（data-in-use）的保護，在 2018 年 11 月，IBM 宣布將推出基於 Fortanix 公司技術的服務，名為 IBM Cloud Data Shield，主要應用場景，是執行在雲端容器服務平臺 IBM Cloud Kubernetes Service 的工作負載。

這當中將會借助英特爾發展的 SGX 技術，讓用戶能在 CPU 強化的安全區（enclaves）執行程式碼與資料。基本上，這個安全區是可信的記憶體區域範圍，而在此執行的應用程式，關鍵的層面都能夠受到保護，可以維持程式與資料的機密性。

IBM Cloud Data Shield 提供整合既有組建流程的 DevOps 工具，以便將容器映像轉換到英特爾 SGX 執行，過程中僅需少量程式碼異動。由於這項服務是執行在 IBM Cloud Kubernetes Service 之上，可為敏感的工作負載，提供更大延展性與高可用性。

IBM Cloud Data Shield 是底層不依賴大型主機的產品，搭配支援英特爾 SGX 的伺服器平臺，而且系統軟體也並非 IBM 開發，而是來自另一家專攻機密運算的廠商 Fortanix，能保護執行在 Kubernetes 或 OpenShift 的工作負載，避免正在使用中的資料遭偷窺或竄改。圖片來源／ IBM

到了 2020 年 4 月，IBM Cloud Data Shield 正式上線，針對執行在 IBM Cloud Kubernetes Service，以及紅帽 OpenShift 的容器化工作負載，提供執行時期保護，確保使用中的資料安全。

同時，這項服務是以 Helm 的 chart 套件形式提供，用戶可整合在 DevOps 工具鏈裡面，即可順利將既有的容器轉換成受到加密保護的執行時期副本，而且搭配單一的 API 呼叫。此外，它可透過 Enclave Manager 簽署的憑證來散布證明報告，促成輕鬆的見證處理。

而對於英特爾 SGX 技術的支援上，IBM Cloud Data Shield 先前可涵蓋的程式語言類型是 C 與 C++，後續也延伸至 Python 與 Java。

與 AMD 展開合作，發展虛擬機器與容器加密應用

當 IBM 持續在自家公有雲服務環境，研發、擴增基於硬體的各種機密運算應用，對於紅帽 OpenShift、Kubernetes 等容器即服務平臺，以及 KubeVirt、Kata Containers 工作負載虛擬化平臺，同時，他們也持續探索，希望找到將 VM 加密套用進去的方式。

而在 2020 年 11 月，IBM 與 AMD 共同宣布，將針對雲端服務領域，合作開發進階的機密運算應用，雙

方預計會基於開原碼軟體、開放標準，以及開放系統架構，推動混合雲環境的機密運算技術發展，並針對高效能運算，以及承擔企業關鍵業務的虛擬化、加密等應用範疇，支援多種加速技術。

這項合作運用的硬體架構，主要是AMD 伺服器處理器平臺 EPYC 系列，內建安全加密虛擬化（SEV）技術，可以針對用戶執行的應用程式提供保護，預防擅自存取機密資訊的惡意行為

——AMD SEV 加密機制會在虛擬機器的內部，將正在處理的資料遮蔽起來，不讓虛擬機器／執行個體以外的任何軟體，包含 Hypervisor，直接檢視當中的資料。文⊙李宗翰

資料加密

GCP 推出機密 VM 與 K8s 節點

針對執行個體服務的開機安全與記憶體加密應用需求，GCP 陸續推出受保護 VM 與機密 VM，接下來會將機密運算擴及 K8s 容器服務平臺

在公有雲服務環境的虛擬機器，以及建置在企業內部的伺服器、虛擬機器，都可能會面臨在開機前攻入的惡意軟體，以及經由韌體 rootkit 感染系統的威脅。

以 Google Cloud Platform（GCP）而言，在 2019 年 4 月，正式推出「受保護 VM（Shielded VMs）」的特色，強化虛擬機器的開機安全，相隔 1 年後，他們宣布，Shielded VM 成為預設組態，用戶不需為這系列特色支付費用。

基本上，用戶在建立任何虛擬機器執行個體的前置作業時，可以先選定開機磁碟，接著在底下的管理、安全、硬碟、網路、單獨承租設定分頁，可選擇是否啟用 Shielded VM 的三大功能：安全開機、虛擬的可信任模組（vTPM）、完整性監控。

而在機密運算應用上，GCP 最初是在 2018 年推出開原碼軟體框架 Asylo，讓大家開發出能在信任執行環境（TEE）執行的應用程式，可用於加密通訊，以及針對在安全區（enclaves）執行的程式碼，驗證完整性，希望能讓機密運算環境，變得易於部署與使用，適用於在雲端服務執行的工作負載。

在 2020 年 7 月，GCP 宣布推出機密 VM（Confidential VMs），用戶僅

需勾選一個項目，即可將執行個體服務，自動轉換成支援機密 VM 的 N2D 執行個體。

同年 9 月，這套 GCP 第一款機密運算服務正式上線，並揭露機密 VM 延展性的規格——可擴展至 240 顆虛擬 CPU 與 896 GB 記憶體。

此時，GCP 還預告將推出第二款機密運算產品 Confidential GKE Nodes，會從 GKE（Google Kubernetes Engine）1.18 開始支援這項特色；在 11 月，他們釋出 Beta 測試版，表明是建在機密 VM 之上。

2020 年 9 月，GCP 正式推出機密 VM，就組成方式而言，與 GCP 其他執行個體無太大不同，差異在於搭配 AMD 第二代 EPYC 處理器，而能運用記憶體加密功能（僅於 CPU 進行解密），每臺虛擬機器都會配置一支由 CPU 硬體產生的加密金鑰。圖片來源／ GCP

到了 12 月，GCP 宣布機密 VM 完成在 9 個雲端區域上線供應的工作。

提供單鍵啟用的機密運算執行個體

目前若要在 GCP 環境使用機密 VM 服務，用戶需選用 N2D 系列的執行個體。在最初揭露機密 VM 推出的消息裡面，GCP 已表明這裡運用的底層運算技術，正是 AMD 第二代 EPYC 處理器平臺，當中的安全加密虛擬化（Secure Encrypted Virtualization，SEV）技術是關鍵，能讓伺服器在面對資料的日常使用、索引建立、查詢，甚至是深度學習的訓練時，均可讓虛擬機器存取的記憶體持續處於加密狀態。

這裡所憑藉的加密金鑰會在硬體層級產生（EPYC 處理器內建的 AMD Secure Processor），根據每臺虛擬機器來產生，而且無法匯出——金鑰會單獨存在 AMD Secure Processor 內部，

GCP 或同臺實體伺服器執行的其他虛擬機器，都無法取得這些金鑰。

除了上述基於硬體的記憶體即時加密，機密 VM 雖然搭配的是 AMD 第二代 EPYC 處理器，但與 GCP 其他運算執行個體服務一樣，都是構築在 Shielded VM 之上，因此，同樣可享有作業系統映像安全強化，以及韌體、核心二進位碼、驅動程式的完整性驗證，在作業系統的部份，Google 也提供多種支援 Shielded VM 的映像。

而在系統效能的部份，GCP 表示，VM 記憶體加密處理不會干擾工作負載效能，他們也加入新的開放原始碼軟體驅動程式，可涵蓋 NVMe 與 gvnic 虛擬網路卡的使用，以更高吞吐量來處理儲存與網路流量，確保機密 VM 與非機密 VM 的效能不會有太大的落差。

在機密 VM 正式推出之際，GCP 宣布增加四大新特色。首先是因應法規遵循需求，提供稽核報告，裡面呈現 AMD Secure Processor 韌體完整性的詳細記錄。我們之所以要了解這個韌體的狀態，主要是因為這裡會負責機密 VM 執行個體的金鑰產生。在使用上，GCP 本身會在用戶第一次啟動虛擬機器時建立基準，並且在虛擬機器重新開機時比對，用戶也能基於這些記錄來設置自定的處理動作或警報。

第二是新增機密運算資源的政策控管。用戶可運用身分與存取管理的機構政策（IAM Org Policy），針對所用的機密 VM 去定義特定的存取權限，也可以在自己管理的雲端服務專案裡面，停用任何非機密的 VM 執行。

舉例來說，一旦套用這樣的管理政策，任何在專案內試圖啟動非機密 VM 的動作都無法進行；當用戶擴展與機密

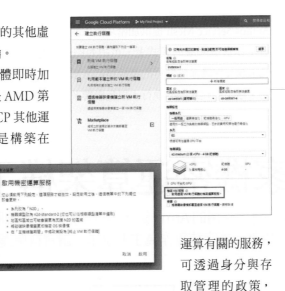

運算有關的服務，可透過身分與存取管理的政策，對自身專案或機構運用的機密運算資源，提供控管機制。

第三是能夠整合其他的政策施行方式。例如，用戶可以結合共用 VPC（Shared VPCs）、機構政策使用限制（organization policy constraints）、雲端防火牆規則等功能，確保機密 VM 只能與其他機密 VM 互動（就算這些機密 VM 位處在不同的專案），甚至，還可運用 GCP 提供的網路代管功能 VPC Service Controls，針對機密 VM 去定義 GCP 資源存取的邊界，像是限定 Google Cloud Storage 的儲存桶，只能供機密 VM 的服務帳號來存取。

第四則是能夠讓機密 VM 共享加密金鑰。在操作機密 VM 時，用戶可能需要處理以外部金鑰加密的檔案，在這樣的狀況下，密文與加密金鑰需要與機

想要在 GCP 環境當中使用機密 VM，設定方式相當簡易，我們僅需在建立執行個體的頁面當中，在「機密 VM 服務」這一項勾選「啟用這個 VM 執行個體的機密運算服務」。圖片來源／ GCP

密 VM 共享，而為了確保這些資訊能夠以安全的方式彼此進行互通，機密 VM 可運用 vTPM，搭配開放原始碼程式庫 go-tpm 的 API 來綁定。

未來將機密運算繼續拓展至 K8s 叢集環境之中

推出機密 VM 之餘，GCP 也發出了預告，他們接下來會推出的另一個機密運算服務則會是 Confidential GKE Nodes，能夠針對全代管的 Kubernetes 容器平臺來應用。

在最初揭露這項消息時，GCP 表示，用戶在部署 GKE（叢集底層的節點資源池時，可設為只以機密 VM 來組成。而此種採用 Confidential GKE Nodes 的叢集，可針對全部的工作節點，自動強制使用機密 VM，因此，同樣可以運用 AMD EPYC 處理器內建的 SEV 功能，獲得硬體記憶體加密機制。

而在相隔幾週的時間之後，GCP 公布 Confidential GKE Nodes 的測試版，他們介紹幾個特點，像是：建構在機密 VM 之上、可以運用 AMD SEV、加密節點的記憶體與當中執行的工作負載、每個節點執行個體均配置由處理器產生與管理的專屬金鑰，而且，這些金鑰會在節點建立時產生、單獨存放在處理器，因此，無論 Google 或任何同一臺伺服器的其他 VM，均不能任意存取這些機密 GKE 節點等。

GCP 還特別提到幾個新的應用方式，能讓安全防護變得更周延。例如，可

Confidential GKE Nodes 是 GCP 的第二款機密運算產品，在 2020 年 10 月的展示中，搭配的是 GKE 1.18，能讓想要使用 Kubernetes 叢集的用戶，一行指令即可建立 Confidential GKE Nodes，能在 GKE 當中獲得資料加密的保護。圖片來源／ GCP

結合既有的資料加密機制。以資料儲存加密為例，可透過用戶自行管理的金鑰來加密節點所掛載的持續性磁碟，以及開機磁碟；而在網路傳輸加密上，可由 Anthos Service Mesh 提供加密功能；關於工作負載隔離的模式上，可由 GKE Sandbox 保護節點執行的系統核心，預防來路不明程式碼的執行，以免影響系統核心；至於節點本身的系統開機保護應用上，能夠經由 Shielded GKE nodes 來預防 rootkit 與 bootkits 這類威脅，確保作業系統的完整性。文⊙李宗翰

資料加密

Arm 揭露自家機密運算架構下一步

在智慧型手機、物聯網設備領域受到廣泛採用的 Arm，近年也逐漸延伸至雲端服務與高效能運算應用，2021 年第一季發表 v9 新架構，當中就以機密運算作為主要訴求，讓資料保護適用更多運算裝置

在 2021 年 3 月底，Arm 宣布推出新一代運算架構 Armv9，當中備受關注的最新技術，除了運算效能的增長，莫過於機密運算架構（Confidential Compute Architecture，CCA）。

根據當時的預告，Armv9 主要基於長期發展的 TrustZone 技術，採用動態設置機密領域（Realm），讓應用程式可分別執行在獨立運作區域，以保護敏感資料與程式碼，使其不會受到系統其他部分的存取與竄改。Arm 希望在這樣的架構之下，無論在資料處於使用中、傳輸中，或者是靜置等狀態，皆能夠維持加密。

同時，Armv9 也將整合先前發展、應用的記憶體標記延伸技術（MTE），Arm 公司最新開發的機密領域管理延伸技術（RME），以及機密運算韌體架構（Confidential Compute Firmware Architecture）。

闡釋機密運算發展方向，從硬體、軟體、韌體架構，與社群合作著手

到了 6 月底，Arm 發表了初步的 CCA 技術規格，並揭示 4 大重要發展方向，分別是：RME、動態 TrustZone 技術、建立軟體與韌體架構、與開放原始碼專案合作。

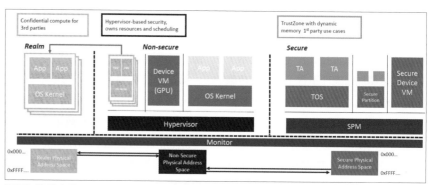

運用記憶體實體位址空間的配置，Arm 處理器的機密運算架構分隔出 3 種安全區。中間是常態區／非安全區，採用基於 Hypervisor 的保護模式；右邊是安全區／TrustZone，可根據不同的安全狀態來隔離；左邊是 Arm 最新發展的機密領域區，可用於第三方機密運算的場域。圖片來源／ Arm

以 RME 而言，Arm 會針對機密領域來定義硬體架構。而新出現的動態 TrustZone，則是由 RME 提供，而且是從 TrustZone 延伸出來的技術。Arm 表示，相較於既有的 TrustZone，新的動態 TrustZone 不再需要專屬的記憶體，可使用在大量、動態配置記憶體的應用程式上。

至於在軟體與韌體架構上，Arm 會與作業系統廠商與業界組織進行密切合作，推動與 RME 韌體互動的標準介面發展，他們將會共同定義出機密領域管理監控器（Realm Management Monitor，RMM），以及監控器（Monitor）的延伸機制，進而能夠提供用於機密領域的架構。

同時，Arm 也提供編譯器支援、開放原始碼的 Trusted Firmware-A（TF-A）監控程式碼，以及 Veraison 專案，未來將提供 RMM 的實作參考，並與工具鏈（Toolchain）及作業系統的相關廠商合作，促使各種領域的應用程式開發者都能運用機密領域。

在開放原始碼專案的協同作業上，Arm 目前是與 trustedfirmware.org 合作，提供 Arm CCA 韌體的標準實作，並且針對機密運算成立新的專案，以 Project Veraison 為例，將會提供開放原始碼軟體，用於建構見證查驗服務。

值得注意的是，對照 3 月底 Arm 發布的架構，與 Hypervisor、Secure Partition Manager（SPM）並列為 EL2 的機密領域管理員（Real Manager），現稱為機密領域管理監控器（RMM）；

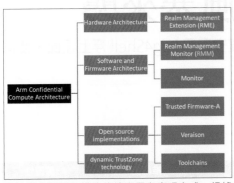

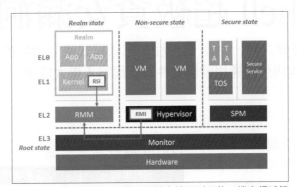

關於機密運算架構的後續發展與實現方式，根據 Arm 最新的設計規畫而言，目前可以區分為 4 大工作項目，分別是：硬體架構、軟體與韌體架構、開放原始碼軟體實作，以及動態 TrustZone 技術。圖片來源／Arm

關於 Arm 機密領域的架構，關鍵在於下列元件：機密領域管理監控器（RMM）、安全監控器（Monitor）。其中的 RMM，還可進一步延伸出兩種介面：與機密領域溝通的機密領域管理介面（RMI），以及與 Hypervisor 互動的機密領域服務介面（RSI）。圖片來源／Arm

會追蹤記憶體分頁是否用於機密領域區，以及 TrustZone 所設置的安全區，或者是既有的應用程式、系統核心、Hypervisor 所處的常態區。

就硬體的部份來看，CCA 會在每次處理器每次存取記憶體時，根據 GPT 這張資料表檢查，並在兩區之間進行強制隔離，阻擋所有非法的存取（如從 Hypervisor 存取機密領域的記憶體分頁這類異常活動）。同時，在每一區當中，有了此份轉譯表可提供更進一步的隔離，而這也就是機密領域區能與其他區彼此隔離的主因。

Hypervisor 或系統核心不能直接更新 GPT，只能間接更新，但允許記憶體分頁能在常態區與機密領域區之間搬移，甚至在常態區與 TrustZone 之間搬移，而在這樣的架構配置當中，系統的記憶體也能套用加密與清理的動作，確保當中存放的內容，而不會受到後繼的使用者存取。

對於需要同時處理不同安全要求的環境而言，Arm 認為，CPU 架構如果能具有此種動態搬移記憶體資源的能力，將會是重大變革，而且，CCA 能讓系統管理層級的處理，無法存取機密領域的內容。

但要做到這樣的機制，在整體運作上，CCA 需要與管理顆粒層級保護資料表，以及機密領域轉換表、前後脈絡的安全韌體元件，來進行各種互動。

因此，在 CCA 後續發展上，Arm 會著重在基礎韌體介面的標準化，促使韌體能兼具簡單、體型小，以及易於稽核與驗證等特性。文⊙李宗翰

底層原先所採用的安全監控器（Secure Monitor），現在則由監控器（Monitor）涵蓋在內。

揭露 CCA 架構細節，與 Arm 既有安全運算技術一脈相承

在資安防護上，除了 Armv9 新增的 CCA，Arm 在既有的 Armv8-A 架構當中，其實已經陸續提供多種應用技術，像是 TrustZone、Non-secure virtualization（EL2）、Secure virtualization（S-EL2），可以針對從系統管理層級去存取權限較低軟體的資源，提供預防，以此構築安全運算環境。

涇渭分明的安全區與常態區

在 Arm 現行的架構之下，TrustZone 會將 CPU 運算區隔成兩個部分，分別是：安全區（Secure world）、常態區（Normal world），前者執行受到信任的應用程式與作業系統，後者執行標準的應用程式與作業系統，而在安全區中執行的軟體，可存取這個區域的實體記憶體位址空間，但不能存取常態區的記憶體位址空間。透過這樣的隔離，處理器就能保護受信任的應用程式（TA），以及受信任的作業系統（TOS）。

不過，TrustZone 適用的平臺安全應用案例仍很有限，他們發展機密運算的

目標，則是希望突破這樣的局面，讓任何第三方開發者，都能以此來保護虛擬機器或應用程式，因此，必須在不受限制或切離的作法上，在系統執行的當下，即時保護與虛擬機器或應用程式相關的記憶體，同時，為了確保平臺安全性，Arm 也會繼續支援 TrustZone。

可橫跨安全區與常態區的機密領域區

而在 Arm 最新發展的 CCA 架構當中，基本上，位處於機密領域內部的程式碼或資料，會坐落在預先配置給機密領域的記憶體，而且，任何能建立機密領域的系統管理軟體層級（系統核心或 Hypervisor）、透過 TrustZone 程式碼、其他機密領域，或不被機密領域信任的設備，若要針對機密領域內容（程式碼、資料、CPU 暫存器狀態）進行嘗試存取的動作，都會被阻擋下來，並出現故障異常的例外狀況。

此外，機密領域將會執行在 Arm 新推出的機密領域區（Realm）中，系統在執行時期所運用的記憶體空間，還可以在常態區與機密領域區之間移動，甚至是在常態區與安全區之間移動。

而為了進一步實現這樣的存取機制，Arm 在此加入新的資料架構，稱為「顆粒層級防護資料表（Granule Protection Table，GPT）」。基本上，這個架構

Log4Shell 超級資安漏洞風暴來襲

在 2021 年進入尾聲之際，Java 應用程式記錄程式庫 Log4j 的資安漏洞 Log4Shell 浮上檯面，使得全球 IT 與 OT 環境再度因通用軟體元件漏洞而陷入重大危機

在COVID-19 疫情的陰影之下，全球好不容易才終於度過2021年，然而，在歲末年終、大家準備過節之際，一個被許多資安專家稱為「10 年來最嚴重的漏洞」公開揭露，打亂了所有 IT 人員與資安人員的工作步調。

資安界最難熬的 12 月！Log4j 幾乎週週都在發布漏洞與修補

這個震撼全球 IT 界的資安漏洞稱為 Log4Shell，它本身存在一款常用的 Java 程式庫軟體套件 Log4j 之中。基本上，Log4j 可用於資料的記錄（Logging），目前已有多達數百萬種 Java 應用系統採行，而在 12 月 7 日 Apache 軟體基金會釋出的 2.15.0 版中，因為修正並揭露具有高度風險的遠端程式碼執行漏洞，編號是 CVE-2021-44228，嚴重等級達到 CVSS 滿分 10 分、屬於高度風險的資安弱點，引發軒然大波，而這些過程與相關資訊，也是當時 Log4Shell 最普遍為人所知的部分。

該漏洞影響的 Log4j2 軟體版本，主要是的 2.0-beta9 版到 2.12.1 版，以及 2.13.0 版到 2.15.0 版，而其安全性問題就出在：用於傳遞組態、記錄訊息、參數的 JNDI（Java Naming and Directory Interface），因為，這個目錄服務功能 API，實際上，無法抵禦攻擊者控制的 LDAP 端點與其他 JNDI 端點的存取，只要攻擊者能控制記錄訊息或記錄訊息的參數，當訊息查詢代替機制（message lookup substitution）啟用時，對方就能從 LDAP 伺服器執行任意的程式碼，而在 Log4j2 的 2.15.0 版預設會停用這

Log4j 資安漏洞一覽

弱點編號	影響版本	推薦更新版本	嚴重性
CVE-2021-44228	2.0-beta9至2.14.1 2.12.2、2.12.3、2.3.1除外	2.3.1(for Java 6) 2.12.3 (for Java 7) 2.17.0 (for Java 8)	10分 重大風險
CVE-2021-45046	2.0-beta9至2.15.0 2.12.2除外	2.3.1(for Java 6) 2.12.3 (for Java 7) 2.17.0 (for Java 8)	9分 重大風險
CVE-2021-45105	2.0-beta9至2.16.0 2.12.3除外	2.3.1(for Java 6) 2.12.3 (for Java 7) 2.17.0 (for Java 8)	5.9分 中度風險
CVE-2021-44832	2.0-alpha7至2.17.0 2.3.2、2.12.4除外	2.3.2(for Java 6) 2.12.4(for Java 7) 2.17.1 (for Java 8)	6.6分 中度風險

資料來源：Apache軟體基金會，2022年1月

樣的行為，等到 2.16.0 版推出之際，會把該項功能完全移除掉。

基本上，在 Apache Logging Services 的專案當中，會受到此項安全性弱點影響的部分是 log4j-core，也就是 Apache Log4j 實作本身。

時隔兩個星期之後，亦即在 12 月 14 日這天，Apache 軟體基金會正式發布了 Log4j2 的 2.16.0 版（適用 Java8），以及 2.12.2 版（適用 Java7），修正並揭露了新的安全性漏洞，也就是 CVE-2021-45046，嚴重等級達到 CVSS 的 9 分，屬於高度風險的弱點，但令眾人感到尷尬的是，此項弱點竟源自推出不久的 2.15.0 版，因 CVE-2021-44228 漏洞修補不足所致，簡而言之，是在特定的非預設組態上，未經過完整的處理——

當系統的記錄組態使用非預設模式的呈現，進行 $${ctx:loginId} 這類前後文查詢方式時，攻擊者可以透過執行緒前後文圖解（Thread Context Map）輸入資料的控制，並運用 JNDI Lookup 查詢的模式來變造惡意輸入資料，導致某些環境允許資訊外洩與遠端程式碼執行，以及所有環境容許就地程式碼執行的狀況。而且，若要實作這樣的遠端程式碼執行活動，已在 MacOS、Fedora 等多種作業系統當中證明可行。

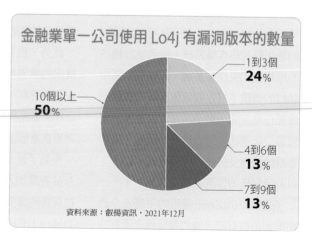

金融業單一公司使用 Lo4j 有漏洞版本的數量

10個以上 **50**%
1到3個 **24**%
4到6個 **13**%
7到9個 **13**%

資料來源：叡揚資訊，2021年12月

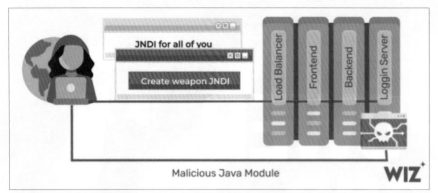

Log4Shell漏洞的嚴重性在於，任何知道濫用手法的人士均可觸發這樣的反應，而且更可怕的是，能夠穿透現行的網路邊界防禦機制，進到內部網路環境，將各種惡意軟體植入多種採用Log4j有漏洞版本的系統設備之中。圖片來源／Wiz

又過了三天之後（12月18日），Apache軟體基金會再度發布Log4j2的2.17.0版（適用Java8）、2.12.3版（適用Java7）、2.3.1版（適用Java6），修正並揭露新的資安漏洞，編號為CVE-2021-45105，其嚴重等級達到CVSS 5.9分的程度、屬於中度風險的弱點，所影響的Log4j2版本範圍，涵蓋了2.0-alpha1版到2.16.0版（不包含2.12.3），修正的問題在於執行自我參照查詢時，如果出現非控制型遞迴處理的狀況，無法提供保護。

當系統記錄組態運用非預設模式的呈現，進行 $$${ctx:loginId} 這類前後文查詢方式時，攻擊者可透過執行緒前後文圖解（Thread Context Map）輸入資料的控制，變造內含遞迴式查詢請求的惡意輸入資料，結果將導致出現堆疊意外的錯誤狀況（StackOverflowError）而中止整個執行流程，也就是所謂的阻斷式攻擊（DoS）。

在12月29日，Apache軟體基金會正式釋出了Log4j2的2.17.1版（適用Java8）、2.12.4版（適用Java7）、2.3.2版（適用Java6），修正並揭露新的資安漏洞CVE-2021-44832，嚴重等級達到CVSS 6.6分的程度、屬於中度風險的弱點，影響的Log4j2版本涵蓋2.0-alpha7版到2.17.0版（不包含2.12.4版

以及2.3.2版）。

這個漏洞也是與遠端程式碼執行有關的安全性弱點，如果本身是獲得修改系統記錄的組態檔案許可權的攻擊者，可運用JDBC Appender這個能將事件記錄送進資料庫的API，搭配可執行遠端程式碼的JNDI統一資源標識符（URI）的資料來源參考，進而組建出惡意組態。而修正這問題的方式，是到Java協定當中去限制JNDI資料來源名稱，目前Log4j2 2.17.1版、2.12.4版、2.3.2版均支援上述作法。

完成修補比例不理想，很多人仍在下載與使用有弱點的版本

關於Log4Shell漏洞的威脅影響範圍，在2021年12月中與下半，已陸續有多家資安廠商提出他們的觀察。

以趨勢科技為例，他們表示，雖然僅有7%的用戶受到影響，但他們分散在不同地區──歐洲占26%，美洲占33%，日本占16%，歐洲中東及非洲占25%；若以國家來區分，該公司在美國受到影響的用戶數量最多，有5,069個，其次是日本，有4,223個用戶；若以產業來區分，趨勢科技受到此漏洞影響的用戶數量，依序為政府機關（1,950個）、零售業（1,537個）、製造業（1,507個）。

另一家資安廠商Wiz則與安永會計師事務所合作，他們在Log4Shell漏洞相關消息爆發10天之後（12月20日），分析200個企業雲端環境與數千個雲端帳戶的使用狀況，結果發現：有高達93%的雲端環境都處於有風險狀態，平均而言，僅有45%修補了這個漏洞，

而就不同產業的Log4Shell漏洞修補狀況而言，所有人公認的資安模範生：金融業，表現最好，修補率達到50%，其次是醫療照護產業、軟體業，修補率均為46%，接著是媒體與娛樂產業，以及零售業，修補率各為43%與41%，墊底的則是製造業，僅有34%完成修補。

值得注意的是，這個比例只分析到雲端環境，若加上內部網路、企業自行管理的環境，未修補Log4Shell漏洞與存在相關資安風險的比例，勢必會更高。

另一個Log4Shell影響範圍可參考的數據，則源於掌管開放原始碼軟體元件儲存庫Maven Central Repository的資安廠商Sonatype。根據Sonatype的統計，以Log4j / log4j-core的下載量而言，在2021年8月到11月這4個月期間，合計超過2.86億次，若單看11月，下載量達到710萬，屬於相當受到用戶歡迎的套件。

同時，有將近7千個開放原始碼軟體專案存在著Log4j的相依性，這個套件已成為許多應用系統程式碼常見的部分，就連登陸火星的機智號無人探測直升機，都使用Log4j作為系統建構模塊的一部分。

而在Log4j有無漏洞版本的下載數量與比例上，截至12月14日為止，下載當時Log4j最新版（log4j-core:2.15.0）的累積數量已超過63.3萬次，然而，相較於下載有漏洞版本的數量，已下載無漏洞版本的數量比例僅達到36.5%。

另外，根據Sonatype設立的Log4j

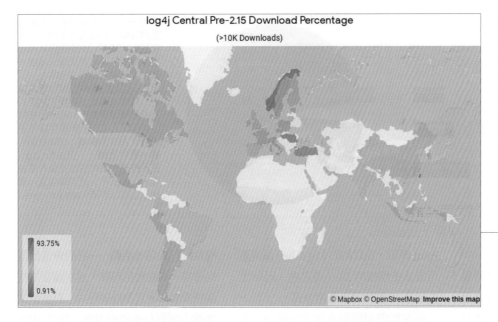

log4j Central Pre-2.15 Download Percentage

(>10K Downloads)

93.75%

0.91%

© Mapbox © OpenStreetMap **Improve this map**

下載狀態儀表板來看，全球下載 Log4j 有漏洞版本（log4j-core:2.15.0 之前版本）的比例，從 12 月 10 日到 1 月 5 日為止，的確呈現開始下降的趨勢，但仍在 3 到 4 成之間來回擺盪。

不過，令人擔憂不已的部分是，從 12 月下半到 1 月初，臺灣持續成為下載 Log4j 有漏洞版本比例最高的國家地區，雖然在 12 月 30 日曾降至 8 成以下，但到了 1 月 3 日，居然又飆升到 93.75％，而且，單就臺灣本身下載 Log4j 無漏洞版本（log4j-core:2.15.0 之後版本）的比例，至今仍無法突破 30%，明顯遠低於世界各國水準。

雖然下載軟體套件的行為，不能完全等同於必定使用，但還是有一定的關聯性，畢竟若不需要使用這樣的套件，自然就不會引發後續下載的動作，因此，臺灣面臨的 Log4j 資安風險程度，的確有可能遠高於其他國家。

為印證臺灣是否如 Sonatype 所統計的凶險，我們找上另一家開原碼軟體資安產品 WhiteSource 代理商叡揚資訊，他們在 12 月 10 日到 17 日之間，對既有用戶進行了相關調查。

結果顯示，他們的用戶絕大部分都在用 Log4j，以產業來看，金融業、科技與製造業、電信業，全都是 100%，政府機構與財團法人是 95%，而未使用的用戶，主要是因為本身採用 .NET 或非 Java 的程式語言來進行軟體開發。而這些用戶採行的 Log4j 版本上，使用 1.2.x 版的比例超過 97%，1.x 版與 2.x 版均使用的也超過六成。

值得一提的是，叡揚的調查也特別針對用戶採行有漏洞 Log4j 版本的數量，進行了統計，當中也突顯各個產業面臨的漏洞管理作業規模差異。

在政府與法人機構，以及科技與製造等領域與產業的用戶當中，叡揚表示，使用 1 到 3 個 Log4j 有漏洞版本的用戶比例均為 86%，使用 7 到 9 個有漏洞版本的比例都是 14%。

若就他們的金融業用戶（包括銀行、證券、保險等公司）而言，採行 10 個以上 Log4j 有漏洞版本的用戶單位，竟高達一半，使用 1 到 3 個有漏洞版本的比例為 24%，使用 4 到 6 個有漏洞版本與使用 7 到 9 個有漏洞版本的比例，均為 13%，顯然在因應 Log4j 的資安風險上，金融業勢必要投入更龐大的資源和心力進行檢整，否則有可能會因此

出現更多防護破口，而讓駭客以及惡意軟體有機可乘。

濫用漏洞的行為激增，駭客與惡意軟體攻擊已展開實際行動

在 Log4j 推出改版，以及接連揭露資安漏洞之後，除了從這個軟體使用方式與普及度，來探討其風險與涵蓋範圍，很多人更想知道的則是：實際濫用這漏洞的攻擊行動已經出現了嗎？數量與規模上有多大？

根據資安廠商 Check Point 在 12 月中發布的觀察分析結果來看，已出現大量尋找具有 Log4Shell 漏洞的系統的存取活動，累積次數超過 430 萬，而縱觀全球各地的企業內部網路環境當中，已有超過 48% 的比例，出現試圖濫用這個漏洞的行為。

若從各地區來細分，Check Point 表示，以澳洲與紐西蘭、歐洲而言，內部網路受此漏洞影響比例均超過 50%，其次是南美洲、非洲，都逼近 5 成，北美洲與亞洲則低於全球平均（48.3%），但也有 44% 以上。

以產業而言，受此漏洞影響的多種領域內部網路比例，都超過一半，例如，

教育與研究機構最高，逼近 6 成；其次是網路服務與代管服務業者，以及系統整合廠商、加值服務商、經銷商，都是 57.4%；接著是金融與銀行，有 53% 受影響；至於政府與軍事單位，則是 50.2%。

而在嘗試濫用 Log4Shell 漏洞的網路攻擊活動數量規模上，Check Point 也在 12 月初 Log4j 2.15.0 推出的幾天後，公布他們所觀察到的暴增現象。

起初在 12 月 10 日，他們只看到幾千個攻擊，但隔天增至 4 萬以上，在最初爆發大量攻擊 24 小時之後（12 月 11 日），濫用漏洞的攻擊數量暴漲至近 20 萬個，到了 12 月 13 日，也就是攻擊爆發後的 72 小時，已出現了高達 83 萬個攻擊活動。關於這樣的發展態勢，資安廠商 Palo Alto Networks 也有類似的發現：在 12 月 5 日出現濫用 Log4Shell 漏洞的攻擊，之後幾天的攻擊數量緩慢增加，但到了 12 月 10 日以後開始暴增，11 日突破 1 萬個，12 日達到 2 萬個以上。

除了這類攻擊數量激增，另一個同時期發生的狀況，則是濫用 Log4Shell 漏洞的方式很快產生了大量變異。Check

Point 表示，在原始的 Log4Shell 漏洞濫用方式出現後的 24 小時之內，已衍生出超過 60 種的變異濫用方式。

而在實際面臨資安事故的部分，在 12 月 14 日，根據 Check Point 的觀察發現，有 5 個國家出現加密貨幣挖礦團體嘗試濫用 Log4Shell 漏洞，而形成網路攻擊；隔日，他們也發布資安通報，表示在過去 24 小時內，有一個伊朗的駭客團體 Charming Kitten（APT 35）曾試圖濫用 Log4Shell 漏洞，並鎖定以色列政府與商業領域的 7 個目標組織，發動網路攻擊。

關於試圖濫用 Log4Shell 漏洞的活動大增，資安廠商 Sophos 也有相關發現。在 12 月 9 日到 12 日之間，他們偵測到數十萬次利用此弱點從事遠

端執行程式碼的活動——它們會進行弱點掃描、弱點濫用測試，並企圖在這些系統安裝加密貨幣挖礦程式，有些會試著從中擷取有價值的資訊，像是 AWS 公有雲服務的用戶金鑰與私密資料。

在此同時，身兼系統、雲服務、資安等多重廠商身分的微軟，也有類似發現。他們的研究人員表示，此類攻擊不只會趁機安裝挖礦程式，同時，還會運用滲透測試軟體框架 Cobalt Strike 竊取帳號密碼、進行橫向移動，並且從受害系統裡面擷取資料。

有哪些惡意軟體打算趁火打劫呢？有家資安業者 Lacework 發現一些攻擊正在利用這個漏洞，試圖散播殭屍網路程式 Mirai 與挖礦程式 Kinsing。

關於 Log4Shell 漏洞濫用攻擊鎖定的設備，根據資安業者 Armis 在 2021 年 12 月 26 日的統計，一半是虛擬機器，其次是伺服器，有 38%，兩者合計占 88%。但許多類型的設備都被攻擊者鎖定，如個人電腦、手機、網路視訊攝影機、印表機、VoIP 網路電話設備，PACS 影像儲存通訊系統、SCADA 伺服器、HMI 控制面板，雖然比例低。但由於 Log4j 普及度高，很難說這些嵌入式設備未用此元件，若不幸內含，實務上也難以修補。圖片來源／Armis

（圓餅圖）
VIRTUAL MACHINE 47%
SERVER 38%
PERSONAL COMPUTER 7%
Other 5%
MOBILE PHONE 2%
IP CAMERA 1%
26/12/2021

Log4Shell 漏洞濫用的運作原理

為何 Log4Shell 會是高風險的漏洞？網路上已有許多圖解，我們特別選了資安廠商 Fastly 公司繪製的運作流程，比較能看到技術細節，而在臺灣也有人將這部分內容解說，拍成了 YouTube 影片，有興趣進一步了解相關內容的人，可到「育正葛葛的資安遊樂場」這個頻道去看看。

根據 Fastly 公司的解釋，在執行這類手法時，可分成兩個階段：攻擊者在初期先將 jndi: 字串置入 User-Agent HTTP 標頭，隨之而來的統一資源標識符（URI）能夠存取次要的酬載，而且，這個酬載能可

用來執行各種命令。

具有漏洞的 Log4j 系統，會執行包含這段 URI 的 LDAP 查詢，在這之後，LDAP 伺服器也會對這個 Log4j 系統，回應目錄服務相關資訊，而且，這裡也有次要酬載的網址連結，以及 javaFactory 與 javaCodeBase 等屬性的數值，用於建立包含 Java 類別的物件位置，以便重新呈現最終酬載，接著，Log4j 系統會將這個 Java 類別載入記憶體，並且予以執行，最終完成整個程式碼執行過程。
文⊙李宗翰

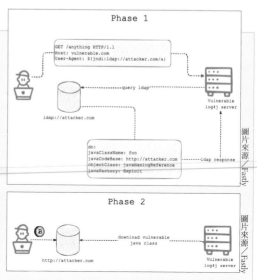

圖片來源／Fastly

另一家資安廠商 Bitdefender 也表示，他們已經偵測到這類型網路威脅活動的現象，同時也發現多種濫用 Log4Shell 漏洞的惡意軟體，如殭屍網路程式 Muhstik、挖礦程式 XMRIG、勒索軟體 Khonsari、木馬程式 Orcus。

至於針對內含有漏洞 Log4j 版本的 IT 系統所發起的各種網路攻擊活動，在 12 月 29 日也被公開揭露。

資安廠商 CrowdStrike 發現有個專攻產業間諜與情報領域的中國駭客團體 Aquatic Panda，攻擊一個大型學術機構，他們研判之所以能夠侵入，破口可能是內含有漏洞 Log4j 版本的 VMware Horizon 系統。文⊙李宗翰

資安漏洞

與時間賽跑！Log4Shell 修補迫在眉睫

由於 Log4Shell 漏洞可能存在各種系統與設備之中，必須盡快進行相關的盤點、修補，以及持續偵測與阻擋濫用此項資安弱點的行為

從2021 年 12 月至 2022 年上半，Log4Shell 漏洞相關事件持續佔據全球資安新聞的版面，甚至有不少軟體開發人員、資安人員，可能無法安心放假而持續進行各種修補工作。

然而，即便 Log4Shell 漏洞已經鬧得沸沸揚揚，也陸續出現多種惡意軟體與網路攻擊出手開打的消息，然而，還是有許多人並不知道這件事情的嚴重性，雖然有不少身處火線的資安廠商，持續發布、更新相關動態，但大家還是必須要加把勁宣導，不斷互相提醒正視這個漏洞，及早著手開始修補，否則屆時攻擊者將如入無人之境，深入企業網路環境與多種 IT 系統胡作非為。

在相關訊息的通報與溝通上，身為臺灣長期報導資安新聞的我們，也從電子郵件與即時通訊平臺 Line，看到部分廠商針對 Log4Shell 發布漏洞因應警訊，以及表明自身產品與服務不受影響，有些則是近期由我們與其主動與其聯繫，而得知他們的確持續向用戶宣導這項漏洞的嚴重性。

以臺灣資安廠商而言，我們看到曜祥網技、中芯數據、台眾電腦，均透過電子郵件說明概況，軟體廠商的部分，我們當時剛好洽詢網擎資訊以及鼎新電腦，他們也表明產品不受影響，在自家

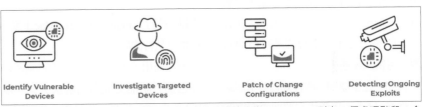

關於 Log4Shell 漏洞處理，主打端點系統資安防護的廠商 Forescout 列出 4 個處理階段，企業可透過識別、調查、修補、監控來管控有漏洞的系統或設備。圖片來源／Forescout

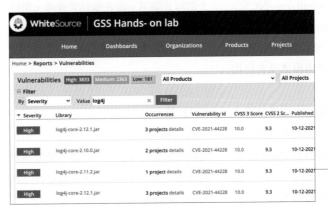

不想成為 Log4Shell 漏洞濫用的受害者，企業須清查有弱點的系統，目前已有多種工具，可助開發者與資安人員進行盤查，圖中是 WhiteSource 公司提供的平臺，就是其中之一。圖片來源／叡揚資訊

網站也提出說明，能做到主動資訊揭露是值得稱許的。

在國際資安廠商的部分，透過電子郵件傳達相關資訊的業者，我們看到有代理 F-Secure 的湛揚科技、Sophos、Palo Alto Networks，發出相關的 eDM 呼籲大家重視這項資安議題。

而我們因關切 Log4j 與 Log4Shell 漏洞議題而與其洽詢相關動態的廠商，像是：WhiteSource 代理商叡揚資訊、Sonatype 代理商群鉅整合資安，也提供

他們本身的用戶調查數據，以及原廠的統計資訊。同時，我們也看到有些資安業者透過即時通訊軟體 Line，發送相關資訊，例如，Fortinet。

在大型 IT 廠商的部分，我們也在另一篇系列文章中，整理出 9 家主要雲端、系統、軟體業者的公開資訊，試圖以有限的篇幅與版面，列出目前已知受影響的各種企業級軟硬體產品與服務，希望幫助更多人了解 Log4Shell 漏洞對於整個 IT 產業的衝擊有多大，以及他

們開誠布公揭露目前的狀態。

透過這樣的內容呈現，應該有助於促使用戶了解 Log4Shell 漏洞的嚴重性，並期盼大家不要漠視自己應有的使用權利與售後服務，要求更多廠商積極去追查、公布相關事宜，將處理狀態透明化，如此一來，才有辦法盡快將此漏洞所能造成的資安風險降至最低。

踏出第一步：設法盤點具有 Log4Shell 漏洞的系統與設備

由於 Log4j 廣受許多系統與設備採用，光是要進行完整的盤點作業，可能就是一項相當浩大的工程，所幸，在許多人的努力之下，出現許多可用的資源，可供大家運用。

例如，在全球知名的程式碼共享網站服務 GitHub，我們找到荷蘭國家網路安全中心的免費掃描工具資訊專區，使用的網址是 https://github.com/NCSC-NL/log4shell/tree/main/scanning，裡面有 CVE-2021-44228 漏洞偵測工具，以及能夠檢查 Java 應用程式是否使用 Log4j2 的偵測工具。

而在商用軟體的部分，選擇就更多了，許多廠商都紛紛強調他們提供免費掃描工具，像是原本就聚焦在開放原始碼軟體安全領域的 WhiteSource，以及 Sonatype，都釋出相關的資源。

以開源碼軟體資安廠商 WhiteSource 為例，他們在 GitHub 設置 Log4j 版本偵測工具 Log4jDetect 的專區，網址是：https://github.com/whitesource/log4j-detect-distribution，可協助盤點應用系統與設備，檢查這當中是否使用有弱點的 Log4j 版本，並且針對 Windows、Linux、Mac 平臺，提供可執行的版本。

另一家同為開源碼軟體資安類型的廠商 Sonatype，則主打原本就提供的免費掃描工具，名為 Nexus Vulnerability Scanner，但要輸入自身聯絡資訊才能

在漏洞修正上，開放原始碼軟體資安業者 Sonatype 提供了三種解決方案，圖中是 Nexus Lifecycle，可橫跨多種應用系統，執行 log4j-core 套件的弱點辨識與修正。圖片來源／Sonatype

取得，針對 Windows、Unix、Mac 平臺，提供可執行的版本。

而在商用等級的產品上，上述兩個廠牌也都有功能更完整的解決方案。以 WhiteSource 而言，提供單一代理程式（Unified Agent），能夠檢測 200 種以上的程式語言。而在盤點完成後，用戶能更快知道各個應用系統使用到的特定套件，節省人力與時間。

持續落實全面而徹底的漏洞修補作業

面對廣泛的各種系統與設備，若順利完成漏洞盤點掃描作業，接下來要面對的難題，挑戰可能更大，那就是實際執行漏洞的修補。

關於這部份的工作，難度很大，因為需確保系統與設備能夠在修補漏洞之後，還能繼續正常運作，甚至有些狀況還必須特別排定停機時間，才能著手進行，因此，過去以來，很多人在這個關卡可能就放棄了。

而在 Log4j 免費漏洞修補的工具上，目前較少看到有人或廠商提供這樣的解決方案，但還是有一些特例，大家可以實際試用評估，看看是否合用。例如，資安廠商 WhiteSource 同樣在 GitHub 設立 Log4j 矯正工具專區，名為 log4j-

remediations，網址是 https://github.com/whitesource/log4j-remediations。

而在商用等級產品當中，我們看到相關的解決方案。例如，在 WhiteSource 提供的平臺中，能彙整數十個弱點資料庫，以及開放原始碼軟體資料庫，而該公司也有專門的研究人員，能在各種弱點剛發布修復方式之後，就會立即更新其資料庫，讓開發人員知道怎麼修復。

除此之外，這家資安廠商旗下的另一套解決方案 WhiteSource Remediate，也提供更多元的開發流程整合運用方式，例如，能夠結合版本控制軟體服務（GitHub），一旦程式提交至版本控制服務時，就能立即觸發漏洞掃描的機制，向用戶提示當中搭配的軟體套件存在著資安弱點，或是有更新的版本可選用搭配，之後，還可以自動產生拉取請求（Pull Request），用戶能選擇自動更新或手動更新，以便所搭配的軟體套件能保持在最新、最安全的版本。

除了專攻開放原始碼軟體安全防護的解決方案，企業也可以考慮導入市面上發展已久的資安弱點管理系統，像是 Qualys 和 Tenable 等廠商，他們也有相當成熟的產品可供採用，而且，這些廠牌的系統，已能涵蓋到物聯、OT 工業控制系統等環境。**文⊙李宗翰**

美 FTC 對無視 Log4j 漏洞企業示警

美國聯邦交易委員會（FTC）在 1 月初警告，若因未能修補 log4j 漏洞而致客戶個資外洩或財務損失，FTC 將採法律行動提告求償

近期開源軟體 Log4j 重大漏洞衝擊科技領域，由於無數應用程式曾採用以進行開發，影響甚大，在 2022 年 1 月 4 日，美國聯邦交易委員會（FTC）公開呼籲，為了保護消費者的使用權益，企業及其合作廠商務必要立即採取相關的漏洞修補行動。

值得關注的是，過往 FTC 的制裁，多是針對特定廠商或多個漏洞，這次竟罕見針對單一漏洞發出強烈警示。他們明確指出，若未修補漏洞，而致客戶個資外洩或財務損失，恐遭該單位提告。

雖然未說明制裁金額的比例，但這訊息的警告意味相當濃厚，不論是否身處美國，政府與企業、軟硬體業者都應予以重視。

企業若因未修補已知漏洞導致資料外洩，FTC 提告有前例

Log4j 用於記錄服務中各種系統活動，幾乎是一款無處不在的軟體元件，自 2021 年底公開的 CVE-2021-44228 等系列漏洞，對數百萬的消費產品、企業軟體、以及網頁應用程式，都帶來巨大的衝擊，並有越來越多攻擊者廣泛利用這個漏洞。

對於已知漏洞未修補的嚴重性，FTC 提出 2017 年重大資安事件來說明。這個例子就是信用報告業者 Equifax 資料外洩事件，他們在 5 月至 7 月間，因漏洞未修補遭駭客入侵，導致 1.47 億名消費者個資外洩，包括姓名、生日、地址，以及 20 多萬張金融卡資料。

根據事後調查的結果顯示，美國國土安全部同年 3 月曾向 Equifax 發出警告，提醒資安漏洞存在，該公司卻未有效修補，最終導致發生資料外洩的嚴重事故。後續 Equifax 也遭到 FTC 控告，於 2019 年以 7 億美元和解。

FTC 表示，當漏洞被發現和利用時，可能會導致個人資訊外洩、經濟層面損失，以及其他不可逆轉的傷害，因此須採取合理措施，緩解已知軟體漏洞，若未妥善處理，將涉及違反法令，如聯邦貿易委員會法案（FTCA），以及金融服務業現代化法案，亦稱為 Gramm-Leach Bliley Act（GLBA）。

現在，由於 Log4j 漏洞影響甚劇，FTC 強調，對於依賴 Log4j 的公司及其供應商而言，需立即採取行動，減少可能對消費者帶來的傷害，避免面臨 FTC 的法律訴訟。更進一步來看，對於日後任何已知漏洞，企業若不處理，因而造成顧客資料損害，都可能面臨法律裁罰。

同時，FTC 提供了這次漏洞修補的相關資訊，包括：安裝 Log4j 最新版 2.17.1，將可修補近期發現的 4 個漏洞，若要檢查是否使用 Log4j 軟體程式庫，FTC 也推薦 CISA 所釋出的 Log4j Scanner 工具，企業及其合作廠商應確保採取補救措施，以保證公司的做法能不違反上述法律，並要將這樣的資訊，通知到提供消費產品服務且易受攻擊的第三方子公司。

反觀臺灣，我們所面臨的狀況又是如何？ TWCERT 表示，在 CVE-2021-44228 揭露之際，他們已通知國內一些資通訊產品製造商，而這些廠商也自行發布相關資安公告，說明本身是否受影響或修補狀況，例如華碩、兆勤、D-Link、威聯通、群暉等。

令人憂心的是，臺灣有許多軟硬體產品業者，我們無法確定廠商在產品開發流程中，是否完全掌握使用的軟體套件，以及，是否有辦法盤點檢查軟硬體的修補狀況，這些將考驗企業與合作廠商溯源能力。

至於各國政府是否需祭出類似的手段，促使企業與產業重視漏洞修補，以及保障消費者資料權益，也將成為資安界後續關注議題。**文⊙羅正漢**

FEDERAL TRADE COMMISSION
PROTECTING AMERICA'S CONSUMERS

FTC warns companies to remediate Log4j security vulnerability

By: This blog is a collaboration between CTO and DPIP staff and the AI Strategy team | Jan 4, 2022 9:19AM

SHARE THIS PAGE

TAGS: Patches

Log4j is a ubiquitous piece of software used to record activities in a wide range of systems found in consumer-facing products and services. Recently, a serious vulnerability in the popular Java logging package, Log4j (CVE-2021-44228) was disclosed, posing a severe risk to millions of consumer products to enterprise software and web applications. This vulnerability is being widely exploited by a growing set of attackers.

When vulnerabilities are discovered and exploited, it risks a loss or breach of personal information, financial loss, and other irreversible harms. The duty to take reasonable steps to mitigate known software vulnerabilities implicates laws including, among others, the Federal Trade Commission Act and the Gramm Leach Bliley Act. It is critical that companies and their vendors relying on Log4j act now, in order to reduce the likelihood of harm to consumers, and to avoid FTC legal action. According to the complaint in Equifax, a failure to patch a known vulnerability irreversibly exposed the personal information of 147 million consumers. Equifax agreed to pay $700 million to settle actions by the Federal Trade

Log4j 重大漏洞影響甚廣，近期美國聯邦交易委員會（FTC）也提出警告，要企業與供應商積極保障消費者權益，若因未修補漏洞而致客戶個資外洩或財務損失，將可能遭 FTC 提告。

Log4j 引爆軟體供應鏈資安議題，社群加大修補力道

2021 年 12 月 Log4j 漏洞揭露後引發的大震撼，美國政府、各大 IT 廠商設法補破網的同時，更重要的是，建立持續、系統化的機制來改善，後續開源軟體安全基金會也被賦予這項重責大任

由 Linux 基金會於 2020 年成立的開源軟體安全基金會（OpenSSF），在今年 2 月初，公開宣布他們將推動一項名為 Alpha-Omega 的計畫，協助尋找並修補 1 萬項開源軟體的漏洞。

基本上，OpenSSF 是以強化開源軟體安全為宗旨的組織，已獲得多家 IT 業界大廠，包括微軟、Google、IBM、英特爾等支持。在這個機構最新推出的計畫 Alpha-Omega，其實是在 Log4j 漏洞公布後，美國白宮召集美國軟體及資安界人士共商對策後的結果，當中將透過和軟體專案負責單位，自動安全測試工具來促進開源軟體供應鏈的安全性，而在第一階段期間，微軟和 Google 也將投入 500 萬美元支持這項計畫。

OpenSSF 總經理 Brian Behlendorf 指出，開放原始碼軟體是現代社會關鍵基礎架構的關鍵元素，因此，必須儘可能確保軟體供應鏈安全，而 Alpha-Omega 計畫的推動，可透過主動發現、修補及預防漏洞，直接改善開源軟體專案的安全性。

同時，這項計畫也透過開源軟體專案維護單位，以系統化的方式找出程式碼當中未發現過的新漏洞，並予以修補，藉此改善全球開放原始碼軟體供應鏈的安全性。

Linux 基金會與開源軟體安全基金會

之所以推動這項計畫，主要是有鑑於開放原始碼軟體受到全球 IT 廣泛採用，而使得相關的程式碼成為敵對攻擊的頭號目標。

再加上新的資安漏洞一旦公開揭露，濫用漏洞攻擊很有可能在幾個小時內出現，2021 年底鬧得沸沸揚揚的 Log4j 就是一例，許多企業和組織都因普遍採用這個程式庫，而面臨重大危機，迫使他們必須在攻擊者開始採取行動之前，盡快更新相關應用程式。

從「最重要」與「最常用」等兩大層面，選擇要強化的軟體

OpenSSF 的這項軟體供應鏈安全計畫，目前可細分成兩大主要專案，一是 Alpha，一是 Omega。

以 Alpha 專案而言，主要是和最重要的開源碼軟體專案維護單位合作，以便找出及修補漏洞。至於該如何選擇「最重要」的專案，將根據專家意見及評分資料來進行。

基本上，這當中參與的成員將包含：

OpenSSF Securing Critical Project 工作小組，以及與哈佛大學創新科學實驗室（LISH）合作的核心關鍵基礎設施弱點檢查計畫 Census II，合力分析、找出重要的開放原始碼軟體。

選定的專案將由 Alpha 團隊成員提供檢視及修補，包括威脅建模、自動化安全測試、原始碼稽核等，用以修補漏洞。修補工作也可結合 OpenSSF 資源，包括 OpenSSF 評分表或最佳典範等。最終，Alpha 專案也會公布相關安全及修補措施。

至於 Omega 專案，將運用自動化方法和工具，找出至少 1 萬項常用開源碼專案的重大安全漏洞，當中將結合多種方式，包含：利用雲端規模的分析「技術」、負責分類的安全分析「人員」，以及向正確 OSS 專案人士祕密通報重大漏洞的「流程」。

Omega 也會成立一個由安全工程師組成的專門團隊，持續調校分析的流程，以便減少誤判率，找出新的漏洞。

文⊙林妍溱、李宗翰

右欄圖說：由微軟、Google 大力支持的開源軟體安全基金會 OpenSSF，在今年的 2 月 1 日，宣布 Alpha-Omega 計畫，希望能夠針對 1 萬個開原軟體專案，改善其軟體供應鏈的安全性。

強化國家資安，
美國白宮推動多項新世代防護對策

資安威脅加劇已成為全球重大風險，美國是許多網路攻擊鎖定的目標之一，從上任總統川普到現任總統拜登，美國持續提出新世代防護對策，並傳達其急迫性

圖片來源／美國白宮

這些年來，資安威脅越來越嚴峻，儘管各國政府與企業不斷強化資安，然而，依據風險程度高低有不同防護目標，防護的建構也無法一蹴可幾，加上供應鏈安全的層面，需仰賴整體環境共同提升資安，但在美中貿易戰、烏克蘭戰爭的發生，網路威脅態勢急遽升溫，資安強化的急迫性，不只是關乎個人、家庭、企業、組織的永續，也涉及國家安全，

在這樣衝突日漸升高的局面下，比鄰極權國家的臺灣，持續推動資安即國安的政策，並逐步擴展到更全面的境界，然而，全球各國其實也是如此，而美國的動向更是受到全球各界的關注。

自美國總統拜登上任以來，除延續前總統川普在任時簽署的美國 5G 乾淨網路等多項政策，對於國家網路安全策略的發展，展開更多行動，包括簽署了改善國家網路安全的行政命令（EO 14028），以及舉辦邀集該國科技、軟體產業的資安高峰會，最近更是發表聲明，呼籲企業與關鍵基礎設施積極因應網路威脅，現在已到了需即刻提升資安的重要時刻。

對於國家網路安全的規畫，近一年來美國白宮行動不斷

回顧近年來國際屢屢發生重大資安事件，例如，在 2020 年底 Solarwinds 供應鏈攻擊事件揭露之後，大規模的國家級資安威脅正式浮出檯面，當時，除了資安業者受害，美國多個政府機關與大型企業也成為受害者，而面臨的複雜攻擊手法，也使得事件曝光多個月之後仍持續出現新的調查結果。

到了 2021 年 5 月，再發生美國最大燃油管道系統 Colonial Pipeline 遭勒索軟體攻擊事件，當時該公司為控制其安全威脅，緊急關閉所有管道作業與部分 IT 系統，造成營運上的停擺，這些重大資安事件，不僅引發全球資安界關注，政府對於企業與組織的資安，也變得更加重視，尤其是關鍵基礎建設。

因應資安重大事件頻傳，美國總統拜登上任後，除了延續先前的資安防護策略，例如前總統川普在任時所簽署的美國 5G 乾淨網路政策，另外還採取更多行動，其目標就是提升國家整體資安防護水準，並且讓政府組織跟上現今的資安防護要求。

當中最受矚目的動作就是，在 2021 年 5 月，美國總統拜登簽署了行政命令 EO 14028，主題是改善國家網路安全，強調 9 大重點面向。當局不僅要促進政府與私人機構之間的威脅情資分享，特別的是，在網路安全現代化面向上，提到了零信任網路安全策略，以及強化軟體供應鏈安全，成為兩大關注焦點，同時，這項命令也提出多項盤點審查要求，希望各個地方政府機構能帶頭施行。

接著在 2021 年 8 月，拜登接見該國的科技廠商龍頭與教育界領袖，舉行了一場資安高峰會，共同商討如何以全國之力來解決資安威脅。當時不僅由政府發起了多個倡議，所邀集的微軟、Google、蘋果、Amazon 以及 IBM 等業者，亦紛紛承諾響應白宮的號召，表明將協力推動資安。

91

零信任戰略成形，產業正協助國家網路安全發展

在美國發起國家網路安全行動之後，該國政府許多新頒布的政策與以及宣告也都陸續出爐。

例如美國行政管理和預算局（OMB）支持 EO 14028 總統行政命令，提出「聯邦零信任戰略」（Federal Zero Trust Strategy）草案；到了 2022 年 1 月，美國白宮發布消息指出，OMB 提出的這項策略正式發布，將推動聯邦政府的網路安全架構，都朝向零信任方法邁進，並說明在現今的威脅環境下，要保護重要系統與資料，將無法再依賴傳統的邊界防禦作法，因此，必須作出大膽的改變，並期望在 2024 財年（2024 年 9 月 30 日）完成初步推動。

除了零信任網路安全的議題，軟體供應鏈安全的問題也備受關住。例如，如前所述，在 2021 年 8 月，拜登已會見科技與學界領袖進行商討，當時曾公開宣布，為了提高技術供應鏈的安全與完整性。美國國家標準與技術研究所（NIST）將與產業合作，共同開發新的安全框架來因應。

這些業者在這場會議中所承諾的資安強化、投資及人才培育，後續，也付諸更多實際行動。

舉例來說，以科技業者在資安人才短缺面向的改善作法而言，微軟在 2021 年 10 月對外宣布，將展開 4 年期的資安培訓活動。

因為，經過實際分析美國資安人才短缺現象，並在調查資安職缺的門檻與需求後，他們決定整合國家資源並透過社區大學，結合公司自身的資源，提供資安人才培訓方面的協助，包括社區大學免費課程、社區大學師資培訓，以及獎學金等，期望在未來 3 年內，可以幫助美國填補 25 萬個資安職缺。

到了 2022 年 3 月，微軟再次宣布消息，要將這樣的計畫擴展到全球 23 個國家（可惜臺灣並未在名單之內）。事實上，還有多家科技業者都將致力於美國國家資安人才培訓。

以軟體供應鏈的資安挑戰而言，白宮於 2022 年 1 月 26 日舉行開源軟體高峰會議，邀請相關業者，持續商討這個獨特的安全挑戰，畢竟，近期 log4j 開源軟體漏洞的發現，使得上萬開源軟體 Java 元件受影響，連帶各業者需清查自家產品是否受影響而要修補，而此舉也再次突顯開源軟體安全性的影響。

畢竟，長久以來，開源軟體因透明度高，因此問題容易被偵測發現與解決，而顯得比較安全，有些專案確是如此，但有些專案可能較少人關注，而可能被有心人士覬覦、伺機滲透或進行非法活動。如果有多家科技大廠持續合作、採取改善行動，利益的對象不只是國家層面的安全性，更有助於減低全球產業層面的資安威脅。

會後 Google 表示，除了先前他們的承諾，要擴大供應鏈層級的軟體物件框架（SLSA）的應用，他們並建議，要成立聯合的市場機制來維護開源軟體，並先確定關鍵的開源軟體專案；IBM 也表示，該場會議明確表示政府與產業能共同改善開源的安全實踐，可從安全標準廣泛採用著手，針對關鍵開源資產確保應滿足最嚴格安全要求，以及擴大開源安全方面的技能培訓和教育。

除了這些面向，有更多科技業者也表示將提升資安要求，並將在自己擅長的領域提供資安上的協助。

因應烏克蘭戰爭爆發新態勢，白宮呼籲各類關鍵CI業者要加倍提升資安

圖片來源／美國白宮

負責網路和新興科技領域的美國國安顧問 Anne Neuberger 表示，目前無法掌握可能面臨的攻擊樣態與產業，但重點是所有民間企業與關鍵基礎設施業者都可能是攻擊對象，必須加倍保護自己。

在 2022 年 3 月 21 日這一天，美國總統拜登發布了國家級網路安全聲明，他指出俄羅斯可能報復西方制裁，對美惡意網路攻擊潛在威脅提升，呼籲普遍該國民間企業與關鍵基礎設施，應加快強化網路防禦。

現在面臨的網路攻擊威脅有多嚴重？在同日舉行的白宮記者會上，負責美國負責網路和新興科技的國安顧問 Anne Neuberger，接受媒體詢問時提到幾個重點。她表示，美國政府其實每天都會關注各式網路攻擊威脅，然而，根據最近掌握的情報顯示，俄羅斯正探索對美發動惡意網路攻擊的各種可能，雖然，她無法說明可能遭遇的網路攻擊樣態與產業，但她想強調的觀念是：各類型的關鍵基礎設施都會成為被攻擊的目標，必須要加倍保護自身。

而且，每個機構人員都應該要知道這樣的資訊，先做好準備，持續保持警惕，不只要讓攻擊者更難入侵滲透，一旦發現相關跡象時，就要馬上通報政府機關。

她並提到，在一週之前，白宮官員已經與 1 百多個當地企業組織開會，分享相關機密簡報資訊，總統拜登也提醒所有民間企業須知曉惡意攻擊威脅可能攀升的現況，同時，白宮也發布了簡要的資安防護指引，呼籲所有的民間企業與合作夥伴都要採取行動。文⊙羅正漢

烏克蘭戰爭爆發，白宮呼籲民間企業即刻提升防護

最近，美國白宮更是對於當地民間企業發出了資安預警。

美國總統拜登，在 2022 年 3 月 21 日，新發布一項國家級網路安全的聲明，當

NEITHNET

INSIGHT SEEKER VIEWER DNS

關鍵在地情資
化解遇駭危機

NEITHSeeker 端點惡意威脅鑑識	**NEITHInsight** 威脅情資資料庫
NEITHViewer 內網網路威脅鑑識	**NEITHDNS** 上網行為管理

融合台灣在地與全球化情資
全方位防堵與檢測網路攻擊
快速揪出潛藏危機

台灣在地資安原廠
NEITHNET 騰曜網路科技股份有限公司
產品洽詢 info@neithnet.com | 04-2327-0003

中的重點在於，不僅呼籲普遍美國民間企業加強網路防禦，同時強調，必須加快改善該國網路安全的工作。

事實上，國家級駭客組織的威脅近年持續不斷發生，但現今的局勢，促使著相關風險可能變得更劇烈。

今年2月底，由於俄羅斯軍隊攻向烏克蘭，戰事當時已持續一個月之久，而在當今的虛實混合型態戰爭之下，由於俄國在美歐實施經濟制裁後仍不退兵，也讓美國關注其網路攻擊威脅，可能進一步向外擴張。像是針對歐洲衛星通訊衛星的攻擊行動，就是一例，而這樣嚴峻的態勢，也促使美國政府對衛星通訊相關業者發出警示。

因此，在3月這次美國白宮發布總統拜登對於國家網路安全的聲明中，一開始，就是向該國企業組織與人民喊話，告訴大家現在已是關鍵的時刻，必須加快腳步，改善網路安全，並且增加國家的資安韌性。

最主要原因，是政府近期接獲新情報，顯示俄羅斯為了報復美國對其實施經濟制裁，極有可能對美發動網路攻擊。面對現今網路攻擊的威脅，拜登指出，光靠聯邦政府無法單獨抵禦各式國家網路威脅，因此呼籲民間企業與關鍵基礎設施提供者，必須強化網路防禦，對於聯邦人民所依賴的關鍵服務與技術，業者有權利、能力與責任來加強網路安全與資安韌性。

而在聲明的最後，拜登也再次呼籲，因應當今威脅，每個人都應盡到自己義務，今日的警惕與緊迫意識，將可防止或減輕明日的攻擊。

綜觀白宮的這次舉動，在在提醒該國國家網路安全的強化腳步必須加快，而

圖片來源／美國白宮

拜登政府發布國家網路安全4大宣示

近年來，美國在國內均持續推動各層面的網路安全，不只是從政府自身著手，也偕同產業合作，並訴諸所有民間企業。例如，簽署EO 14028行政命令，接見企業與教育界領袖召開資安高峰會，以及持續呼籲民間企業立即提升資安。從該國政府機關的動向來看，也是一再修法提升資安相關的要求。例如，美國證券交易委員會在2022年3月提案強化網路安全威脅的標準揭露程序，也將要求上市公司提交資安管理面的規畫、程序與政策等細節。

2021年5月	**拜登簽署EO 14028行政命令** 在2021年5月，美國總統拜登簽署了一項行政命令（EO 14028），推動政府組織提升網路安全水準，主要目的包括：促進政府與私人機構之間的威脅情報分享，推動聯邦政府實施現代化網路安全（包含零信任架構），改善軟體供應鏈的安全性，建立網路安全審查委員會，建立回應網路安全事故的標準手冊，改進聯邦政府網路偵測網路安全意外的能力，以及增進調查與修復能力。
2021年8月	**拜登召開資安高峰會接見企業與教育界領袖** 在2021年8月，美國總統拜登在白宮東廂辦公室舉行一場資安高峰會，接見該國多家科技龍頭與教育界領袖，在這場會議中，不僅宣布美國國家標準與技術研究所（NIST）將與產業合作，共同開發新框架來提高技術供應鏈的安全與完整性，而微軟、Google、蘋果、Amazon及IBM等業者也都響應政府提出的倡議，承諾將推動產品安全、供應鏈安全與資安研究，並培育資安人才。
2022年1月	**白宮發布聯邦政府零信任網路安全新戰略** 在2022年1月26日，美國白宮發布公告指出，直屬美國總統管轄的行政管理和預算局（OMB）發布了M-22-09備忘錄，這將意謂著，朝向零信任網路架構的戰略正式成形。在此戰略之下，已提出轉移架構的時程規畫，並依據識別、裝置、網路、應用程式與工作流程，以及資料等5個領域，執行相關的盤點與部署工作。
2022年3月	**白宮呼籲民間企業及關鍵CI應立即提升資安** 在2022年3月，美國總統拜登發表國家網路安全聲明，指出在俄羅斯對美發動惡意網路攻擊情勢升高之下，儘管政府會採取各項行動來抵禦網路威脅，但光靠政府的力量並不夠，因為很多美國人民所仰賴的關鍵設施與服務，都是民間企業所擁有，因此督促所有相關業者都要共同強化網路安全，呼籲民間企業與關鍵基礎設施需加快網路防禦的腳步，難得的是，白宮也特別公布8項緊急資安防護方針，希望所有民間企業都能立即實施。

資料來源：iThome整理，2022年3月

圖片來源／美國白宮

且是民間企業都必須跟上，這是因為有很多關鍵基礎設施與關鍵服務，為這些企業所擁有。

在上述聲明發布後，美國負責網路和新興科技的國安顧問 Anne Neuberger，也出面提出更多說明。對於俄羅斯惡意網路攻擊的威脅，她表示，在 3 月 21 日的前一週，白宮官員已預先向 1 百多個當地企業組織，主動提供機密簡報，而後續總統拜登的正式聲明，則是向更多企業喊話，敦促面臨風險的民間企業與合作夥伴，共同強化網路安全。

Anne Neuberger 指出，在 Colonial Pipeline 遭勒索軟體攻擊事件後，白宮已經不斷要求政府部門加強網路安全，也將發現的情資提供給可能被鎖定的企業，因此，這一年來已經有一些進步，但要做的事情還很多，民間企業與關鍵基礎設施也是如此。

為了幫助可能被攻擊的機構做更好的準備，並且是希望所有人做出同樣的準備，她強調，每個機構人員都必須要知道這樣的資訊，持續保持警惕，把攻擊門檻提高，讓攻擊者更難入侵，並且是要有發現就要立刻通報。

至於有哪些美國基礎建設或產業可能遭鎖定？ Anne Neuberger 表示，目前並無法掌握具體會面對甚麼樣的網路攻擊，事實上，美國政府每天都會發現各式網路攻擊威脅，如今公布全新的情報，目的是要國內企業組織都能意識到自己的責任，以保障美國人民所依賴的關鍵機構與服務。這次並未特別指出何種類型的關鍵基礎設施，會成為目標，這是因為，所有的關鍵基礎設施都應該要加倍保護自己。

另外也重申美國的態度，並不想與俄羅斯有直接的衝突，但如果遭遇到對方攻擊，將會採取行動反擊。

國家網路安全各層面都有應盡責任，民間企業要有清楚認知

整體來看，這次白宮的警告，就是呼籲所有民間企業與關鍵基礎設施，必須加快改善國內網路安全。

而從近年一連串的動作來看，白宮的舉動已在在顯示，不只政府、產業在推動資安，企業也要跟上。

而且，這次白宮特別宣達了 8 個資安防護要點，雖然這些資安對策算是相當基本的內容，不是給予專業資安人員實務上的建議，但由白宮來公告，本身就別具意義。

這意味著，外界不能再說自己不知道該做什麼網路防禦工作，因為白宮已親自表明了確切的資安投入方向，包括：導入多因素驗證（MFA）、部署可持續偵測威脅與緩解的現代化資安工具，他們近年也一再強調，各種需落實的防護工作，像是：漏洞儘速更新修補及變更密碼、妥善備份資料、資安事件演練、妥善資料加密，並要培養員工資安意識，以及與當地政府及執法單位積極合作。至於進一步細節，企業可參考美國 CISA 提供的資源，以及資安管理框架、標準與實務指引。**文⊙羅正漢**

企業即刻該做的 8 大資安重點

美國總統拜登於 3 月 21 日示警，指出潛在網路攻擊威脅攀升的態勢，並呼籲該國民間企業與關鍵基礎設施業者，需加快改善網路安全，為了督促不夠了解資安的企業去行動，白宮也特別彙整了緊急強化資安的 8 項方針。此一作法不僅引發美國民間企業的注意，全球政府與企業也在關注，或可視為推動全體企業資安防護的借鏡與參考。

- ☑ **導入多因素驗證（MFA）**
- ☑ **部署現代化資安工具**
- ☑ **漏洞儘速更新修補及變更密碼**
- ☑ **妥善備份資料**
- ☑ **資安事件演練**
- ☑ **做好資料加密**
- ☑ **培養員工資安意識**
- ☑ **與當地政府及執法單位展開積極合作**

資料來源：美國白宮，2022年3月

資安前車之鑑
Learning From Incidents

Exchange 漏洞

2021 年 2 月底 Exchange 漏洞爆發全球災情，探究原因之一是概念驗證攻擊程式提前發生不明狀況而導致外洩。通報此漏洞的戴夫寇爾啟動全面清查，確認無外洩可能性，但除了接收通報的微軟，還有其他能取得 PoC 攻擊工具的對象

漏洞通報與情資共享要小心，有可能因外洩造成災情

在 2019 年拿下資安圈漏洞奧斯卡獎 Pwnie Awards「最佳伺服器漏洞獎」的戴夫寇爾首席資安研究員 Orange Tsai（蔡政達），漏洞通報記錄不勝枚舉，後來因為對企業常用的 SSL VPN 進行漏洞研究與通報，更是在全球資安圈中享有盛名。

然而，在 2021 年 3 月 2 日，卻發生一件令 Orange Tsai 錯愕不已的事情。那就是，他在 2021 年 1 月跟微軟通報的 2 個 Exchange 漏洞，微軟原定於 3 月 9 日對外釋出修補程式，卻突然提前一週，在 3 月 2 日便決定緊急釋出修補程式。原來這是因為，在 2 月 26 日到 2 月 28 日這段週五下班後到週末期間，全球各地發生許多利用微軟 Exchange 漏洞發動攻擊的資安事件。

電子郵件伺服器已經是許多企業對外溝通聯繫的主要命脈，當駭客透過 Exchange 漏洞的攻擊程式，可以輕易窺視並偷取企業的電子郵件，更嚴重者，甚至可能影響企業的生存。因此，這也迫使微軟對外釋出 4 個 Exchange 零時差漏洞的修補程式，不得不提前一週進行。

Orange Tsai 除了對於微軟提前一週釋出修補程式感到錯愕，更讓他不解的

攝影／洪政偉

事情則是：這個針對微軟 Exchange 郵件伺服器的攻擊程式，究竟從何而來？經歷各種搜尋後發現，這個在外面流傳的攻擊程式，為什麼和他提供給微軟的攻擊程式，相似度如此之高？

甚至於，還有許多對於資安漏洞研究與通報流程不清楚的大眾媒體，在沒有與當事人確認的情況下，將發現並通報漏洞的研究者，視為對全世界 Exchange 伺服器發動惡意攻擊的黑帽駭客，更讓他承受無比巨大的壓力。

「包括公司主管和我在內，大家已經有一個多禮拜沒有辦法好好睡一覺，每天大概只有睡 3、4 個鐘頭，睡醒第一件事情就是，看看有沒有人在推特標註他，或是有沒有人發信給他，詢問關於 Exchange 漏洞的任何疑問，就必須盡速的回應對方。」他說道。

「對一個白帽駭客而言，可以沉浸在純技術的領域中，就是最大的快樂。」Orange Tsai 在接受 iThome 專訪時表示，對他而言，漏洞挖掘這件事：找到

漏洞、通報原廠等待修補後、再分享漏洞挖掘的過程，一方面可以拯救世界，另一方面，也可以幫助這些廠商，提升產品或服務的安全性，甚至在分享漏洞挖掘思維的過程，還能同時回饋到整個資安社群。因此，對 Orange Tsai 來說，挖掘漏洞就是最有趣的工作。

關注企業 IT 產品的安全性，Orange 對 Exchange 漏洞的研究歷程從 2020 年 9 月展開

Orange Tsai 過往漏洞通報對象相當廣泛，囊括 Twitter、Facebook、Amazon 等多個國際大廠，也曾經在黑帽大會及 DEF CON 資安會議發表研究——連續三年，他都以創新的駭客思維，找到不同漏洞的串連方式，對於他如何想到這樣的漏洞串連方式，與會者都嘖嘖稱奇。他更憑著自己漏洞研究的專長，成為另類的臺灣之光。另外，從 2014 年開始，臺灣 HITCON 戰隊首度有資格出國參加 DEF CON CTF 比

2021 年 1 月向微軟通報 Exchange 漏洞的臺灣資安業者戴夫寇爾，3 月公開完整研究歷程，並澄清外界不實傳言。
圖中人物為戴夫寇爾執行長翁浩正（左）、資深產品經理徐念恩（左 3）、紅隊組長許復凱（左 2），以及首席資安研究員 Orange Tsai（右 1）。

AD Attack Path Assessment
AD 攻擊路徑模擬評估服務

奧 義 智 慧 科 技

創新
科技　整合 EDR 端點與 AD 帳號分析

智慧
預測　AI 模擬並預測不同條件下的攻擊路徑

洞悉
全貌　可視化 AD 帳號關係與管理架構

防禦
評估　AI 量化威脅邊界與評估最佳攻擊斷點

解決牽一髮動全身的 AD 安全隱憂

- ⊘ AD 整體安全分數
- ⊘ AD 物件統計分析
- ⊘ AD 攻擊路徑模擬
- ⊘ 潛在特權群組分析
- ⊘ 帳號安全性分析

Endpoint Security

程式與服務的執行狀態
作業系統的安全狀態
帳號活動的歷史紀錄

AD Account Security

帳號與物件權限關係
隱匿的特權帳號分析
AD 安全性設定評估

Attack Simulation

攻擊入侵點預測

攻擊路徑機率計算

Path Generation

MITRE ATT&CK 知識庫分析
特權帳號的攻擊影響評估

關於奧義智慧科技

奧義智慧 (CyCraft) 是世界領先的臺灣 AI 資安科技公司，於日本、新加坡、美國設有子公司，以創新技術自動化資安防護，整合 EDR、CTI、TIG 並建構新一代 AI 資安戰情中心，獲關鍵領域企業採用，占率國內第一。

2021 年入選 Gartner《大中華區 AI 新創公司指南》與 IDC《Intelligence-led Cybersecurity》等代表性案例。從端點到網路、從調查到阻擋、從自建到託管，CyCraft AIR 提供客戶主動式防禦，讓「威脅，視可而止」。

engage@cycarrier.com
+886-2-7739-0077
www.cycraft.com/zh-hant

奧義智慧官方網站

賽迄今，他更是 HITCON 戰隊中的當然成員之一。

以往，Orange Tsai 的漏洞研究，主要是針對各個業者提供的漏洞獎勵計畫（Bug Bounty Program），去挖掘產品或服務的漏洞，而通報原廠後，他就可以拿到一筆獎金，而這樣的漏洞挖掘過程相對單純，因為，提出漏洞獎勵計畫的業者，對於白帽駭客通報的漏洞都會高度重視，也樂意盡快修補漏洞，同時可以形成一個正向的循環。

不過，當 Orange Tsai 漏洞研究的領域轉向企業使用的產品後，他發現，這些企業經常使用的產品和服務，因影響範圍更深遠，對企業使用者的幫助更直接，他和同事 Meh 針對三個國際知名大廠的 SSL VPN 產品進行的漏洞研究，就是最好的例子。

當他將漏洞研究領域逐漸轉到企業產品時，開始對企業都會使用的電子郵件服務感到興趣，畢竟，每一臺郵件伺服器的背後，就有一間以上的企業；加上，電子郵件已經是所有企業標準且正式的對外溝通管道，而微軟的 Exchange 更是最常見的郵件伺服器之一。於是，他也開始將漏洞研究範圍，轉向微軟 Exchange 郵件伺服器。

2020 年 9 月，Orange Tsai 首度向微軟通報 Exchange 伺服器，有個登入後可遠端執行攻擊程式（RCE）的漏洞（編號 CVE-2020-17117），之後他就在思考：企業最常使用的微軟 Exchange 郵件伺服器，是否有其他可以繞過身分驗證的 RCE 漏洞呢？

他設身處地想著：如果惡意的黑帽駭客或是政府在背後支持的網軍，可以找到繞過身分驗證並且遠端執行攻擊程式的漏洞的話，那麼，這些入侵企業的駭客或網軍，就可以如入無人之境般的任意窺視並竊取企業內外部溝通的所有郵件內容，而只要企業或組織的機敏郵件遭到外洩，對企業或組織甚至可能產生生存危機。

因為對漏洞技術研究，抱持著這麼一點好奇，以及強大的熱情，於是，Orange Tsai 從 2020 年 10 月份起，便針對 Exchange 郵件伺服器進行更深入研究，除了要閱讀大量的文件資料與各式各樣的會議論文，也必須要能從研究者、使用者與駭客等不同角度切入，模擬思考使用者從 Exchange 伺服器登入到收發郵件的過程中，有沒有哪一個脆弱環節會讓駭客有可趁之機，藉此堂而皇之地入侵 Exchange 郵件伺服器呢？

Orange Tsai 想著，編號 CVE-2020-17117 漏洞，是個必須先登入、經過身分驗證，才能夠執行攻擊程式的漏洞，而要怎麼找到免登入、讓使用者可以躲過 Exchange 郵件伺服器身分認證的 RCE 漏洞，就是他研究的目標。

串連免驗證 SSRF 及任意寫檔漏洞，寫出一鍵擊殺 PoC 攻擊工具

歷經兩個多月的研究，在 12 月 10 日，他發現 1 個伺服器端請求偽造攻擊漏洞（Server-Side Request Forgery，SSRF），就是利用存在缺陷的 Web 應用，代理攻擊遠端和本地端的伺服器。但重點是，SSRF 的攻擊要可以繞過身分驗證，Orange Tsai 繞過身分驗證的這個研究目標，一直到 12 月 27 日才成功達標，這個漏洞通報微軟後，微軟

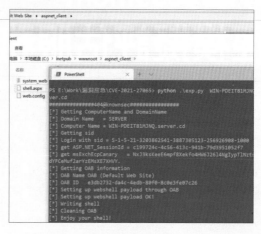

根據許多傳言指出，到了 2021 年 2 月底，在中國的地下駭客論壇上面，已出現了串連 Exchange 兩大漏洞的 PoC 攻擊工具。在 3 月 4 日，非 MAPP 成員名單的中國資安公司研究員表示，他們拿到相關攻擊工具。比起 Orange Tsai 回報附上的驗證漏洞危險性的 PoC 一鍵擊殺攻擊工具，非 MAPP 的資安廠商研究員手上的工具有很高相似度，只有一個英文字母大小寫差別，圖中是中國資安研究員公開攻擊工具的畫面。

將之漏洞編號 CVE-2021-26855。

找到繞過身分驗證的方式之後，要再找到其他的漏洞，就相對簡單，例如，他在 12 月 30 日便找到另外一個需登入進行身分驗證的任意寫入檔案漏洞（Post-Authentication Arbitrary File Write），漏洞編號 CVE-2021-27065。

有了兩個好用的漏洞，對白帽駭客而言，就是必須從攻擊的角度出發，串連不同漏洞、達到偷取 Exchange 郵件的目的，所以，Orange Tsai 便在 12 月 31 日，這個民眾紛紛外出跨年的同時，遵循業界的標準流程，寫好串連 CVE-2021-26855 漏洞和 CVE-2021-27065 漏洞的 PoC（概念驗證）攻擊程式（Exploit），這個攻擊程式帶來強大威脅之處在於，只需要點擊一個按鍵，就可以達到一鍵擊殺的效果。因為只是為了要驗證漏洞可用，他也在攻擊程式中，寫死密碼 orange，便在完成相關的英文報告與相關技術細節後，連同攻擊程式，一併在 2021 年 1 月 5 日，將他發現到的漏洞通報給微軟安全回應中心（MSRC），而微軟也在 1 月 8 日，確認 Orange Tsai 通報的兩個漏洞編號。

因為使用微軟 Exchange 郵件伺服器的使用者數量實在太多、影響範圍甚大，Orange Tsai 和微軟 MSRC 信件往返的過程中，甚至將業界 90 天完成漏洞修補慣例，延長為 120 天，戴夫寇爾更表示，會在微軟釋出漏洞修補程式後二週，才會對外公開相關的技術細節。

許多零時差漏洞是掌握在駭客與網軍手中，不會向原廠通報

由於，零時差漏洞對於許多國家級網軍而言，就是具有強大威力的網路軍火，而這些國家級網軍最大的目的，就是想要低調潛伏在企業中偷資料。因此，這些網軍即便手中擁有各家產品的零時差漏洞，為了便利網軍可以順利入侵並潛伏在企業中，這些漏洞都不會對外公開、也不會通報原廠進行漏洞修復。有些時候，我們也可以發現，有一些被視為重大的資安威脅、存在十多年才進行修復的漏洞，因此，外界根本不得而知，在過去漏洞未修補的期間，究竟如何被有心人士利用。

最明顯的例子就是，像是 2016 年在網路上出現的影子掮客（The Shadow Brokers）駭客組織，在網路上公布多個零時差漏洞，包括美國國家安全局（NSA）針對企業防火牆、防毒軟體，以及微軟產品等所擁有的漏洞。

影子掮客在 2016 年對外公布的、美國 NSA 使用的永恆之藍攻擊程式，就是利用微軟未修補的 SMB 零時差漏洞；曾經在 2017 年 5 月，對全球電腦使用者造成嚴重資安威脅的勒索軟體 WannaCry，就是利用微軟針對 SMB 零時差漏洞發動攻擊。

因此，Orange Tsai 在與微軟信件往返中，也想確認是否有其他類似的漏洞通報者。微軟在 1 月 12 日回信表示，當時，戴夫寇爾是唯一的漏洞通報者，但他也深知，沒有向微軟通報的漏洞，不表示這個漏洞不存在，也有可能是掌握在其他駭客或網軍手中，對於「撞洞」的可能性，他也不會輕忽。

2021 年 2 月底 Exchange 面臨第二波漏洞濫用攻擊

微軟一直到 2 月 27 日回信的內容中，都仍確定會如期在原訂的 3 月 9 日定期更新的時間點，釋出 Exchange 漏洞修補程式。不過，2 月 27 日到 28 日週末時間，全球資安公司觀察到許多針對微軟 Exchange 的攻擊流量，相較有其他資安公司在 1 月初，便觀察到針對 Exchange 的攻擊流量，這波 2 月底的攻擊，則視為第二波攻擊。而這次的攻擊行動，也打亂了微軟漏洞修補程式的進度。

Orange Tsai 在 3 月 2 日睡醒後，收到微軟寄來的兩封信件，第一封信正式告知，微軟必須提早釋出 Exchange 郵件伺服器漏洞修補程式，來不及撰寫技術部落格，同時告知戴夫寇爾揭露的漏洞編號為：CVE-2021-26855 和 CVE-2021-27065，而且，微軟希望在他們公布修補程式之前，不要在推特或其他地方提到相關資訊。

第二封信則在第一封信的半小時後寄到戴夫寇爾手上，微軟正式向他們告知，可以公開相關建議文章或網站，也就是戴夫寇爾針對 Exchange 漏洞成立的 ProxyLogon 網站。

包括 Orange Tsai 在內，戴夫寇爾的同仁在和其他國內外資安研究員私下討論與聯繫的過程中，共通的疑問都是，造成這波全球恐慌的 Exchange 攻擊程式，到底從何而來？這個網路流傳的攻擊程式，類似 Orange Tsai 在 1 月 5 日提供給微軟、驗證串接編號 CVE-2021-26855 和 CVE-2021-27065 微軟漏洞可行的攻擊程式。

為了自清，戴夫寇爾也在 3 月 3 日，全面清查內部所有儲存系統和個人電腦的 Log（登錄檔），確認是否有異常登入現象；也和第三方資安業者合作，請他們提供工具，再針對內部個人電腦與儲存系統查驗是否有異常情況。在 3 月 5 日完成全面清查後，戴夫寇爾確認該公司儲存系統和個人電腦都沒有任何遭駭的跡象。

面對外界有媒體傳言，微軟將調查戴夫寇爾是否遭駭一事，戴夫寇爾執行長翁浩正也正式提出澄清。他說，與微軟互動中，微軟並沒有提及任何要調查該公司是否遭駭一事，微軟做的，只有感謝 Orange Tsai，因為他可以找到影響深遠的 Exchange 郵件伺服器漏洞，並願意通報微軟進行漏洞修復。

面對相關傳言，翁浩正坦言，甚至已經有平日合作的企業夥伴，看到臺灣媒體的報導後，感到疑慮，而這也讓該公司承受其他原本不需要承受的壓力。

隱形 MAPP 成員可提前拿到微軟公布漏洞細節和攻擊工具

追查攻擊工具的來源，除了漏洞發現者 Orange Tsai 外，還有收到通報的微軟 MSRC。但根據華爾街日報的報導，有權拿到相關漏洞資訊的單位，還有一個微軟在 2008 年推出的「主動防禦計畫（Microsoft Active Protections Program，MAPP）」的 64 家資安防毒與 IPS 和 IDS 業者。

事實上，參與 MAPP 成員會依照和微軟合作密切程度不同，這些公司可以在微軟釋出漏洞修補程式之前，「提前」收到微軟針對該次漏洞修補的技術細節。根據華爾街日報報導，某些有權提前取得漏洞技術細節的 MAPP 成員，極有可能在 2 月 23 日，就提前拿到 Exchange 漏洞細節與攻擊工具，並在分享時走漏風聲，導致不應該外洩的 PoC 攻擊工具外洩。

不具名資安專家匿名表示，在微軟 3 月 2 日釋出修補程式前二小時，他們已經拿到該次 Exchange 零時差漏洞的技術細節，包含 PoC 攻擊工具在內。

另外，也有許多傳言可呼應這項猜測，例如，關於 Orange Tsai 提供給微軟 PoC 攻擊工具，在 2 月下旬，已經

出現在中國地下駭客論壇四處流竄。目前，在 3 月 4 日，某位中國資安研究員公開的推特也發現，該公司並非 MAPP 成員，已經掌握能夠串接 CVE-2021-26855，以及 CVE-2021-27065 這兩個漏洞的攻擊程式（Exploit）。

Orange Tsai 表示，他也認真看了這個在推特公開攻擊程式的程式碼，他發現，這和他提供給微軟的攻擊程式相似度極高，差別在於：該攻擊程式有中國公司的名稱，而程式碼中，則有一個英文字母大小寫的差異。

對於戴夫寇爾而言，這個驗證微軟 Exchange 漏洞有效的 PoC 攻擊工具，目的只是為了證明通報漏洞的高危險性，如果該公司要利用攻擊工具做壞事，根本不需要向微軟通報相關的零時差漏洞。

而面對外界不合邏輯的惡意指控，翁浩正猜測，不乏有某些業者見縫插針、落井下石的不當商業競爭行為。

2021 年 1 月初和 2 月底的攻擊，可能來自兩群不同的駭客

此外，戴夫寇爾在 1 月 5 日向微軟通報 Exchange 漏洞之後，有一家資安公司 Volexity 在 3 月 2 日於部落格發文，表示他們在 1 月 3 日就已經觀察到利用 SSRF 漏洞的攻擊流量；而到了 2 月底，Volexity 又看到另外一波更大規模針對 Exchange 伺服器的攻擊。

在此同時，關於 1 月初及 2 月底鎖定 Exchange 伺服器漏洞的網路攻擊，微軟也指控這些都是由中國政府支持的網軍 Hafnium 所發動的攻擊。

不過，資安業者 FireEye 在 3 月 4 日則在部落格發文表示，在 2 月底、3 月初的 Exchange 攻擊事件中，他們發現了 China Chopper 的 WebShell 片段；而 FireEye 執行長 Kevin Mandia 在 3 月 9 日接受媒體訪問時也直言，針對 Exchange 的第二波攻擊，始於 2 月 26 日，與 1 月份手法細膩、行徑更偷偷摸摸的中國網軍攻擊模式相比，兩者的行事風格可說是大不相同，同時，他更直接提出推測：第二波 Exchange 的攻擊，很有可能是未經政府授權的駭客組織所發動的大規模攻擊。

Orange Tsai 表示，他針對微軟 Exchange 所撰寫的攻擊概念驗證程式，直到 2020 年 12 月底才完成。事實上，有一家資安業者 DomainTool 於 3 月 10 日發表部落格文章表示，在 2020 年 11 月便曾經觀察到外界有某些駭客組織，已經利用微軟 Exchange 的 SSRF 漏洞發動攻擊。

因此，他推測 2021 年 1 月通報微軟的 SSRF 漏洞，其實，早就是其他駭客組織或是網軍手中掌握的網路武器，只不過，他後來也發現到類似的 SSRF 漏洞罷了。

戴夫寇爾資深產品經理徐念恩表示，這次 Orange Tsai 所發現的 2 個漏洞，牽涉到微軟 Exchange Server 2013、2016 和 2019 這三個市面上最通用的版本，而更早之前，可以不用進行身分驗證，就可以遠端執行攻擊的 RCE 漏洞，則是由美國影子掮客駭客組織在 2016 年所外洩的，這原本是由美國國安局（NSA）網路秘密攻擊組織：方程式（Equztion Group）秘密掌握、主要針對微軟 Exchange 2003 的漏洞而來。

由此可見，微軟 Exchange 伺服器的漏洞影響的範圍相當深遠，才會使得相關攻擊工具不明原因外洩，造成這麼大的風波。

而這次戴夫寇爾發現的 ProxyLogon 漏洞，因為不用身分驗證加上可以遠端執行任意指令的 RCE 漏洞，在在證明，企業郵件伺服器的安全，已經是企業資安的重中之重。文⊙黃彥棻

微軟 Exchange 郵件伺服器漏洞研究與揭露時間一覽

日期	內容	日期	內容
2020 年 9 月 23 日	戴夫寇爾首席資安研究員 Orange Tsai：回報微軟 Exchange 電子郵件伺服器漏洞，登入伺服器之後，能夠從遠端執行攻擊程式（RCE），而此漏洞的編號為 CVE-2020-17117。	2020 年 12 月 10 日	戴夫寇爾表示：發現 SSRF（Server Side Request Forgery，伺服器請求偽造）漏洞，編號 CVE-2021-26855。
2020 年 10 月 1 日	Orange Tsai 表示：經過深入研究微軟 Exchange 伺服器漏洞之後，希望能夠找出躲過身分認證程序的遠端可執行攻擊程式（RCE）。	2020 年 12 月 27 日	戴夫寇爾表示：找到 SSRF 繞過認證的方式，編號 CVE-2021-26855。
		2020 年 12 月 30 日	戴夫寇爾發現需登入的任意寫入檔案漏洞（Post-Authentication Arbitrary File Write），編號 CVE-2021-27065。
2020 年 11 月初	DomainTool 發現了利用 SSRF 漏洞的網路攻擊流量（DomainTool 在 2021 年 3 月 10 日公開發文）	2020 年 12 月 31 日	戴夫寇爾寫出一鍵擊殺 PoC 攻擊程式 Exploit，可串接編號 CVE-2021-26855 和編號 CVE-2021-27065 漏洞，發動遠端執行攻擊（RCE）
2020 年 12 月 8 日	微軟修復戴夫寇爾通報的登入後可以遠端執行攻擊程式（RCE）漏洞，編號 CVE-2020-17117。	2021 年 1 月初	FireEye Mandiant 發現有網軍利用 Exchange 漏洞發動攻擊（FireEye 在 2021 年 3 月 4 日發文公開）

2021 年 1 月 3 日	Volexity發現網路間諜利用編號CVE-2021-26855發動SSRF第一波mail dumping的攻擊（Volexity在2021年3月8日部落格發文，更正了攻擊時間）
2021 年 1 月 5 日	戴夫寇爾回報微軟SSRF（編號CVE-2021-26855）和任意寫檔漏洞（編號CVE-2021-27065），並附上完整的PoC攻擊程式 Orange Tsai在推特發文：Just report a pre-auth RCE chain to the vendor. This might be the most serious RCE I have ever reported! Hope there is no bug collision or duplicate
2021 年 1 月 6 日	微軟MSRC回覆戴夫寇爾，表示他們已經收到通報的2個漏洞資訊，微軟案號MSRC case 62899和MSRC case 63835
2021 年 1 月 8 日	微軟回信給戴夫寇爾，確認編號CVE-2021-26855和編號CVE-2021-27065漏洞是嚴重的風險
2021 年 1 月 11 日	戴夫寇爾詢問微軟，希望在120天提供漏洞修補程式，之後，戴夫寇爾才會公開相關技術細節，也詢問是否有其他研究者找到類似的攻擊手法。
2021 年 1 月 12 日	微軟回信給戴夫寇爾，確認將在120天內提供修補程式。 微軟確認，戴夫寇爾目前是唯一通報相關漏洞的通報者，沒有撞洞。
2021 年 1 月 18 日	荷蘭資安業者Dubex發現有駭客利用反序列化漏洞（漏洞編號CVE-2021-26857）針對用戶端Exchange郵件伺服器發動攻擊。
2021 年 1 月 25 日	戴夫寇爾註冊ProxyLogon網站，用來說明Exchange漏洞。
2021 年 1 月 27 日	荷蘭資安業者Dubex通報微軟，有駭客利用Exchange新漏洞發動攻擊。
2021 年 2 月 2 日	戴夫寇爾發信詢問微軟修補程式進度。 微軟MSRC當天回信給戴夫寇爾，將修補程式拆分成幾個部分進行檢視中，確定可以在120天完成漏洞修補。 Volexity警告微軟有駭客集團利用Exchange未知漏洞發動攻擊。
2021 年 2 月 8 日	微軟回報Dubex，微軟內部升級他們通報的漏洞。
2021 年 2 月 12 日	微軟主動寫信詢問他們對漏洞發現者須註明的方式，以及是否會在修補程式發布後，公開更多細部資訊的技術部落格文章。
2021 年 2 月 13 日	戴夫寇爾回覆，因為這個漏洞很嚴重，為了讓企業有更多修補時間，會在微軟釋出修補程式後二週，才在技術部落格公開更多技術細節，會公布ProxyLogon網站。
2021 年 2 月 18 日	戴夫寇爾詢問編號CVE-2021-26855和編號CVE-2021-27065漏洞修補時間為3月9日，並提供ProxyLogon網站草稿請微軟提供建議。 微軟與戴夫寇爾確認，將於3月9日釋出Exchange修補程式。
2021 年 2 月 23 日	微軟針對主動防禦計畫（MAPP）的64家防毒、IDP與IPS業者，依據和微軟合作程度深淺，最早於本日提供Exchange漏洞技術細節及PoC攻擊工具，最晚則是修補程式釋出前5小時拿到相關資訊。
2021 年 2 月 26 日	1、KrebsOnSecurity報導，駭客開始無差別、大規模利用Exchange漏洞發動攻擊 2、FireEye認為，第二波攻擊始於2月26日，與1月份中國網軍針對式攻擊模式不同，可能是未經授權的駭客組織發動大規模攻擊（FireEye執行長Kevin Mandia於3月9日受訪時表示）
2021 年 2 月 27 日～2 月 28 日	有多家資安公司表明，他們發現大量攻擊微軟Exchange郵件伺服器的流量。
2021 年 2 月 27 日	微軟回信，將於3月第二個星期二（3月9日）釋出漏洞修補程式，也會同步撰寫更多技術細節部落格，解釋漏洞風險，並徵求戴夫寇爾同意，在技術部落格提及戴夫寇爾。
2021 年 2 月 28 日	戴夫寇爾同意微軟可以提及該公司的建議 華爾街日報報導，網路上出現第二波Exchange攻擊流量
	戴夫寇爾收到2封信，第一封正式告知須提早釋出漏洞修補程式，來不及撰寫技術部落格，告知戴夫寇爾漏洞編號為CVE-2021-26855和CVE-2021-27065，微軟希望在公布修補程式前，不要在推特或其他地方提到相關資訊；第二封信則在半小時後發出，告知戴夫寇爾可公開ProxyLogon網站。
2021 年 3 月 2 日	1、微軟提前修補4個微軟Exchange郵件伺服器零時差漏洞： A、漏洞編號CVE-2021-26855一免認證的SSRF（Server Side Request Forgery，伺服器請求偽造漏洞），是這次核心漏洞 B、漏洞編號CVE-2021-26857一身分驗證後，能以SYSTEM身分來執行任意指令 C、漏洞編號CVE-2021-26858一身分驗證後，可以執行檔案任意寫入的漏洞，攻擊者能利用該漏洞，將內容寫入受害系統的任何可訪問部分 D、漏洞編號CVE-2021-27065一身分驗證後，可以執行檔案任意寫入的漏洞 2、微軟修補的版本為：微軟Exchange 2013年、2016年和2019年版 3、微軟資安威脅情資中心（MSTIC）宣稱中國網軍Hafnium已利用此漏洞攻擊內網部署的Exchange，鎖定非政府組織。
2021 年 3 月 3 日～3 月 5 日	戴夫寇爾為了自清，表達並未遭駭或外洩攻擊工具的狀態，3月3日開始進行內部調查，確認各種研究存取和相關電腦與系統的安全性，並委請第三方資安公司提供工具，清查內部電腦，確認未遭到駭客入侵或存在任何惡意程式，並於3月5日完成調查。

2021 年 3 月 3 日	國土安全部CISA發布微軟Exchange漏洞有關的緊急指令21-02，作為政府機關漏洞修復具體指引。
2021 年 3 月 4 日	1、白宮國家安全顧問Jack Sulivan推特表示，儘速修補微軟Exchange郵件伺服器漏洞很重要，且要偵測該郵件伺服器是否已經遭駭。 2、微軟資安威脅情資中心（MSTIC）釋出偵測中國Hafnium駭客集團的腳本程式。 3、FireEye部落格發文指出，在3月初的Exchange攻擊事件，發現China Chopper的WebShell片段。 4、中國資安研究員在推特公開串連微軟漏洞編號CVE-2021-26855和CVE-2021-27065的PoC攻擊工具。
2021 年 3 月 5 日	Orange在推特表示：「I know there are lots of people waiting for the recent Microsoft Exchange pre-auth RCE on our side. This is a short advisory and detailed timeline. https://proxylogon.com」正式對外公開ProxyLogon網站。 確認在外流傳的第二波Exchange一鍵擊殺攻擊程式，與戴夫寇爾提供給微軟的攻擊程式，具有極高相似度。 1、微軟資安回應中心（MSRC）釋出了Exchange郵件伺服器漏洞修補指南 2、白宮新聞秘書Jen Psaki在現場簡報中，關注攻擊規模大小 3、KrebsOnSecurity 部落格宣稱，美國有超過3萬家企業、被成千上萬個駭客入侵企業的Exchange郵件伺服器，並被安裝後門程式
2021 年 3 月 6 日	美國CISA發現，國內外廣泛利用微軟Exchange漏洞，要求微軟提供IOC檢測工具，並掃描Exchange郵件伺服器日誌確認損害範圍
2021 年 3 月 7 日	微軟針對Exchange伺服器零時差漏洞釋出了惡意web shell的偵測工具，並將其整合在Windows安全工具Microsoft Safety Scanner（MSERT）
2021 年 3 月 9 日	微軟宣稱，全球Exchange郵件伺服器當中，仍有10萬臺至40萬臺，尚未完成漏洞修補的程序。
2021 年 3 月 10 日	1、資安研究員MalwareTech在GitHub公布微軟Exchange漏洞的PoC攻擊程式，隨後遭到微軟的刪除。 2、資安公司ESET表示，至少有10個APT組織，正在利用微軟Exchange的漏洞發動攻擊。
2021 年 3 月 11 日	微軟寫信詢問戴夫寇爾，希望戴夫寇爾晚點公布相關技術部落格，公布的時間「越晚越好」 RiskIQ發文表示，全球尚未完成漏洞修補的Exchange郵件伺服器，仍有82,731臺。
2021 年 3 月 12 日	Orange Tsai推特表示：「The exploit in later Feb looks like the same, the exploited path is similar (/ecp/<single char>.js) and the webshell password is "orange" (I hardcoded in the exploit…)」 ID Ransomware網站主持人資安研究員安全研究人員Michael Gillespie收到Exchange郵件伺服器遭到勒索軟體感染樣本DearCry，受駭者來自美國、澳洲和加拿大等地。
2021 年 3 月 15 日	微軟釋出微軟Exchange漏洞的一鍵緩解工具（EOMT），可以緩解因漏洞編號CVE-2021-26855漏洞帶來的安全威脅，並且可以清楚由已知威脅所造成的變更。
2021 年 3 月 16 日	RiskIQ發文表示，尚未完成漏洞修補的全球Exchange郵件伺服器為69,548臺。

首屆國際級工控資安評測出爐，資策會率先參與，盼能帶動 OT 資安發展

為推動工控資安產品的進步與發展，MITRE Engenuity 舉辦了首屆 ATT&CK for ICS 評估計畫，並以 2017 年的 Triton 事件為攻擊設想，共有 5 家業者與機構參加，2021 年 7 月中旬評測結果已經公布。我國資策會也參加，希望汲取經驗推展國內業者投入工控資安並進軍國際市場

近幾年以來，MITRE 所發展的 ATT&CK 已成為企業關注的資安攻防框架，這項專案逐漸擴大，甚至為此成立了公司 MITRE Engenuity，專門負責 ATT&CK 評估計畫的執行。

因應 OT 資安需求，MITRE 舉辦 ATT&CK Evaluations for ICS，以 2017 年造成沙烏地阿拉伯石化設備受害的 Triton 事件為攻擊假想，在一連串模擬攻擊當中，用 ATT&CK for ICS 的 17 個手法進行驗證，基本上，這是 MITRE Engenuity 首次發起針對工控領域評測，有 5 家業者與機構願意配合加入。

這段期間除了大眾熟知的 ATT&CK for Enterprise 完成三輪評估，臺灣資安業者趨勢科技與奧義智慧兩度連續參加，特別的是，首度針對工控資安領域的 ATT&CK for ICS 評估計畫，其驗證的結果也在 2021 年 7 月中旬正式出爐，展現了各業者產品對於 Triton 系列威脅的偵測能力。

面對 OT 資安威脅，相關產品與解決方案正受全球重視，少見的是，我國資訊工業策進會（資策會）並非商業化產品業者，也以驗證研發能量與取經心態參加。由於國內也有一些資安業者投入工控資安產品研發，未來若能大膽參與這類計畫，或將成為進軍國際的契機，成為日後關注焦點。

專為 ICS 領域的資安評估所設，有 5 家業者與機構參賽

對於日益嚴峻的工控系統安全領域，

MITRE 在之前已經提出 ATT&CK for ICS，希望建立相關攻擊知識庫來幫助防禦，但直到 2020 年 1 月，他們才正式發布其攻擊矩陣與知識庫。

接下來，MITRE 持續擴大評估領域，到了 2020 年 5 月，他們宣布新的資安計畫 ATT&CK Evaluations for ICS。

推動這項資安評估計畫進行的同時，MITRE 希望能夠藉由對應 ATT&CK 定義攻擊手法而成的模擬攻擊，評估各產品對於工控環境威脅的偵測能力，也幫助這類領域資安業者提高安全性。

在首屆針對 ICS 領域的資安評估計畫中，攻擊的設想是 2017 年造成沙烏地阿拉伯石化設備受害的 Triton 事件，評估內容可說是貫穿了一系列基於網路與主機的檢測技術。

基本上，在這次評測環境中，是由主辦方 MITRE Engenuity 建立虛擬工廠，模擬完整的鍋爐運作控制環境，當中有

2 套關鍵系統，包含控制器與製程安全系統，該環境使用 Rockwell 設備，建立製程安全系統（SIS）的環境。因此，評測環境非原本 Trisis 攻擊的 Triconex 系統，但整體攻擊手法其實類似。

首屆參加者有 5 位，包括微軟，以及 Armis、Claroty、Dragos 等廠商，來自臺灣的資策會，也以自行研發的工業物聯網威脅偵測系統（ICTD）參加。

雖然，本次 ICS 評測的參賽者不多，但從最早針對企業的 ATT&CK 評測來看，一開始只有 7 家業者有意願參加，第三輪則已增加到 29 家業者。因此，儘管 ICS 領域的資安產品多是這五、六年來興起，但在關鍵基礎設施的安全議題備受關注之際，日後，應該會有更多 ICS 與 OT 安全業者響應。

關於這次執行的 ICS 資安評估計畫，MITRE Engenuity 在 7 月中旬公布結果。具體而言，以 Triton 為攻擊設想的

這次評測總共採用 ATT&CK for ICS 中的 17 個攻擊技術手法。

在整體評測過程中，主辦方將流程分成 25 大攻擊步驟，以及 102 個攻擊測試項目，而針對每個攻擊細項偵測結果，主辦方也延續之前 ATT&CK Evaluations for Enterprise 所用的方式，透過 N/A、無偵測（None）、遙測（Telemetry），以及有效偵測的 General、Tactic 與 Technique 來展現。

因此，從評測結果中，可讓產品受測方與外界都能清楚了解解決方案能耐，在一連串攻擊過程中，看到資安產品在偵測廣度與深度上的表現。

驗證自身技術能量之餘，更希望帶動國內 OT 資安邁向國際

不同於其他工控資安業者，為何國內法人機構會參與 ATT&CK for ICS 這項國際性評測，外界也很好奇。

事實上，對於製造業工廠潛藏的資安風險，經濟部技術處近年就以科技專案方式，提供資源給資策會投入資安科技研發。目前資策會資安所已有相關成果出爐，他們打造出一款工業物聯網威脅偵測系統。

關於這次參與評測的動機？我們連繫資策會資安所技術總監張文村，他表示，資安所在工控資安議題的研究已 3 年多，加上國內業者在工控資安解決方案的發展也相對較少，因此他們打算藉由這樣的機會，除了驗證自身的技術能量，同時希望也吸取相關經驗。

張文村表示，他們是在 2020 年 6 月，得知這項國際級的工控評測活動將要舉辦。當時，他們新的工控資安計畫處於專案開始階段，正在思考如何延續過往技術基礎，結合業者需求，並透過實務場域來驗證，而在經濟部技術處的資源挹注下，除了以科技專案支持法人單位進行研發，在其他相關計畫中，也有啟

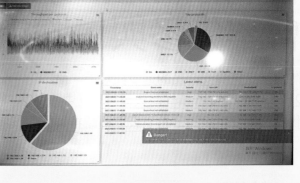

政府積極推動「資安即國安」，也希望能夠扶植更多資安新創公司，以活絡臺灣的資安產業發展。例如，在2022年1月，由資安會資安所獨立而成的新創公司：「台灣資安鑄造」公司，東元集團的東亨創投及矽谷創投，都有意投資。

台灣資安鑄造公司目前公布的發展目標，主要是打造與國內資安業者協同合作的資安監控平臺，鎖定醫療、電子商務，以及高科技製造業的供應鏈業者，提供相關的資安健檢、資安事件通報處理，以及合規報告等服務。

而原先資策會資安所打造的工業物聯網威脅偵測系統（ICTD），現也成為台灣資安鑄造公司的成果，特別的是，在2021年12月舉行的台北國際自動化工業大展上，我們也看到東元科技已經對外展示這套系統。文⊙黃彥棻、羅正漢

動國際認證，以及協助業者進軍國際市場的規畫，再加上當時 ATT&CK Evaluations for Enterprise 已舉辦兩輪，因此，他們認為，從國內外業者的參與情形來看，不管是在國際上的能見度，以及技術能量評量的公正性，都是可以借重的經驗與機會。

不過，他們也表示，以自身屬於財團法人的身分而言，並不適合發展產品，主要還是聚焦在技術與工具的開發。此外，他們希望，將評測活動經驗提供為培訓與推廣教材，並與本土業者進行交流。言下之意，主要是希望能幫助降低國內業者投入 OT 資安的門檻，並輔導業者進軍國際。

甚至，他們也期望在臺灣建立類似的小型評測環境，幫助國內 OT 領域資安產品與技術的初步驗證，藉此促進本土產業的發展。

至於首屆針對 ICS 的 ATT&CK 評測，是如何進行？張文村表示，受到全球疫情影響，原定是參加團隊與防禦系統要一同到主辦單位現場評測，改為僅

寄送設備與系統過去，再由主辦單位安裝至標準攻防驗測環境，以線上方式來評測以及互動。

關於這次評測過程的經驗，若以偵測來源來看，主要有三個面向，包括：Windows log、網路流量與 PLC log。張文村認為，他們的白名單偵測機制，在工控環境很有成效，並採用 AI 異常分析技術，特別的是，由於工控領域未知協定太多，今年他們也聚焦於逆向工程為基礎的協定關鍵特徵萃取。

而他們也從這樣的國際評測過程當中，學到不少事情。

基本上，資策會的這套 ICTD 系統隸屬研發計畫，產品化的經驗較為不足，因此，他們參賽時面臨到一些挑戰。例如，在遠距狀況下，首先要確保對方都能會安裝與使用；再者，對於檢測結果在操作介面的具體呈現上，為了佐證，也令他們團隊花上不少力氣與測試方溝通，像是很多評分除了要跳出警告之外，還要有自動化關聯，以呈現所識別的何種惡意行為。文⊙羅正漢

SIP
Security Intelligence Portal
全方位資安智慧平台

設備
Windows設備
Linux 設備
IoT設備

人員資產
本機帳號
網域帳號
權限群組
群組原則

自動收集盤點
風險資料整合
外部情資

軟體資產
應用軟體
系統軟體
開發工具
套裝軟體
電腦作業系統

設備可視
風險透明

e-SOFT
全方位資安智慧平台

自動矯正

風險資產
快速辨識

資安漏洞
自我評量

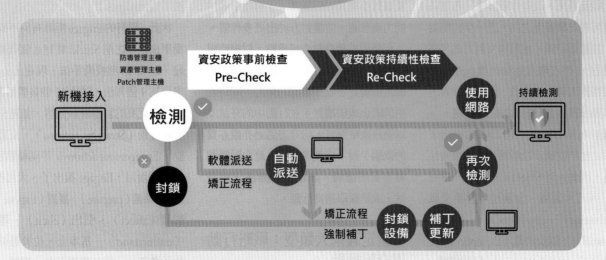

防毒管理主機
資產管理主機
Patch管理主機

資安政策事前檢查 Pre-Check
資安政策持續性檢查 Re-Check

新機接入
檢測
使用網路
持續檢測

封鎖
軟體派送
矯正流程
自動派送
再次檢測

矯正流程
強制補丁
封鎖設備
補丁更新

精準落實　資安治理

資安防禦知識庫 MITRE Engage 崛起，聚焦交戰、拒絕與欺敵領域

MITRE 發布新版資安知識庫，決定將先前提出的主動式防禦知識庫 MITRE Shield，
更名為 MITRE Engage，並宣告正式版本將在秋季發布，新版內容較簡化，
而框架採用的術語也有變動，同時提出戰略與交戰行動，並統整 5 大目標、9 大方法及多項具體活動

近兩三年來，在資安界有一套框架當紅，那就是 MITRE ATT&CK 框架，將現實駭客組織入侵技術彙整成攻擊知識庫，而為了扭轉企業面對攻擊經常處於被動的局面，在 2020 年 8 月，MITRE 公布主動式防禦（Active Defense）的資安知識庫，將其命名為 MITRE Shield，希望幫助企業組織成為更好的防守者，後續 MITRE 將它重新定名為 MITRE Engage，並在 2022 年 3 月正式發布 V1 版本。

簡化框架內容，聚焦在交戰、阻斷、欺敵等三大主軸

基本上，過去的資安攻防，只能任由攻擊者選擇時間、地點與交戰方式，而 MITRE Engage（Shield）的目的，則是希望能反過來，改善作戰計畫，希望防守者可在防禦範圍之內，進一步控制對手，並影響時間、地點與交戰方式，在此過程，與攻擊者互動抗衡，並學習與觀察對方使用的手法，阻絕攻擊者，使其無法摸索企業組織的防禦環境。

關於名稱的變更，MITRE 也提出了解釋。他們從資安社群得到許多技術性意見，因此，將 Shield 架構簡化，專注在下列三大領域，分別是：對手交戰（Adversary Engagement）、阻斷（Denial），以及欺敵（Deception）。相較之下，過去 MITRE Shield 的定義，其實還包括網路安全防護的構面。

圖片來源／MITRE

與舊版 MITRE Shield 相比，新的 MITRE Engage 將更聚焦在對手交戰、阻斷與欺敵的領域，同時也提出更具體的畫分，包括戰略目標與交戰目標。

而 Engage 的目的將更為明確，聚焦於與對手交戰的策略與技術，並彙整成更有計畫與執行力的戰略與具體活動，對於民間企業、政府機構，以及供應商組織等，都可以帶來幫助，做到更主動的資安防護。

關於三大主軸的定義，根據 MITRE 的說明，以交戰的方式而言，是結合了拒絕與欺騙，讓對手在網路攻擊行動上，變得成本增加及價值降低，目標是要讓對手與其弱點暴露，了解攻擊者的能力與意圖，並讓對方付出更多代價。

阻斷與欺敵自然也是重點。以網路阻斷而言，是阻止對手收集情報的能力，或是削弱對手收集情報的努力，同時也用於阻止或破壞對手在行動中的嘗試；以網路欺敵而言，防守方透過亦虛亦實的欺騙手段，來誤導對手，藉由隱瞞關鍵事實與虛構，讓攻擊者無法正確評估，或是採取適當行動。

重新定義兩大類型：戰略行動與交戰行動

除了簡化其範圍，讓 Engage 框架內容更明確，MITRE 為了消除歧義，因此框架中的項目也有一些變動調整。

例如，在 ATT&CK 矩陣提到的攻擊戰術流程，如 Tactics、Techniques 等，在 Engage 矩陣當中，將會採行不同的術語。

例如，Engage 在術語上，用「方法（Approaches）」替代 ATT&CK 所用的「戰術（Tactics）」，同時，也以「活動（Activities）」替代 ATT&CK 的「技法（Techniques）」。

因此，現有的 Engage 矩陣有何不同？簡單來說，之前 Shield 具有 8 個戰術階段，以及 36 項技術手法，現在 Engage 畫分為 9 個方法，以及 41 個具體活動，還新增更高的目標層級內容，並區分為戰略行動（Strategic actions）、交戰行動（Engagement actions）等兩種類別。

具體而言，Engage 擬出了 5 大目標，包含：準備（prepare）、暴露（Expose）、影響（affect）、引出（elicit）、理解（understand）。基本上，位於最前面的「準備」，以及最後面的「理解」項目，其實，就是戰略行動的目標，至於

中芯數據 Cyber Defense Center
作為您企業內部資安團隊的延伸，協助企業共同防禦進階威脅。

我們的目標消除威脅一氣呵成

企業唯有選擇IPaaS『零誤判』真正嗅到『攻擊意圖』

讓您的安全維運免於誤報的負擔，真正做到

【加速事件檢測和應變時間】與【縮短駭客入侵停留的時間】

Identify 辨識 | Protect 保護 | Detect 偵測 | Respond 回應 | Recover 復原

NGAV + EDR　　　Threat Hunting + IR

MDR (IPaaS)

馬上訂閱 ・ 即時有效

立即阻止已知 & 阻斷正在進行的威脅及未來的威脅

【即時通報】感知攻擊行為和意圖

突破傳統被動防禦的安全理念

【一鍵清除】預測入侵者的攻擊意圖

並一鍵消除後續可能出現的威脅

安心應變 On-Call IR 隨叫隨到

當您的環境中發生資安事件升級時，中芯數據會指派一位經驗豐富的資安

顧問盡一切努力讓您重新獲得控制權。

IPaaS

意圖威脅即時鑑識服務

< 5min 從發現到處理，一次到位。

主動 > 查找 > 清理

即時分析所有告警　　通報當下立即提供　　一鍵清除惡意程式
主動通報惡意程式　　未知惡意程式路徑　　隨時諮詢詳細狀況
　　　　　　　　　　未知惡意中繼站

奪回你的控制權！
立即前往鑽石級超級品牌網站
了解更多Tech Demo 精彩內容

攤位編號L01
超級品牌

中芯數據股份有限公司
代表專業 02 6636-8889＃134
用戶服務諮詢 0809 016 818
www.corecloud.com.tw

MITRE Engage 矩陣一覽

行動類型	戰略行動	交戰行動							戰略行動
目標	準備	暴露		影響			引出		理解
方法	計畫	收集	偵測	防護	引導	中斷	再保證	動機	分析
具體活動	6種	4種	4種	5種	9種	4種	8種	7種	3種

資料來源：MITRE，iThome整理，2021年9月

Prepare	Expose		Affect			Elicit		Understand
Plan	Collect	Detect	Prevent	Direct	Disrupt	Reassure	Motivate	Analyze
Cyber Threat Intelligence	API Monitoring	Introduced Vulnerabilities	Baseline	Attack Vector Migration	Isolation	Application Diversity	Application Diversity	After-Action Review
Engagement Environment	Network Monitoring	Lures	Hardware Manipulation	Email Manipulation	Lures	Artifact Diversity	Artifact Diversity	Cyber Threat Intelligence
Gating Criteria	Software Manipulation	Malware Detonation	Isolation	Introduced Vulnerabilities	Network Manipulation	Burn-In	Information Manipulation	Threat Model
Operational Objective	System Activity Monitoring	Network Analysis	Network Manipulation	Lures	Software Manipulation	Email Manipulation	Introduced Vulnerabilities	
Persona Creation			Security Controls	Malware Detonation		Information Manipulation	Malware Detonation	
Storyboarding				Network Manipulation		Network Diversity	Network Diversity	
Threat Model				Peripheral Management		Peripheral Management	Personas	
				Security Controls		Pocket Litter		
				Software Manipulation				

圖片來源／MITRE

「暴露」、「影響」、「引出」則是屬於交戰行動的目標。

同時，MITRE 在 5 大目標之下，重新統整出 9 類交戰方法，依序是：準備項目的計畫（Plan），暴露項目的收集（Collect）、偵測（Detect），影響項目的防護（Prevent）、引導（Direct）、中斷（Disrupt），引出項目的再確保（Reassure）、動機（Motivate），以及理解項目的分析（Analyze）。

至於在各種交戰方法之下，我們可採取哪些具體活動？

以戰略行動的計畫方法而言，目前MITRE 提出 9 種具體活動，而以交戰行動而言，可歸為 23 種具體活動，累計起來共 41 種。

以暴露項目的「收集（Collect）」為例，包含：API Monitoring、Network Monitoring、Software Manipulation、System Activity Monitoring，有 4 種具體活動。至於戰略行動的分析方法，則有 3 種具體活動。

整體而言，新的 MITRE Engage 不僅將策略與技術這樣的術語，更改為方法與活動，內容現在也變得更為聚焦，因此具體活動的項目減少了，同時也去除

使用情境與機會空間的概念，不過另外增加對手漏洞的概念。

如何使用 MITRE Engage ？

MITRE Engage 框架如何使用也成為廠商與企業關注的焦點。根據 MITRE 的說明，對於企業資安負責人而言，可了解如何阻斷、欺敵與對手交戰，並將其融入企業網路安全戰略；而對於資安相關的廠商而言，也可將這框架用於了解自家網路欺敵工具，與 Engage 活動保持一致。文⊙羅正漢

主打防禦的網路安全新框架：MITRE D3FEND

在2021年6月，MITRE還新推出了一個名為MITRE D3FEND的資安框架，這是美國國安局（NSA）資助的研究項目，目前是處於早期發展階段，目的是期望透過這個框架，能建立電腦網路防禦技術的術語，並闡明防禦與攻擊之間的關聯。換言之，這套框架可視為MITRE ATT&CK的延伸補充。

基本上，D3FEND是網路安全對策技術的知識庫，具體來說，它是一份知識圖譜，定義了網路安全對策領域中的關鍵概念，以及相互聯繫這些概念所需關係，做出全面的參照與統整。

這個知識庫框架目前總共歸納出5大類別，分別是：強化（Harden）、偵測（Detect）、隔離（Isolate）、欺敵（Deceive）、驅逐（Evict）。

同時，D3FEND有17個防禦技術面向

● 強化類別，包含：應用程式、帳密憑證（Credential）、訊息、平臺，總共有4大面向的強化。

● 偵測類別，包含了檔案分析、識別碼分析、訊息分析、網路流量分析、處理程序分析、使用者行為分析這7大面向。

● 隔離類別，包含了執行隔離、網路隔離，有這兩個面向的隔離。

● 欺敵類別，包含欺敵環境與欺敵物件，有這兩個面向。

● 驅逐類別，有帳密憑證、處理程序等兩個面向。

MITRE認為，有了這樣的資訊框架，可直接幫助資安與技術主管，制定更務實的採購或投資決策。

同時，企業如果需詳細了解網路防禦的運作原理，MITRE發展的D3FEND，也會是初期可著手的實用工具。

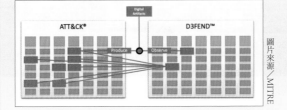

圖片來源／MITRE

在攻防技術概念與關係的呈現，MITRE 提出一套專用的框架 D3FEND，當中存在著一條名為 Digital Artifact Ontology 的流程鏈，目的是讓攻防之間的對應更為清楚。

資安教戰守則
Best Practices

資安威脅預防與應變

對抗勒索軟體來襲，臺灣資安通報機構教你做好防護

TWCERT/CC 設計與公布檢核表與工具
具體列出報案與通報的管道

為了全面對抗勒索軟體的侵襲與散播，在國際上，已經出現專責組織 No More Ransom，除了提供基本勒索軟體知識的問與答，他們的最大特色，就是提供識別勒索軟體的服務，並作為尋找解密工具的集中入口網站。

但若要徹底杜絕勒索軟體發展，需要各國政府採取行動，隨著勒索軟體威脅更多組織與企業，今年有更多國家強調根除勒索軟體的決心與作為。例如，美國國土安全部網路安全暨基礎安全局（CISA）就推出專屬的內容網站，名為 StopRansomware.gov，最近臺灣政府也響應這個全球潮流，由 TWCERT/CC 推出勒索軟體防護專區的獨立入口網站（antiransom.tw），提供臺灣企業組織使用，不論事前、事中與事後的因應，都能更有著手方向。

關於這個勒索軟體防護專區的成立，TWCERT/CC 組長林志鴻表示，這兩

使用者可從勒索軟體防護專區尋找各式指南與多樣資源

事前預防	勒索軟體預防指南
	勒索軟體預防檢核表
	勒索軟體防護成熟度自評說明
事中處理	勒索軟體處理指南
	勒索軟體處理檢核表
	勒索軟體辨識與解密工具
	臺灣資安服務廠商清單
事後回復	勒索軟體事後回復指南
	勒索軟體事後回復檢核表
	勒索軟體防護成熟度自評說明

資料來源：antiransom.tw，iThome整理，2021年10月

年臺灣陸續傳出重大勒索軟體攻擊事件，但有些企業因應這類型資安威脅時，還是不知所措，因此，在行政院國家資通安全會報與國家通訊傳播委員會（NCC）的支持下，TWCERT/CC 在今年 6 月於自家網站新增設了勒索軟體防護專區，後續，他們又為這個資安防護資源專區，設計了獨立的入口網站，並在 10 月初正式上線。

基本上，這個網站的內容參考了各國政府的做法，像是：美國 CISA、英國國家網路安全中心（NCSC），以及澳洲網路安全中心（ACSC）等，都成立了對抗勒索軟體專區。

林志鴻表示，這個網站在呈現方式上，他們也在新上線之際，加入了一些調整，最大不同就是將內容區分為事前、事中、事後等三大階段。之前他們並未如此區隔，因此，當企業遇到勒索軟體不同時期的攻擊狀況，要從這裡找到因應方法，程序上會比較複雜。

在 2021 年 10 月初，TWCERT/CC 推出勒索軟體防護專區的獨立入口網站，並以事前預防、事中處理、事後回復來區分，讓使用者可以更容易找到所需的防護，以及因應的指南。

而在面臨勒索軟體攻擊的每個階段，TWCERT/CC 都提供相對應的指南、資源與自評等內容，並設計了檢核表，幫助企業透過更簡單的方式，來檢視自身的行動。

彙整美國政府與跨國平臺組織的資源與教學說明

具體而言，在事前的預防指南、事中的處理指南，以及事後的回復指南，TWCERT/CC 這個網站都有基本的說明與作法，讓使用者可以更容易依據自身需求，找到建議的指引。

特別的是，這裡同時彙整了國際上的可用資源，並有教學說明，相當便利。

例如，在事前預防與事後回復的面向上，這裡提供了相當實用的資源：勒索軟體防護成熟度自評說明，當中特別介紹 CISA 的網路安全評估工具（Cyber Security Evaluation Tool，CSET），這裡有個功能模組名為勒索軟體就緒評估（Ransomware Readiness Assessment，RRA）的，可供大家使用。

事實上，在 6 月底，CISA 就已釋出 RRA 模組，可協助組織評估自身防禦勒索軟體成熟度的能力，當時 iThome 也關注這項新聞，後來得知 TWCERT/

109

6. 從左邊選單點選 'Assessment' 的 'Practices' 子項目後，可根據 RRA 之十大項目 (表一的 DB、BM、PP、NM、AM、PM、AI、UM、IR、RM) 的細節問題進行自評 (藍框處)：'符合' 點選 'YES'、'不符合'點選 'NO'、或是不確定則點擊 '旗幟'，完成後點擊 'Next' 按鈕，如圖 4 所示。

圖 4、自評畫面

CC 也向國人推薦使用這項資源，我們相當樂觀其成，因為 RRA 雖然是 CISA 提供給美國政府組織的自我評估工具，但對於國內企業而言，也相當具有參考價值，或許也有助於促進臺美的資安應用交流。

關於 CISA CSET 的 RRA 使用方式，TWCERT/CC 勒索軟體防護專區目前提供了圖解，以及中文使用說明。當中提到，如欲使用這套工具，我們可從美國 CISA 官方網站或 GitHub 網站下載，這裡也提供自評工具操作流程教學。這些均可促進臺灣使用者、組織與企業去認識這樣的工具，以及用於了解自身成熟度與找出優先改善措施。

在事中應變方面，這個網站也介紹了「勒索軟體辨識與解密工具」的資源，例如，列出能辨識勒索軟體病毒種類的工具，包括 MalwareHunterTeam 所提供的 ID Ransomware，以及 No More Ransom Project 提供的 Crypto Sheri-（解碼警長）功能。

如果要尋找解密工具，同樣可利用 No More Ransom 平臺，搜尋到各資安業者提供的對應解密工具。

當 TWCERT/CC 接獲國際情資，他們也會連繫國內企業

無論如何，這些對抗勒索軟體資源的統整，的確能讓有些企業有更多預防與應變的參考，以免在這類攻擊事件發生時，卻又不知道該如何做。因此，無論你是否需要這些參考資訊，重點仍是：企業平時就該有所準備。

不過，雖然受害組織可向法務部調查局刑事警察局報案，但是負責的機關如果不統一，是否會影響政府對於通盤掌握勒索軟體情資的能力？

而對於 TWCERT/CC 而言，是否積極掌握國內民間業者的勒索軟體事件？例如，最近一個月，暗網傳出有國內上

市鋼鐵公司遭 Hive 勒索軟體攻擊消息，以及上市工程公司遭到 LockBit2.0 攻擊，但這些公司並未在證交所發布資安事件重大訊息，因此，外界對於這些受害企業的後續調查及當時的應變狀況，並無法獲得進一步了解，但令人好奇的是：TWCERT/CC 是否知情？

林志鴻表示，TWCERT/CC 是國內資安事件通報管道，在國際上也是主要窗口，因此，國際 CERT 組織也會將情資提供給他們，若收到消息，他們會嘗試聯繫國內企業，以了解狀況，或提供報案與復原等協助。

不過，在相關合作上，TWCERT/CC 與這些組織之間有互相保密承諾，因此，無法提供更具體、詳細的答案。但近期可能取得新的進展，因為他也提到：TWCERT/CC 與證券交易所正在討論相關合作。

TWCERT/CC 在事前與事後的資源中，提供 CISA 勒索軟體自評工具的簡易安裝與使用說明。
例如，這套工具有十大評估指標，每項指標提出不同問題，以圖中所示，企業的網頁惡意內容是否使用 DNS 過濾？IT 或資安人員只要勾選「是」、「否」或「不確定」就可作答，最後將會獲得評估結果。

若能帶領摧毀勒索產業體系，更有助突顯臺灣重要性

除了增進國內企業對抗勒索軟體的認知，近年臺灣在國際屢屢成為許多產業發展焦點，既然對抗勒索軟體已是全球面臨的共通挑戰，不論資安業者、執法單位與政府，大家都在想辦法杜絕，因此各界所採取的行動，不只是告訴所有使用者如何防護，還要更進一步摧毀勒索軟體駭客生態體系。

因此，若是國內執法單位能設法做出更多貢獻，成為查緝勒索軟體犯罪行動的推動者、示範者，應該可以大幅提升臺灣在國際資安上的地位。

當然，不僅是促成更多跨國執法合作，我們同時也可設法強化內部治理，例如，修訂法律，將背後指使攻擊的人士予以定罪，甚至加重刑責，嚇阻不法人士的行動。文⊙羅正漢

勒索軟體受害者可以報案求助

TWCERT/CC 在這個專屬網站頁面也列出資安事件報案管道，包括：法務部調查局、刑事警察局，以及民間企業遭遇資安事件的通報管道，也就是 TWCERT/CC 本身，實際上，就事中處理的建議因應方式而言，通報這個舉動，也已經被列為應變措施採取的行動步驟。

林志鴻表示，一旦遭遇資安事件，除了企業本身的緊急處置與調查，或是尋求外部資安專業單位協助，還可以向調查局或刑事局報案來尋求協助，遺憾的是，國內很多企業可能不知道能夠這麼做。

同時，企業也可向 TWCERT/CC 通報，將能獲得事後復原的第三方意見，或是透過惡意樣本分析與相關資訊，獲得日後資安強化的建議。

向警方報案可獲得那些協助？刑事警察局表示，企業可以透過電子郵件或 110 等任何方式報案，他們會針對案件狀況以及案情，提供專業意見與必要的協助。

關於案件受理的相關流程，刑事局指出，原則上，他們會希望企業完成報案手續，後續企業這邊也能提供相關跡證，如伺服器或防火牆的 log 記錄，以及勒索軟體的樣本，由刑事局專案小組的人員協助過濾清查分析。另外，也會依案情的需要，由相關單位組成專案小組進行後續的追查。文⊙羅正漢

A Unified Cybersecurity Platform

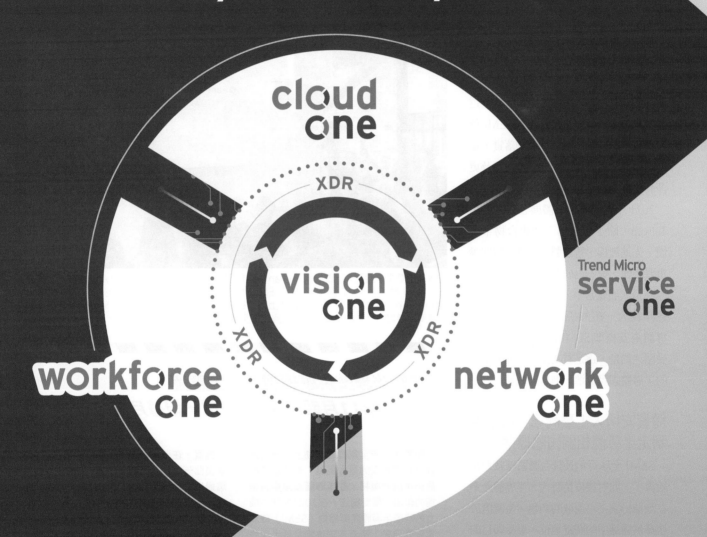

了解更多 Trend Micro One

歡迎到趨勢科技攤位 L08 喝杯咖啡

全球第一份半導體資安標準出爐，協助產業落實資安

SEMI E187 標準 2022 年 1 月正式上架，
導入與推廣成日後發展的重點

近年來，半導體產業的資安議題備受關注，協助產業機臺安全的半導體產業資安標準，歷經三年制定，確定將於 2022 年 1 月正式發布，但，這其實只是第一步，未來將透過 SEMI 資安委員會的推動，讓標準能夠落實，並期盼這樣的資安標準，進一步能擴及更多高科技相關產業。

2021 年的國際半導體展 SEMICON Taiwan，除了探討第三代化合物半導體、先進製程、智慧製造、綠色製造等重要議題，資安也成要角。

在這次展覽當中，不僅資安展區規模逐年擴大，在 12 月 28 日並舉辦了半導體資安標準 SEMI E187 的發布會，受關注的是，這是首次由臺灣主導制定的半導體國際標準，別具意義。

從資安切入！臺灣第一次主導制定半導體相關國際標準

SEMI 全球行銷長暨台灣區總裁曹世綸表示，面對後疫情時代，半導體產業在全球扮演不可或缺的角色，臺灣處於產業供應鏈中的關鍵地位，更受矚目的是，SEMI 制定標準已有 50 年之久，這次，首次由臺灣主導制定的半導體國際標準，相當具代表性，在在顯示臺灣半導體行業在全球的影響力，也突顯了對於資訊安全迫切的需求。

如今，這個半導體資安標準於 2022 年 1 月正式上架，從原本案號為 6506C 的草案，正式發布成為「SEMI E187 - Specification for Cybersecurity of Fab Equipment」標準。

在今年國際半導體展 SEMICON Taiwan 2021 期間，SEMI 全球行銷長暨台灣區總裁曹世綸宣布，半導體晶圓設備資安標準（SEMI E187 - Specification for Cybersecurity of Fab Equipment）將於 2022 年 1 月正式上架，這是首次由臺灣主導制定的半導體國際標準，顯示臺灣半導體在全球的影響力，以及資訊安全迫切的需求。

推動半導體供應鏈網路安全意識，2021年11月起SEMI資安電子報每月發布

關於網路安全意識的推動上，一直是提升整體資安的重大挑戰，有些企業高層仍不感到重視，在半導體產業中有積極的作法，備受關注。在2021年年中成立的國際半導體產業協會（SEMI）臺灣資安委員會，將有多項推動全球半導體產業供應鏈安全實踐的計畫，其中就包括網路安全意識的推動。

自2021年11月起，資安委員會每季發布SEMI資安更新電子報（Cybersecrity Update Newsletter），其內容包含了委員會更新、標準、資安注意事項、技術文章，以及資安活動宣傳，同時，也會提供事件警報，定期提供產業相關資安訊息，讓所有SEMI會員都能受益，也期望讓委員會成為整合產業意見的平臺。

其實，在這之前，台積電本身已經發展出此一模式，因為，他們過去就持續透過自家供應商資訊安全電子報，定期宣傳資安意識與防護相關資訊，例如，提供落實遠距工作的資安重點，並對於公司管理與員工使用，發布個別需要知道的內容。

而對於不定時發生的重要資安危害，他們也會發布供應鏈管理公告，例如，2021年7月出現PrintNightmare漏洞相關消息時，他們向1,500多家供應商發布重要資安危害的示警，說明漏洞原因與建議因應作法。

屠震表示，今後，SEMI臺灣資安委員會也會採用相同的流程，來幫助SEMI的所有會員。文⊙羅正漢

基本上，SEMI E187 標準涵蓋了下列四大層面，包括：作業系統規範、網路安全相關、端點保護相關，以及資訊安全監控。

簡單來說，對於半導體產業的資安防護，會聚焦作業系統的長期支援、網路傳輸安全、網路組態管理、弱點掃描、惡意程式掃描、端點防禦機制、存取控制，以及 Log 記錄等面向。

2018年台積電機臺中毒事件，催生晶圓廠設備資安標準

之所以制定這項半導體資安國際標準，要從三年前說起，在 2018 年 8 月，台積電遭遇電腦病毒感染、部分電腦與機臺受影響的事件，讓高科技業機臺資安問題浮上檯面。

例如，設備昂貴需 30 年來攤提成本，但所使用的電腦作業系統，是早已終止支援的 Windows XP 作業系統等，除了軟體更新修補不易，傳統沿用的實體隔離作法，在智慧製造需連網、甚至上雲的浪潮之下，也難以落實。

為了因應這樣的局面，自 2018 年 9 月，在台積電的大力推動、以及基於 SEMI 國際半導體組織標準平臺，籌畫了資安工作小組，由台積電部經理張啟煌與工研院資通所副組長卓傳育共同主持（TF），以制定標準草案範疇。

早在兩年半之前的時間當中，iThome 即開始關注這項標準的制定，並且持續進行追蹤報導，原本在 2020 年底一度傳出將有結果，在歷經多次來回提交 SEMI、修改之後，現在標準終於確定出爐。

特別的是，過往我們對於上述資安工作小組的個人成員，僅知道有許多國內多家業者共同參與這項國際標準制定，包括，台積電、日月光、聯電、力積電（當時力晶），以及工研院，還有微軟、趨勢科技等業者，但實際參與的廠商名單並未對外公開。

根據工研院的說明，為了促使標準草案成形，這個工作小組的參與成員，集結了許多半導體業、設備商與資安公司的專家，包括聯電、日月光、力積電、南亞科、台灣應用材料、台達電，以及精品、安華聯網、奧義智慧、華電聯網、全景、尚承、擎願、四零四科技、捷而思、台灣檢驗科技與神盾等。

而在制定標準的早期，也有多家公司參與，例如 Intel、華邦電、趨勢科技、IBM、TEL、Cimetrix 以及 SGS，當中大半都是來自臺灣，之後草案並經過 SEMI 全球的標準技術專家審核，將標準文件落實。

對此，身為 SEMI 資訊與控制標準技術主席，也是台積電部經理的游志源指出，這相當具代表性，因為是臺灣半導體產業共同努力完成的第一條資安標準，並已付諸實現。

半導體資安標準只是開始，SEMI 資安委員會將推動全面落實資安與供應鏈安全

儘管 SEMI E187 標準規範的發布，可望成為全球半導體設備的最低門檻，但是，標準制定完成，只是推動半導體產業資安的第一步。

為何這樣說？因為有了標準還不夠，後續仍要進行標準的落地，以及相關推廣，才能讓整個產業的資安水準真正提升起來，這也是為何在 2021 年 6 月成立 SEMI 資安委員會的原因。

有了 SEMI E187 的規範內容，SEMI 資安委員會主席暨台積電企業資訊安全處長屠震表示，企業除了要顧好自己的資安問題，也一定要協助上下游合作夥伴，協力做好資安。

過去，我們看到台積電本身

SEMI 資安委員會主席暨台積電企業資訊安全處長屠震表示，這項資安標準的建立只是第一步，隨著 SEMI 全球第一個資安委員會成立，接下來，將聚焦 4 大重點面向，除了制定參考架構與解決方案以協助標準的推廣與導入，加強資訊安全意識的宣傳與推廣，有效評估資訊安全等級與成熟度，未來，還要基於國際標準評估 SEMI 供應鏈資訊安全的風險，並建立長久的資安策略。圖片來源／SEMI

半導體資安標準 SEMI E187 終於登場！在 2022 年 1 月 17 日，全球首個半導體晶圓產線設備資安標準正式發布，稱為「SEMI E187 - Specification for Cybersecurity of Fab Equipment」。特別的是，這也是首次由臺灣所主導制定的半導體相關國際標準，此項標準在四大方面提出資安要求，包括：作業系統規範、網路安全相關、端點保護相關，以及資訊安全監控，建立晶圓廠設備資安最低標準。

就已經這麼做，他們設立了供應商資訊安全協會，現在他們也將相關經驗，帶到全球半導體產業。

對於標準制定的好處，屠震說明，對於全球供應商而言，在設備的資安防護設計上，將能有所依循，對於企業而言，在設備採購合約上，也能以此標準作為資安要求。長期來看，除了確保晶圓廠機臺設備安全，也將帶動上游產業對設備安全品質的重視。

隨著 SEMI 晶圓設備資安標準的正式建立，屠震強調，資安標準只是第一步，接下來如何徵詢與採用更是關鍵。他指出，SEMI 全球第一個資安委員會已成立，主要研討供應鏈資安面的重要議題，現在將聚焦以下四個重點：

第一，制定參考架構與解決方案，以協助標準的推廣與導入；第二，加強資訊安全的意識宣傳與推廣；第三，做到如何有效評估資訊安全等級與成熟度；第四點是長遠的計畫，將基於國際標準評估 SEMI 供應鏈資訊安全的風險，並建立長久的資安策略。

同時，SEMI E187 發布會現場有許多資安委員會與工作小組成員也表示，這項標準只是第一步，後續還有許多工作要進行，包括：具體的規範內容、認驗證制度的建立，以及完成第一家通過認證標準的設備商等。

這也意味著，資安標準的制定，確實帶動產業達到新的里程，但後續的任務要能接續發展，才能讓整體所談的資安落實，以及供應鏈安全推動，能夠真正深化到半導體產業之中。

目前，這個 SEMI 資安委員會的參與成員，包含來自台積電、台灣應材、日月光、富士康、思科、奧義智慧、戴夫寇爾、富士康、工研院、科林研發、微軟、台灣迪恩士半導體、睿控網安、聯電與台灣韋萊韜悅的意見領袖。

另外，不只是半導體產業需要資安，希望帶動更多高科技產業也這麼做。經濟部工業局電子資訊組林俊秀組長指出，國內半導體產業與國際大廠有很密切的合作，而這些國際品牌大廠通常主導了許多標準制定，因此也會要求自身供應鏈的廠商，需符合相關規範，包括環保與勞工權益層面，現在資安也將這些部分納入。

因此，要維持臺灣在 ICT 產業的競爭力，資安已是不可或缺的要素，未來更希望不只是半導體的資安標準，還要擴散到其他產業，讓臺灣所有行業都做到資安。**文⊙羅正漢**

供應商安全狀況需透明呈現，半導體產業應構建供應鏈資安評估方法

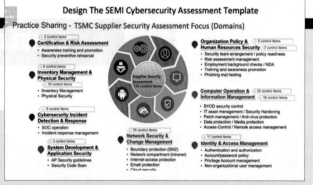

為幫助 SEMI 資安評估範本的建立，SEMI 臺灣資安委員會主席暨台積電企業資訊安全處處長屠震分享他們的經驗與作法，透過 8 大構面與 135 項控制措施來評估自家供應鏈安全。

供應鏈安全威脅已經是各界關注的議題，美國政府都將其視為國家安全策略的主軸之一，隨著供應鏈攻擊事件的不斷增加，如何能夠有效評估供應鏈網路安全態勢，已經成為許多客戶所重視的議題，同時，供應商的安全狀況的透明度，也成為普遍關注的焦點。

SEMI 臺灣資安委員會主席暨台積電企業資訊安全處處長屠震表示，在他們的經驗中，越來越多客戶會針對供應商的安全狀況，要求透明度與可視性，並且還會定期對供應商進行資安評估。

然而，這並不容易，因為每個供應商需要準備多個不同問題、格式的評估報告，難以衡量基準，如何減少重複工作，以及有效評估等，畢竟這些評測方式都主觀。

因此，他們將採取下列 3 個方法進行。

首先，是透過第三方的服務提供資安現況評分，可運用 SecurityScorecard、Bit Sight 等解決方案來達到目的；其次，是建立 SEMI 資安現況評估範本；最後，則是要推動第三方驗證，藉此確保符合安全標準。

應該如何建立 SEMI 資安評估範本？屠震以台積電本身的經驗為例，提出說明。

基本上，台積電評估自家供應鏈安全的焦點，區分為 8 大構面，包括：憑證與風險評估、工廠管理與實體安全、資安事件偵測與回應、系統開發與應用程式安全、組織政策與人力資源安全、電腦操作與資訊管理、網路安全與變更管理，以及身分識別與存取管理等，總共有多達 135 個控制措施。

最後，還要構建供應鏈資安評估框架。屠震表示，為了讓整個半導體產業供應鏈，在網路安全方面運用真正適合且需要的東西，他們將會提出一套專門的風險評鑑差異分析方法。

第一步，他們將會利用現有的 NIST 網路安全框架，確定後續改進的方向。而且，由於半導體產業有相當多的製造領域，不論是設備、設計、封裝、系統整合以及應用程式等，因此，需要共通的評估框架。不過，這將會是長期發展的目標，他們預計，到了今年 9 月將會有初步的進展。**文⊙羅正漢**

資安教戰守則
Best Practices

企業資安戰略

公私協力！美國白宮公布強化資安最新戰略，提供依循指引

在 2022 年 3 月，美國總統拜登發布強化國家網路安全的聲明，呼籲民間企業與關鍵基礎設施業者應立即強化資安防護

隨著俄國攻入烏克蘭後戰事膠著，即使面臨美方等經濟制裁施壓也不願退兵，先前美國總統拜登曾警告，俄羅斯為了報復經濟制裁，可能針對美國發動網路攻擊活動，今年 3 月 21 日，美國白宮發布總統拜登對於國家網路安全的聲明，再度引發關注，當中不只呼籲民間企業與關鍵基礎設施，資安防護強化的腳步必須加快，同時，還特別彙整了緊急強化資安的方針。

而這樣的作法，除了影響美國，也引起全球政府與企業的關注，可視為當今各國推動整體資安防護的重要借鏡。

保護國民仰賴的關鍵基礎設施，所有企業均有責

在美國總統拜登的這份最新聲明中，一開始就針對該國資安現狀，說明幾件事情，我們將這些內容歸納成三大重點。

第一，是美國根據本身蒐集的情報，判斷俄國可能為了報復美、歐的經濟制裁，正探索對美發動網路攻擊的各種可能，事實上，之前拜登對此不只提出一次警告，當時他曾指出俄羅斯可能對美國進行惡意網路攻擊，但今年的呼籲顯然更具急迫性。

第二，對於現在的網路攻擊威脅，光靠美國聯邦政府是難以抵禦，儘管聯邦

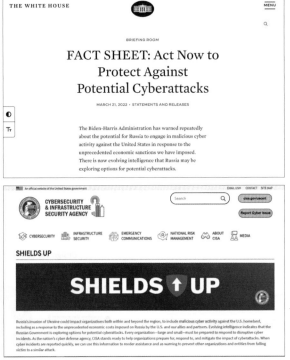

在 2022 年 3 月 21 日，美國白宮發布國家網路安全聲明，呼籲民間企業加強網路防禦，因為俄羅斯駭客可能對美國關鍵基礎設施發動網攻，並強調必須加快改善該國網路安全的工作。該公告也建議企業組織參考 CISA 建立的「Shields Up」資安防護指引，提升防護。

政府將會使用各種工具，來阻止、破壞各種網路威脅，並在必要時針對關鍵基礎設施的網路攻擊做出積極因應，然而，單單仰賴聯邦政府，並無法抵禦國家面對的各式網路威脅，畢竟，大多數的關鍵基礎設施都是民間企業經營，因此，這些業者也要加快角度來提升資安防護，同時，美國國土安全部網路安全暨基礎安全局（CISA）也將積極協助這些機構，保護其系統與網路的運作。

第三，白宮不只是呼籲當地企業及組

織與關鍵基礎設施的經營者，需立即採取行動，防範潛在攻擊，同時還提供如何做好資安防護的相關指引。這當中提及 CISA 建立的「Shields Up」資安指引專區，可作為當地企業組織的參考，而對於不夠了解資安的企業，白宮也特別彙整出一份清單，當中條列 8 項企業應立即採取的資安防護工作。

從上述的聲明來看，美國政府最新公布的安全指引，國內企業與組織也值得參考，視為現今首當著重的基本資安防護面向與工作。

另一引發外界關注的焦點是，上述這些資安防護的宣導內容，是由美國行政體系最高領導人總統頒布，相較之下，過往美國政府大多透過 CISA 與 FBI 等機構發布相關安全指引，具有不同意義。

簡而言之，這次美國白宮最新發布的資安聲明，不僅顯示現今國際衝突下，網路威脅將變得非常劇烈，對於全球及我國政府而言，他們的推動方式也將成為新的典範，那就是：由最高行政首長帶頭，宣導企業與組織的資安策略。

尚未完成準備的企業組織，可從 8 大重點著手落實資安防護

在美國白宮本次公布的資安指引中，有那些重點？

116　2022 臺灣資安年鑑

Reducing the Likelihood of a Damaging Cyber Incident

Service	Skill Level	Owner	Description	Link
CISA Cybersecurity Publications	Basic	CISA	CISA provides automatic updates to subscribers via email, RSS feeds, and social media. Subscribe to be notified of CISA publications upon release.	https://www.cisa.gov/subscribe-updates-cisa
CISA Vulnerability Scanning	Basic	CISA	This service evaluates external network presence by executing continuous scans of public, static IPs for accessible services and vulnerabilities. It provides weekly vulnerability reports and ad-hoc alerts. See https://www.cisa.gov/cyber-resource-hub for details.	Email: vulnerability@cisa.dhs.gov
CISA Web Application Scanning	Basic	CISA	This service evaluates known and discovered publicly accessible websites for potential bugs and weak configuration to provide recommendations for mitigating web application security risks. See https://www.cisa.gov/cyber-resource-hub for details.	Email: vulnerability@cisa.dhs.gov
CISA Phishing Campaign Assessment	Basic	CISA	This service provides an opportunity for determining the potential susceptibility of personnel to phishing attacks. This is a practical exercise intended to support and measure the effectiveness of security awareness training. See https://www.cisa.gov/cyber-resource-hub for details.	Email: vulnerability@cisa.dhs.gov
CISA Remote Penetration Test	Basic	CISA	This test simulates the tactics and techniques of real-world adversaries to identify and validate exploitable pathways. This service is ideal for testing perimeter defenses, the security of externally available applications, and the potential for exploitation of open source information. See https://www.cisa.gov/cyber-resource-hub for details.	Email: vulnerability@cisa.dhs.gov
Immunet Antivirus	Basic	Cisco	Immunet is a malware and antivirus protection system for Microsoft Windows that utilizes cloud computing to provide enhanced community-based security.	https://www.immunet.com/tf
Cloudflare Unmetered Distributed Denial of Service Protection	Basic	Cloudflare	Cloudflare DDoS protection secures websites, applications, and entire networks while ensuring the performance of legitimate traffic is not compromised.	https://www.cloudflare.com/plans/free/tf
Cloudflare Universal Secure Socket Layer Certificate	Basic	Cloudflare	SSL (Secure Socket Layer) is the standard security technology for establishing an encrypted link between a web server and a browser. Cloudflare allows any internet property to use SSL with the click of a button.	https://www.cloudflare.com/plans/free/tf
Microsoft Defender Application Guard	Basic	Microsoft	This capability offers isolated browsing by opening Microsoft Edge in an isolated browsing environment to better protect the device and data from malware.	https://docs.microsoft.com/en-us/windows/security/threat-protection/microsoft-defender-application-guard/md-app-guard-overview#
Controlled Folder...			Controlled folder access in Windows helps protect...	

針對俄羅斯網路威脅最新資訊，CISA提供 Shields Up 技術指南專區，彙整多種情資，包括：攻擊參與者資訊，以及勒索軟體、破壞性惡意軟體、DDoS 攻擊等，同時，這裡也設置了 Shields Up 防護指引網站，協助民間企業與關鍵基礎設施業者，運用這裡的資源做好防護。

基本上，白宮宣導的資安防護工作相關資訊，主要就是提供給未做好準備的的民間企業，以及關鍵基礎設施業者，最重要的目的，就是希望更多的民間企業與關鍵基礎設施業者，都能了解與重視這些基本防護之道，並且要採取行動、落實相關要求。

因此，這個資安指引的內容，其實是更為普遍與實用的做法，而非過去大家看到的網路安全框架，不會過於抽象。

另一特別之處在於，白宮也特別針對軟體與技術商提出資安建議，其目的是因應長期的網路安全威脅。

具體而言，對於企業組織與關鍵 CI 來說，美國白宮認為，即刻需採取下列 8 項資安防護工作。

首先，最值得關注的是，導入多因素驗證（MFA）現在已經成為第一要務，是美國當局最優先強調的防護策略。

其次，要部署現代化資安工具，還要做到持續偵測威脅與緩解威脅；第三項工作在於，漏洞儘速更新修補已經不斷被強調，同時也要注意變更密碼。

同時，企業必須知道資安事件難以避免，因此，第四到第六項工作，就是要妥善的備份、資安事件演練，以及妥善的資料加密。

最後兩項工作，是關於員工資安意識，以及公私聯防。

以前者而言，不論是員工或民眾，若欠缺資安意識，是企業與政府頭痛的問題，應盡量幫使用者認識攻擊者常用手法，例如，了解歹徒如何利用電子郵件或網站，來發動網路攻擊或網路釣魚詐騙，讓使用者更有警覺，並鼓勵員工在發現異常時，能夠及早通報；至於所謂的公私聯防，是要企業、組織與各個地方政府、執法單位積極合作，平時應建立聯繫管道，才能讓整個國家能夠更快因應新出現的威脅。

綜觀上述 8 項資安防護工作，最特別項目的是多因素驗證的導入，現在已經被視為必須的強化面，甚至提升到國家資安政策的最優先實施項目。白宮也指出，現下更強調需具備持續威脅偵測與緩解的資安解決方案。

至於其他項目，多為資安界常年不斷宣導的重點，看似老生常談，但這些要求，其實，也點出過往我們容易忽略的防護關鍵。

例如，在備份方面，白宮提醒大家要注意離線備份的落實，對於資料加密的安全程度也要重視，才能在資料即便遭竊的狀況下，也無法被外人破解。

這裡也說明了公私聯防要積極推動，平時就應建立聯繫管道，而不是發生事件後才開始建立聯繫。

向科技與軟體業者喊話，推動產品安全可聚焦 5 大層面

除了從許多層面提出強化資安的重要工作項目，不僅如此，在這次白宮的聲明中，也針對科技與軟體商倡議產品安全，鼓勵廠商開始行動。

例如，近年一再強調的幾個概念，都納入白宮本次聲明，成為國家級資安政策。譬如，從產品設計就要考量資安，確保開發人員在撰寫程式碼時考量安全性，以及須推動開發流程安全的要求。

值得注意的是，這當中提到要讓開發人員知曉使用自動化安全測試工具，此舉至少能讓大多數的錯誤與漏洞，在軟體發布之前就被解決。

基本上，這裡並未一一列舉各種程式碼與應用系統安全檢測的作法，像是：程式碼審查、靜態分析、動態分析、模糊測試、威脅模型分析、滲透測試，以及紅隊測試與漏洞獎勵計畫等，但美國政府將相關要求聚焦於借助相關自動化工具之力，仍有很大意義，因為這至少能大幅縮減，或避免基本的軟體開發安全問題，使其不再發生。

另外一點，在產品安全漏洞修補之外，近年更是強調建立軟體物料清單（SBOM），這主要是因應開源程式碼的安全問題。這也是近年資安界最熱門的議題之一，同樣成為當前軟體廠商應該具備的安全防護意識。

另可參考 Shields Up 線上資安指引，建立現今基礎資安觀念

關於推動整體資安防護，白宮今年 3 月提出的建議，主要是參考 CISA 的「Shields Up」資安防護指引。

這裡的規範，其實不像一般資安標準或技術文件那樣複雜，主要分成 4 大部分，包括：所有企業組織的通用指引，給企業高階主管與執行長（CEO）的建議，遭遇勒索軟體的應變，個人與家庭自保資安觀念，後續我們會再逐一進行介紹。文⊙羅正漢

剖析 8 大即刻防護重點，
導入多因素驗證成第一要務

美國白宮今年 3 月公布網路安全行動，彙整 8 大基本防護之道，期盼能督促企業從
盡快這些面向採取行動，以保護該國關鍵基礎設施，以及民眾賴以為生的重大服務

面對潛在網路攻擊威脅攀升的可能性，美國總統拜登於 3 月 21 日示警，要求需加快改善網路安全，尤其是民間企業與關鍵基礎設施業者。

為了讓那些還沒準備好的企業，能快速理解基本資安防護重點，因此，在白宮對於該國網路安全的聲明中，特別簡要彙整出 8 大基本防護之道，希望督促企業能從這些面向著手行動，以保護該國關鍵基礎設施，以及人民所仰賴的關鍵服務。

特別的是，由於白宮條列的 8 個項目，都是以簡單幾句話來描述，為了幫助大家快速了解，因此我們在他們列出的各項要點內容之前，加入簡短概述。

1. 導入多因素驗證（MFA）

在組織系統上使用多因素驗證，現在必須是強制執行，才能讓攻擊者入侵系統更加困難。

2. 部署現代化資安工具

需在電腦與裝置上部署現代化的資安工具，以持續尋找威脅與緩解威脅。

3. 漏洞儘速更新修補，變更密碼

漏洞請諮詢網路安全人員，確保系統是否做好漏洞修補，並針對所有已知漏洞做出防護，同時也應變更整個網路的密碼，這可使之前遭攻擊者竊取的用戶帳密變得無用。

4. 妥善備份資料

不只是備份資料，並要確保離線備份不會在惡意行為者的攻擊範圍。

5. 資安事件演練

制定應急應變計畫並實際演練，當事件發生時就能預先做好準備，可以做到快速回應，在遭遇任何攻擊後所造成的影響都能最小化。

6. 資料加密

需將資料妥善加密，才能在不幸遭遇資料竊取時，對方無法利用這些資料。

7. 培養員工資安意識

需教育員工認識攻擊者常用的手法與策略，像是攻擊者是如何利用電子郵件或網站來發動攻擊或網路釣魚，並鼓勵員工發現異常及早通報，一旦發現電腦或手機出現不尋常的行為、系統當機，或是電腦的執行速度嚴重變慢，應儘速通報公司負責單位或人員。

8. 與當地政府及執法單位積極合作

美國的企業與組織應與在地的 FBI 或 CISA 區域單位積極合作，在任何網路安全事件發生之前就要建立聯繫。並鼓勵公司的 IT 人員與資安負責人多利用 CISA 與 FBI 的網站，當中將有許多技術相關資訊，以及可以利用的資源。

整體而言，最受關注的部分，就是多因素驗證導入已成為必要措施，事實上，去年 Google 就有相關行動，將分階段強制用戶 Google 帳號啟用兩步驟驗證，而其餘老生常談的防護要點，也應該有效落實，並注意不該忽略一些細節，像是要注意離線備份，以及與政府、執法單位的聯繫，平時就該建立。

文⊙羅正漢

5大產品安全建議，擁抱安全軟體開發生命週期概念

強化國家的網路安全，除了企業組織要改善其資安，從長遠面向來看，還有一個重要的面向，那就是必須聚焦於技術與軟體公司的通力合作。

而在美國白宮於3月21日發布的聲明中，除了督促企業強化資安，同時也鼓勵技術與軟體公司，要從傳統的產品開發設計，轉變為安全的產品開發設計，以及重視產品安全性。

以下是白宮所條列出5大重點項目，而我們在他們描述的各項要點之後，同樣加入簡短說明，幫助大家理解：

1. 產品設計開發就要考量安全

從產品設計一開始的階段，就要建立對安全的要求，過去有句口號：「bake it in, don't bolt it on」，這句話的意思，是將資安融入產品或服務，而不是將資安當成額外附加品，以保護業者的知識產權與客戶的隱私。

2.開發軟體流程與環境的安全

在開發軟體時，僅在高安全性的系統進行，並只允許實際從事特定計畫的人可存取。這麼一來，將使入侵者難以從一個系統滲透到另一系統，並且難以攻破產品或竊取智慧財產。

3.自動化安全測試

應使用現代化工具檢查已知與未知潛在漏洞，對於公司內的產品開發人員而言，其實，有一些自動化的安全測試工具，可以幫助他們在軟體發布之前，或是惡意攻擊者利用之前，找出多數程式

政府成立 Shields Up 網站，列出重點資安指引

美國 CISA 建立資安指引入口網站 Shields Up，不僅提供企業可以普遍適用的資安防護措施，並對管理高層提出建言

關於美國網路安全及基礎設施安全局（CISA）設置的資安防護指引網站「Shields Up」，主要分成了 4 大部分的實施方針，包括：1. 提供所有企業組織適用的通用指引；2. 提供企業高階主管與執行長的建議；3. 遭遇勒索軟體的應變；4. 以及個人與家庭自保資安觀念。

縱觀 Shields Up 資安指引的內容，不僅提出可行的防護重點，還有 CISA 建立的資源網站，讓企業資安人員、資安長或個人都能運用。

在這個資安技術指引當中，最主要的部分，就是提供了通用防護建議。

逐一檢視其中所敘述的作法之後，我們可以發現，其實，Shields Up 並不像過去所談的零信任、供應鏈安全那般複雜，而是簡要聚焦在 NIST CSF 網路安全框架五大功能面向的後四個面向，也就是——防護、偵測、回應與復原，並針對這些提供了工作的要點。

其中最特別的部分，就是 Shields Up 還針對高階主管與執行長提供建言，同時也提醒我們需更全面進行考量，因為已經不單是強調設置資安長的重要性，而是更進一步指出資安長也要加入企業風險決策過程。

不僅如此，為了讓整體國家安全防護都能強化，Shields Up 所談範疇，不只是企業組織，對於個人與家庭，這裡也給出基礎的防護觀念。

針對這幾年橫行的勒索軟體攻擊，由於相關事故不斷出現、威脅程度加劇，也促使 Shields Up 提出簡要因應步驟。

提供通用資安指引，企業都能因此獲得簡單的依循方式

在 Shields Up 的企業通用資安指引中，指出不論企業組織規模大小，在網路安全與最關鍵資產方面的保護，都必須採用更高的安全水準與要求。

簡單而言，在這份通用資安指引，當中主要聚焦 4 大面向，包括：防護、偵測、回應、復原，並提出 5 項防護重點。

需降低破壞性網路入侵的可能性

1. 需驗證所有企業網路的遠端存取，以及特權帳號或管理者帳號的存取，都需具備雙因素驗證（MFA）。

2. 確保軟體更新至最新版，並且優先更新 CISA 所識別的已知被利用漏洞。（https://www.cisa.gov/known-exploited-vulnerabilities-catalog）

3. 應確認組織內的 IT 人員，已禁用所有業務上非必要的網路埠與協定。

4. 若是企業內部使用雲端服務，要確保 IT 人員實施 CISA 指南的強式控制，並且進行查核。（https://www.cisa.gov/uscert/ncas/analysis-reports/ar21-013a）

5. 註冊使用 CISA 的免費網路衛生服務，可運用漏洞掃描，幫助企業組織減少面臨的威脅風險。（https://www.cisa.gov/cyber-hygiene-services）

需採取措施，快速偵測潛在入侵行為

1. 確保網路安全與 IT 人員，對於任何非預期或異常的網路行為，需專注在識別與快速評估，並要啟用日誌記錄功能，以便更好的調查事件與問題。

2. 確認企業組織的整個網路環境受到防

碼的錯誤或不安全之處。如果開發人員知道這件事，至少可以修復大多數的資安漏洞。

4. 掌握程式碼來源

軟體開發人員應對產品中使用的程式碼負責，這也包括有使用到的開源程式碼。因為，大部分軟體的建構，均使用許多不同的元件與程式庫，而當中大部分都是開放原始碼，所以，需確保開發人員知道當前使用元件的出處及來源，並建立軟體物料清單（SBOM），以防未來其中一個元件出現漏洞時，可以快速找到並因應。

5. 政府軟體採購納入資安要求

美國企業組織應實施該國總統拜登行政命令（EO 14028）——改善國家安全。根據這份行政命令，美國政府採購的所有軟體，現在都必須在其設計和部署方式上，能滿足安全標準。而白宮也鼓勵企業組織，可以更廣泛地遵循這些作法。

整體而言，過去資安界早已強調安全軟體開發生命週期的概念，以及產品資安事件應變等，但這樣的資安觀念仍然不夠普及，開發人員或高層若沒有這樣的意識，難以從根本做起，然而，現在連白宮也出面提出建議，呼籲業者應該要改變。

不僅如此，現下還面對開源軟體安全的特殊挑戰，這也促使SBOM的議題受到重視，才能在元件發現漏洞時，快速知道那些產品受影響，而政府也設法從法規面將資安納入採購要求，促進廠商做出改變。文⊙羅正漢

毒或反惡意軟體的保護，並要注意這些防護工具使用的簽章已經更新。

3. 如果企業本身有與烏克蘭組織合作，請特別注意——需監控、檢查與隔離來自這些組織的流量。對於這些網路流量的存取控制，需特別仔細審查。

確保組織有充足的準備，一旦入侵發生，能夠迅速回應

1. 籌畫危機應變團隊，負責處理可疑網路安全事件，團隊成員應包含技術、通訊、法務與營運持續性的角色。

2. 確保關鍵人員都能找得到；確定為事件應變提供緊急支援的方法。

3. 透過桌上演練方式，確保所有參與成員都了解他們在事件中的角色。

組織應盡可能讓資安韌性最大化，以應對發生破壞性資安事件

1. 針對備份程序進行測試，確保組織遭遇勒索軟體或破壞性網路攻擊的影響時，能夠快速復原關鍵資料；確保備份資料是在隔離的環境，無法與網路連接。

2. 若使用工業控制系統（ICS）或 OT 技術，應該針對手動控制進行測試，確保組織網路在不可用或不受信任的情況下，其關鍵功能仍然可以正常操作。

值得注意的是，由於 CISA 意識到許多企業組織在緊急改進資安上，光是要找到相關資源，就是一大挑戰，因此，CISA 今年特別製作免費工具與服務的網站目錄頁面，提供大家使用。網址是 https://www.cisa.gov/free-cybersecurity-services-and-tools

為了幫助想要強化資安的企業，美國 CISA 建立免費資源網站，集結近百項免費網路安全工具，以及服務，它們源於 CISA、開放原始碼社群、多家資安業者，並依 Shields Up 企業通用資安指引的分類來區隔用途。

不只是國家與企業要落實資安，個人與家庭也要懂得自保

不僅企業組織要有資安防護概念，在 Shields Up 的內容中，也同時針對個人及家庭做出呼籲，這也強調了國家網路安全應是攸關全體，每個人都應該培養網路衛生習慣（Cyber Hygiene），並懂得如何自保。

其實，我們需要具備的基本資安觀念相當多，但是，CISA 建議，至少可以簡單從 4 件事做起，來確保自己的網路安全。

1. 在你的網路服務帳戶上，啟用多因素身分驗證。

只靠密碼保護並不足夠，需同時利用第二層身分識別機制，例如 SMS 簡訊或電子郵件，或是利用驗證 App，或是基於 FIDO 的身分驗證技術。

這可以讓銀行、電子郵件服務商，或是正在使用的其他網站服務，都能確保你的線上身分就是你本人在使用。

基本上，啟用多因素身分驗證後，足以促使帳號被盜用的可能性大幅降低，因此，你所使用的電子郵件、社交媒體、線上購物、金融服務帳戶，甚至遊戲等各式線上服務，都應啟用多因素身分驗證。

2. 更新你的軟體，開啟自動更新。

這是因為網路惡意分子會利用系統中的漏洞來入侵。基本上，手機、平板與電腦都需要更新作業系統，所有使用的應用程式與 App 也要更新——尤其是網路瀏覽器。最好是讓所有裝置、應用程式與作業系統，都啟用自動更新。

3. 點擊之前請深思。

這是因為有超過 9 成的成功網路攻擊，都是始於網路釣魚郵件。

基本上，網路攻擊者的社交工程伎倆，能使郵件夾帶的連結與網頁看來合法或逼真，目的是騙取密碼、個資、信用卡等敏感資訊，使你洩漏給對方，因此，如果是你不熟悉的網址，請相信你的直覺，並在點擊之前，都應該要三思而後行。

此外，也要注意攻擊者會設法讓你的裝置被植入惡意軟體。

4. 使用強密碼。

最好使用密碼管理器來產生與儲存密碼。我們必須做好自我保護，同時也要保護我們所依賴的系統。

從上述 4 件事來看，多因素身分驗證再次成為第一重點，甚至有三項其實都與個人帳密安全有關。

換言之，對於身分盜用的高風險狀況與如何防護，已是現代所有民眾都該具備的基本常識。。

針對勒索軟體應變提供 7 步驟

較特別的是，由於勒索軟體的威脅持續不斷發生，至今成為主要的網路威脅，美國政府也正在評估，是否應將其威脅程度予以提升，視為與恐怖主義同一等級。

面對勒索軟體的危害，在 2021 年，美國政府已設立 StopRansomware.gov 網站，並提供 CISA MS-ISAC 勒索軟體防護指引。

而在 Shields Up 指引中，再次針對勒索軟體的危害，強調 7 個因應上的要點，期望遭遇攻擊的普遍企業組織，都能知道基本因應步驟。

在此當中，關於擷取系統映像檔、記憶體映像檔這一步驟，對於事件調查分析而言，至為關鍵。

1. 確定哪些系統已經受到影響，並立即隔離它們。

2. 僅在無法斷開設備與網路的連接時，關閉他們，以避免勒索軟體的進一步傳播。

3. 對於受影響的系統進行分類並復原。

4. 諮詢事件響應團隊，在初步分析的基礎上形成並記錄對所發生事件的初步認識。

5. 讓企業的內部團隊與外部團隊及利益相關者共同參與，並了解他們對於事件減緩、回應與復原方面可提供的支援。

6. 針對受影響的設備（例如工作站與伺服器）去擷取系統映像檔、記憶體映像檔。

7. 向執法單位諮詢可能的解密工具，因為，資安研究人員可能已破解了某些勒索軟體變體的加密演算法。

除了上述這些美國政府提供的防護資源，對於臺灣企業而言，我們在國內也有勒索軟體防護專區的入口網站，網址是 https://antiransom.tw/，這個線上服務，是台灣電腦網路危機處理暨協調中心 TWCERT/CC 所規畫，當中針對事前、事中與事後階段，均提供相應的指南、資源與自評等內容，同時也提供了國內通報的可聯繫管道。文⊙羅正漢

企業高層該注意的 5大資安重點

在Shields Up資安指引中，不只彙整企業資安通用的防護指引與資源，最特別的內容，是針對企業高階主管與執行長提出建言。

畢竟，要確保企業採用更高的安全水準與要求，企業領導者的態度至關重要，因此在CISA的建議中，包括資訊長等所有高階管理者，應採取下列5項措施行動，首要就是資安長位階提升、參與決策。

✓ 1.授權資安長（CISO）

幾乎在每個組織中，要進行資安強化時，都會在業務的成本與營運風險之間權衡。而在現今威脅加劇的環境中，高階管理層應授權資安長，參與公司風險的決策過程，確保整個企業組織能瞭解資安投資，應是近期的重中之重。

✓ 2.惡意網路活動通報門檻要降低

隨著威脅加劇，每個企業組織向高層或政府報告潛在網路攻擊時，需通報的事件等級，應比平常水準降低，以確保潛在威脅能立即發現並因應。即使惡意網路活動跡象被封鎖或已經控制，企業組織的高階管理者也應該通報CISA。要求所有組織大幅降低報告和共用惡意網路活動跡象的門檻。

✓ 3.參與資安事件應變計畫的測試

執行網路事件應變計畫，不僅是要資安團隊與IT團隊的配合，還應該要包含企業管理高層與董事會成員。若是你還沒有這麼做，高階主管應參加桌上演練，以確保你能熟悉重大資安事件的管理，甚至不只是要對自家公司本身，還應該對你供應鏈中的公司。

✓ 4.聚焦在營運持續性

應體認到資源有限，因此對於資安與資安韌性的投資，必須聚焦於那些支撐關鍵業務功能的系統上。

高階管理層應確保已經可以識別此類系統，並進行持續性測試，讓關鍵業務功能在遭受網路入侵攻擊時，仍然可以正常運作。

✓ 5.必須做最壞的打算

雖然美國政府沒有關於美國本土面臨的具體威脅的可靠資訊，但組織應該為最壞的情況做好準備。

高階管理層應確保具有緊急措施，可在發生入侵事件時，保護組織最關鍵的資產，以及在必要時，斷開受到嚴重衝擊的網路環境。

面對企業沒修補 IT 產品已知安全漏洞情況，CISA 彙整已遭成功利用的高風險漏洞名單，提醒企業應優先處理，因為目前已有鎖定這些漏洞的攻擊活動。

而在 Shields Up 企業組織通用指引中，也將這樣的資源參考頁面，列在確保軟體更新至最新版一項，方便用戶快速參考。

知己知彼做好資安！臺灣企業防護不足，一般專業駭客就能入侵

KPMG 公布企業曝險報告，揭露臺灣產業資安處於岌岌可危的狀態，
包括金融及高科技業等 50 家大型企業，平均網路防護分數僅達到 C 級

高科技製造業是臺灣重要關鍵產業，2021 年卻發生宏碁電腦、廣達電腦遭到勒索軟體 REvil 的威脅。以宏碁電腦為例，雖然拒絕支付駭客集團 5,000 萬美元（新臺幣 14 億元）的高額贖金，但從該公司系統遭到駭客集團植入勒索軟體看來，企業系統岌岌可危，才讓駭客如入無人之境。

根據全球第一份針對臺灣企業的資安曝險大調查來看，KPMG 安侯數位智能風險董事總經理謝昀澤便直言：「電腦及周邊設備製造業平均網路分數墊底，更有高達 80% 屬於該產業的企業，落在整體排名的最後 15 名。」

該份調查顯示，通稱高科技業的「護國群山」們，於本次調查中的網路防護安全性分數，平均只有 68 分（遠低於 50 家大企業全體平均分數 78 分），除少數公司躋身領先群外，多數高科技業網路安全防護都落後於臺灣其他產業。

他說，臺灣高科技業若爆發資安事件，若採用財損模型推估，其潛在的平均財務損失風險更超過 3,000 萬元，比整體調查平均高出 5 成。

KPMG 此次企業曝險調查的執行，主要抽樣的對象是臺灣 50 家大型企業，KPMG 假設的前提是：大公司資源豐富，應該可以有更多資源投入資安，因此，他們想藉此了解大型企業在網路防護的真實狀況。

很遺憾的是，臺灣大型企業資安表現並不理想。謝昀澤指出，臺灣大型企業網路防護的平均分數只有 C 級（78.78 分），只要具有一般能力的駭客就可以

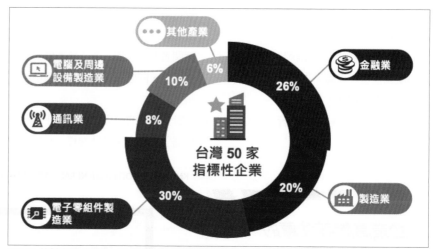

KPMG 針對臺灣 50 家大型企業進行企業曝險調查，其中，金融業將近三成，高科技製造業將過五成，製造業二成。臺灣大型企業中，也以高科技業比例最高。圖片來源／KPMG

入侵。從這個成績也讓人擔心，其他資源更少的中小型企業，所面對的網路風險可能更高。

此外，謝昀澤從該份調查也清楚看到臺灣各產業資安防護現況。除了金融業，其他產業包括：製造業、電子零組件製造業、通訊業，以及電腦及周邊設備製造業等，在網路防護綜合平均分數上，都落在 70 分到 80 分的 C 級區間，而這樣的資安等級「只要一般的專業駭客就可以侵害，」他說。目前全世界喊得出名號的駭客組織，都算是這一類。

關於這份報告的製作方式，謝昀澤指出，KPMG 針對臺灣 50 家大型企業進行「臺灣企業資安曝險大調查」，不僅以外部多元大數據情資蒐集作為客觀調查依據，以非侵入式的智慧型工具自動執行，希望揭露這些大型企業更廣泛、更具體的網路曝險實況，也會以整體供應鏈或產業視角進行分析，而他們在評

估企業曝險的同時，也會同時考量技術、財務等面向，希望可以將企業所面臨的資安風險，以造成的財務損失金額，作為風險量化的參考依據。

謝昀澤表示，在該份報告發表以後，KPMG 接到好幾家企業來電，除了想知道他們有沒有被選樣，以及成績表現如何，也要求他們分享細部的分析方法，想要以此進行自我診斷檢查。

然而，這些與 KPMG 接洽的企業，本身都是比較關心資安、而且風險較低的公司──KPMG 發現會主動打電話詢問的企業，都是該次曝險報告成績表現優異者，顯見，會關心資安新聞的企業在資安作為上也比較落實。

企業曝險分析外部大數據，並以模型分析財損

全球經歷 COVID-19 疫情影響，不僅促成許多企業採用遠距工作模式，也

改變企業營運和民眾消費模式，這些都讓科技應用大躍進，卻也對應產生資訊安全危機。

臺灣首要面對的資安挑戰，首推地緣政治，長期做為中國駭客鎖定攻擊的標的。其次，在新興科技的運用上，新增許多雲端服務、物聯網和RPA（流程機器人）的使用，勢必會促使企業必須將數位科技結合營運管理制度，藉此提高營運流程效能；最後，臺灣需要面對各種新興商業模式的挑戰，像是：遠距工作、無人化生產以及無接觸服務等，要推動這樣的作業方式，就必須做到安全、有效率才行。

面對新型態的各種資安挑戰，謝昀澤表示，傳統企業內部執行的資安風險評鑑、弱點掃描或滲透測試演練等活動，

技術檢測的4大面向與20項檢測項目

隱私性 Privacy	韌性 Resiliency	聲譽 Reputation	安全性 Safeguard
● SSL/TLS Strength SSL/TLS 強度	● Attack Surface 攻擊面	● Brand Monitoring 品牌監控	● Digital Footprint 數位足跡
● Credential Management 憑證管理	● DNS Health DNS 健康度	● IP Reputation IP 聲譽	● Patch Management 漏洞修補管理
● Hacktivist Shares 暗網分享	● Email Security Email 安全性	● Fraudulent Apps 欺詐應用程式	● Application Security 應用程式安全性
● Social Network 社群網路	● DDoS Resiliency DDoS 承受度	● Fraudulent Domains 欺詐網域	● CDN Security CDN安全性
● Information Disclosure 資訊揭露	● Network Security 網路安全性	● Web Ranking 網頁排名	● Website Security 網頁安全性

為了瞭解臺灣企業面臨的資安風險，KPMG 針對 50 家大型企業，從隱私性、韌性、聲譽和安全性等四大面向進行檢測，每個面向又有 5 個檢測項目。透過總平均得分，了解臺灣 50 家大型企業，以及不同產業別的網路防護現況。圖片來源／KPMG

等第	A	B	C	D	F
分數範圍	90 以上	80 ~ 90	70 ~ 80	60 ~ 70	60 以下
說明	卓越	良好	普通	需改善	亟待改進
資安定義	需要世界一流駭客才能侵害	要聲譽豐經驗的駭客才能侵害	一般的專業駭客就可侵害	入門駭客即有機會侵害成功	會寫基本網路程式的初學者就可能侵害

KPMG 將企業網路防護等級分 5 級，臺灣 50 家大型企業平均為 78 分，列為 C 級，這意味著，只要是一般的專業駭客，就有能力入侵企業；而目前檯面上有一定知名度的駭客組織，至少都是這個等級以上的駭客。圖片來源／KPMG

高科技業數位足跡廣泛，導致企業內部資訊不當揭露

近期，臺灣企業近期最常見的資安風險包括：勒索軟體，以及商業電子郵件詐騙攻擊（BEC），多次爆發重要資安事件，不僅造成企業財務損失，也嚴重影響企業的營運效率。

造成資安事件的原因多元，但仍不脫離資訊系統漏洞無法即時修補，以及曝露過多數位足跡遭到駭客利用。

KPMG安侯數位智能風險董事總經理謝昀澤表示，基於KPMG臺灣企業資安曝險大調查的結果而言，臺灣高科技產業因為網路數位足跡廣泛，造成這個產業安全性的各項檢測排名，都名列各產業之末，成為駭客眼中的肥羊。

曝露過多企業數位足跡，成為企業網路防護隱憂

企業組織如果在網際網路上曝露過多的數位足跡，包含：內部員工有意/無意的資訊洩漏（Information Disclosure）、企業雲端協作平臺（例如：GitHub）組態設定錯誤等高風險因子，都會造成企業組織的數位空間（Cyber Space）高度曝險。

由於過往企業對自身在外的數位足跡較不重視，謝昀澤表示，企業對於像是WHOIS網域名稱查詢工具所顯示的連絡資訊，都可能得以關聯出子公司與母公司

間的關係等，造成企業外部的數位足跡紊亂，而這也讓許多有心人士能夠趁機窺探企業相關資訊，成為難以提防的變因；加上，在數位環境中，企業針對自身品牌的保護與露出之間，必須實施相對的安全控制，在上述兩點加乘後，也造就了現今的企業曝險因子較高的理由。

從他們的調查結果，也發現一個現象，那就是：數位足跡曝露的數目越高，企業網路防護所得到的分數，也將變得越低。謝昀澤表示，此次企業曝險調查的第一步，就是透過企業每個網域名稱，進行快速偵測且呈現企業的數位足跡，而且，這樣的資安風險分析方式，也和駭客入侵企業經常使用的攻擊鏈架構（Kill Chain Framework）時，採用的情搜方式雷同——主要都是從開放性資訊與情報來源，進行挖掘和分析。

謝昀澤表示，此次曝險調查的大數據情資，也有來自外部駭客網站、駭客論壇，以及各種弱點資料庫等資料，因為上述網頁都是呈現資安的負面消息，所以，同樣會造成企業網路上的數位足跡越多、網路曝險的風險控管越差的狀況。

其他企業曝險調查的情資來源，多會涵蓋資安負面訊息的網站。例如，高科技產業數位足跡控管不力，像是通訊業數位足跡控管最差，其曝露在外數位足跡的數

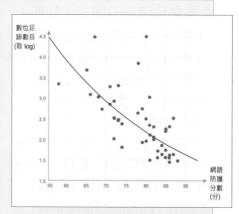

企業若在網路上曝露過多的數位足跡，會大幅拉低各家企業的網路防護平均分數，根據相關資料顯示，高科技業在網路曝露的數位足跡越多，也成為駭客趁機找到企業入侵管道的重要因素。圖片來源／KPMG

目，超過金融業和製造業的60倍以上；至於電子零組件製造、電腦及周邊設備製造業的數位足跡，則分別是金融業、製造業的20倍和5倍之多。

因此，他也建議企業用戶，採用適當的網路縱深防禦架構，透過這樣的方式，保護企業內部重要的數位資產，並透過內部存取控制、資料遺失防護等機制，以及多因素的身分驗證，妥善管理企業重要的數位足跡。文⊙黃彥棻

以及其他問卷、訪談等調查，都只能掌握企業內部或是外部潛在的資安漏洞，而面對外部的網路風險時，企業的掌握度並不高。

因此，KPMG 執行此次企業曝險調查時，就是希望透過非入侵式、自動化智慧型工具自動執行，藉此提高調查的有效性。

同時，為了掌握每次爆發資安事件可能造成的財損，也同時將技術與財務面向納入考量；更以外部多元的大數據情資蒐集，做為客觀調查的依據，希望可以將更廣泛、具體的企業網路曝險實況，透過整體供應鏈或產業視角方式，進行深入分析。

企業曝險調查有隱私、韌性、聲譽和安全性共 20 項檢測

KPMG 本次資安曝險調查有四大技術檢測面向：隱私性（Privacy）、韌性（Resiliency）、聲譽（Reputation）、安全性（Safeguard）。

而在每個面向當中，又有五項細部檢測項目，像是隱私性，就囊括：檢測 SSL/TLS 強度（SSL/TLS Strength）、憑證管理（Credential Management）、暗網分享（Hacktivist Shares）、社群網路（Social Network），以及資訊揭露（Information Disclosure）。

在韌性面向的檢測項目當中，則包括：攻擊面（Attack Surface）、DNS 健康度（DNS Health）、電子郵件安全性（Email Security）、DDoS 承受度（DDoS Resiliency），以及網路安全性（Network Security）。

關於聲譽面相的檢測，分成下列項目：品牌監控（Brand Monitoring）、IP 聲譽（IP Reputation）、欺詐應用程式（Fraudulent Apps）、欺詐網域

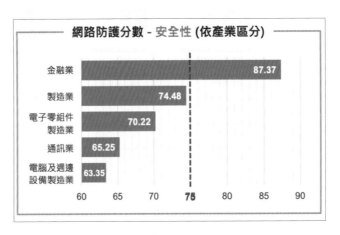

（Fraudulent Domains），以及網頁排名（Web Ranking）。

至於安全性檢測的項目，則包括：數位足跡（Digital Footprint）、漏洞修補管理（Patch Management）、應用程式安全性（Application Security）、CDN 安全性（CDN Security），以及網頁安全性（Website Security）等項目。

透過四個面向、共 20 個檢測項目的綜合成績，以每 10 分為單位來設置 1 個等級，總計分成 A、B、C、D 和 F 等五級，當中的 A 級是 90 分以上，需要世界一流的駭客，才可以入侵這個等

臺灣金融業在網路防護的「安全性」得分最高，平均87.37分，更有過半金融業安全性得分超過90分。
顯見，金融業在金管會的高度監管下，對於安全性的重視高於其他產業。圖片來源／KPMG

級的企業；B 級則是 80 到 89 分，需要經驗豐富的駭客，才能入侵這級企業。

C 級是 70 到 79 分，只需要一般專業駭客，就可以入侵此層級的企業；D 級是 60 到 69 分，若是入門級的駭客，就有機會成功入侵企業；最後則是 F 級、60 分以下，在這樣的防護能力之下，只要有心人士是會寫基本網路程式的初學者（Script Kids，腳本小子），就可能入侵企業。

金融業安全防護近 A 級水準，與主管機關高度監管呈正相關

在 KPMG 調查的 50 家臺灣大型企業檢測結果，五個產業的網路防護安全性平均分數，是 78.68 分（C 級），平

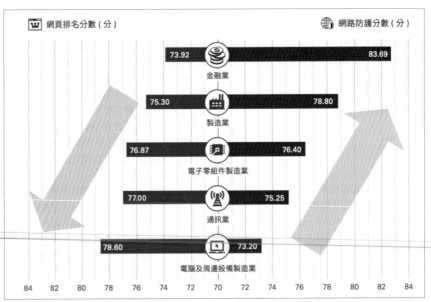

臺灣金融業平均網路防護分數為83.69，相較於各產業而言的排名是第一，但若比較網頁排名分數，得分73.92，竟淪為各大產業之末。為何會有兩極化的狀況？首先，金融業重視安全防護，對各種網路使用，常採取高限制手段，然而，面對純網銀和開放銀行分食客戶挑戰，金融業亦須運用SEO（搜尋引擎優化）手段，以便提升網路知名度。圖片來源／KPMG

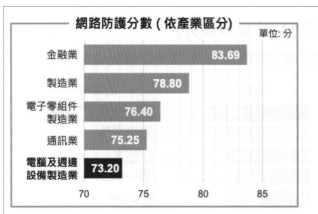

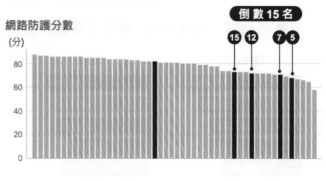

網路防護分數（依產業區分）　單位：分

金融業	83.69
製造業	78.80
電子零組件製造業	76.40
通訊業	75.25
電腦及週邊設備製造業	73.20

倒數 15 名　15　12　7　5

在五大產業中，臺灣的電腦及周邊設備製造業在網路防護平均分數最差（73.2分），不僅遠遠低於五大產業平均值（78.68分），只有一家受測產業網路平均防護分數排名在第22名外，其他都是倒數15名內的成績。圖片來源／KPMG

均財損為 2,000 萬元。

對於這個結果，謝昀澤表示，只要是一般專業駭客，其實，就可以成功入侵臺灣 50 家大型企業，而現在許多有名號的駭客組織都是屬於這類，因此，企業不得不提高警覺。

進一步從各個產業來看，金融業在網路防護分數的四大面向中，不論是隱私性、安全性、韌性、聲譽，皆為所有產業當中表現最優異的。

舉例來說，金融業網路防護安全性的平均分數 87.37 分，平均成績接近 A 級，其中，更有高達超過半數的金融業者，她們拿到的安全性分數能夠超過 90 分以上（A 級）。

若以臺灣產業表現有待加強的網路防護「安全性」成績來看，謝昀澤認為，金融業之所以能夠維持 87.37 分的高水準，跟主管機關金管會的高度監理二者脫離不了關係。

因為，金融業者只要違反金融相關法規時，就會遭到主管機關重罰、造成商譽損失，甚至會導致各種創新服務無法上線等，而這些監管措施對公司與組織最實際的影響，就是會造成金融業營運的重大損失。

所以，許多金融業者為了達到監理機關的要求，都會致力於安全性的提升，

網路防護分數每提高一個級距，財損風險將減少60%

雖然高科技業者成為駭客眼中鎖定的肥羊，但是，根據KPMG臺灣企業資安曝險大調查的結果來看，當網路防護強度分數越低，企業財務損失的機會就越高，除了平均網路防護分數80分以上的金融業，其餘產業財損風險和平均網路防護分數之間，形成高度負相關。

網路防護分數若以5分作為一個級距，當企業網路防護分數每提高一個級距，財損風險就減少60%，而臺灣產業平均網路防護分數為78.68分，並未達到80分的關鍵分水嶺，這也意味著，臺灣產業是駭客鎖定攻擊、勒索的標的，財損的風險也相對來得較高。

KPMG安侯數位智能風險董事總經理謝昀澤進一步分析，網路防護分數85分以上，企業平均財損為200萬元；分數80分至84分，平均財損500萬元；分數75分至79分的企業，平均財損1,300萬元；分數70分至74分，平均財損3,400萬元；防護分數低於70分的企業，平均財損則高達8,800萬元。若以80分作為分水嶺，80分以上企業的平均財損為330萬元，80分以下企業平均財損為4,300萬元。

這次KPMG測試的50家大型企業，彼此在技術面和財務面的表現，相去不遠，不過，其中網路防護分數最高的企業，得分88分，財損只有17.6萬元；網路防護分數最差的企業，得分58分，網路財損竟高達1.58億元。比較兩家極端企業，網路防護分數差距高達30分，財損風險的差距卻相差900倍。他說：「這也可以證明，網路防護能力已經是企業重要競爭力之一。」
文⊙黃彥棻

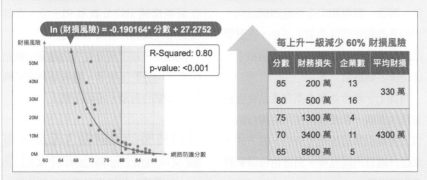

ln (財損風險) = -0.190164* 分數 + 27.2752

R-Squared: 0.80
p-value: <0.001

每上升一級減少 60% 財損風險

分數	財務損失	企業數	平均財損
85	200 萬	13	330 萬
80	500 萬	16	
75	1300 萬	4	4300 萬
70	3400 萬	11	
65	8800 萬	5	

KPMG以財務模型衡量企業遭到資安事件後的財務損失，若以企業網路防護平均分數78.68分為基準，網路防護分數80分以上的企業平均財損為330萬元；80分以下的平均財損為4,300萬元。圖片來源／KPMG

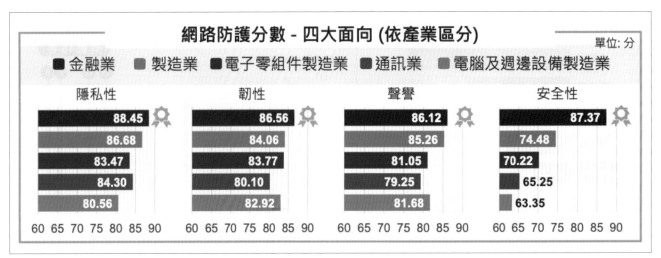

網路防護分數 - 四大面向 (依產業區分)

單位: 分

■金融業 ■製造業 ■電子零組件製造業 ■通訊業 □電腦及週邊設備製造業

隱私性
88.45
86.68
83.47
84.30
80.56

韌性
86.56
84.06
83.77
80.10
82.92

聲譽
86.12
85.26
81.05
79.25
81.68

安全性
87.37
74.48
70.22
65.25
63.35

KPMG針對臺灣50家大型企業，從隱私性、韌性、聲譽和安全性等四大面向進行檢測，每個面向又個有5個檢測項目。透過總平均得分，了解臺灣50家大型企業以及不同產業別的網路防護現況。
以隱私性檢測為例，擁有最多客戶個資的金融業，得分高居各產業之冠，而電腦及週邊設備製造業居末；韌性檢測部分，同樣是金融業得分居冠，但通訊業得分最差；聲譽部分的檢測上，金融業依舊居冠，通訊業也是居末；安全性檢測仍由金融業居冠，電腦及週邊設備製造業為最後一名。圖片來源／KPMG

也因此，才讓金融業能夠成為各個產業的資安標竿。

就不同產業而言，製造業網路防護的安全性分數偏低，只要一般專業駭客就有能力入侵；但是，金融業安全性分數表現較優異，若是經驗豐富的駭客，才有能力入侵這些公司。

表面上看來，金融業似乎不需要擔心網路攻擊，事實上，金融業有許多有價值的資訊與資產，加上積極推動金融科技，更廣泛使用各種雲端儲存、資料分析工具，以及和許多第三方業者的委外合作，這些也成為金融業曝險的關鍵、駭客鎖定攻擊的原因。

謝昀澤也引述國際研究機構報告指出，金融業受到網路攻擊的可能性，是其他產業的300倍，而且，每年的攻擊次數都在攀升；同時，全球金融業每年因為網路犯罪造成的財務損失金額，更是高達新臺幣5.28億元。

金融業DNS控管倒數第二，品牌監控與網頁排名倒數第一

雖然金融業在網路防護安全性的平均分數高，但仍然潛藏著一些危機，不容大家忽視。

謝昀澤指出，金融產業在資安韌性面向的「DNS（域名）健康度」，只拿到了76.46分，大幅拉低金融業在韌性面向86.56分的平均分數，甚至是五個產業中倒數第二名。

他說，如果可以良好地控管DNS，企業就能透過資料比對、安全認證的步驟，降低使用者連線到惡意的詐騙網站，也可以過濾惡意網址，確保重要資訊的安全性。

另一個容易被低估的危機，則是與網頁安全有關。

事實上，金融業在網路防護的隱私性、韌性、聲譽和安全性這四個面向，平均分數領先其他產業，不過，在聲譽面向的品牌監控及網頁排名這兩項中，卻是排名倒數第一。

再加上，現今各個企業在產品與服務業務的推廣，都要懂得運用品牌行銷，以及搜尋引擎最佳化（SEO）的方式，來提升網頁的能見度，而這也會帶來許多網路風險。

謝昀澤認為，企業不能為了迴避網路風險而放棄推廣數位化，像是，金融業

為了推動金融科技（Fintech）的發展，並面對純網銀以及開放銀行可能造成客戶流失的風險，因此，金融業必須在提升網路知名度的網頁排名，以及網頁安全之間，取得平衡。

值得注意的是，此次KPMG的調查中，納入13家金融業，其中有11家的網路防護分數名列本次調查的前20名，但剩下的2家金融業的排名，竟在整體排行的30名之後。

謝昀澤指出，位居30名以後的2家金融業，在漏洞修補管理的項目，只有45分和20分；在詐欺應用程式的項目，只有89分和75分；前20名金融業在漏洞修補平均分數為91.5分，在詐欺應用程式的分數為100分。

他認為，這次得分位在金融業中網路防護平均分數落後者，將成為駭客積極鎖定攻擊的對象，不可不慎！

高科技製造業財損3千萬，電腦及週邊設備製造業資安最差

一般而言，包括電子零組件製造業、通訊業，以及電腦及週邊設備製造業，是多數人認知的「高科技產業」，謝昀

澤表示，根據企業曝險調查，高科技製造業是發生資安事件後，預估潛在財務損失最高的產業群，每家公司平均財損超過新臺幣 3,000 萬元。

由於臺灣高科技產業在全球產業供應鏈扮演關鍵角色，在資安威脅態勢上，也呈現不同的面向。謝昀澤指出，駭客針對臺灣高科技產業的攻擊，過去以破壞關鍵資訊系統、竊取營業秘密等，近年來，則以針對企業系統或資料，發動加密勒索、商業郵件詐騙、進階持續性威脅（APT）攻擊等。

通訊與製造相關產業在綜合隱私性、安全性、韌性、聲譽四大面向的網路防護平均分數都不高，則是各產業網路防護分數最低的產業（73.2 分），遠遠低於製造業（78.8 分）、電子零組件製造業（76.4 分）、通訊業（75.25 分），以及電腦及設備製造業（73.2 分），其網路防護平均成績低於五大產業平均分數（78.68 分）。

更有甚者，電腦及周邊設備製造業只有一家勉強進入前段班（第 22 名），其餘皆落在整體排行的最後 15 名；至於製造業、電子零組件製造業等，平均分數則在 70 分到 75 分。

基於這樣的調查結果，謝昀澤也發現，製造業雖然是臺灣主要的核心產業，從 2020 年到 2021 年上半，陸續傳出許多製造業者，都遭到駭客組織植入勒索軟體進行加密勒索資安事件。顯然，製造業在網路防護的安全性上面，仍有很大進步空間。

另外，他也看到，金融業和電腦及設備製造業等兩個產業之間，網路防護分數相差 24 分之多，也突顯臺灣各產業的網路防護的安全性，有很大的落差。

高科技製造業多項安全性檢測排名最差，成為臺企資安軟肋

在網路防護四個面向中，高科技製造

KPMG安侯數位智能風險董事總經理謝昀澤表示，在他們首度對外公布的企業網路曝險大調查中，他們想要驗證具有資源的大公司，是否會願意多投入資源在資安項目上，而根據最終分析的結果來看，高科技業對於資安投入最少，面對的網路風險最高。

業的安全性，是五大產業當中平均分數最差的，但值得關注的是，高科技產業安全性涵蓋的檢測，如應用程式安全性、CDN 安全性、漏洞修補管理、網頁安全性、數位足跡等，分數又都落後金融業及製造業，這些都突顯高科技製造業網路安全的脆弱。

因此，高科技製造業雖然是臺灣重要的核心產業，卻面臨高度網路風險。而從「攻擊面」的檢測項目中，針對開放埠、過時服務、應用程式弱點及錯誤配置，也可看出端倪。

KPMG 發現，高科技產業的成績明顯落後，而這樣的狀況，也使得當高科技產業旺季來臨時，可能會因為曝險面積擴大，導致他們遭受到更多的駭客勒索軟體攻擊。

對此，謝昀澤也依據過去數十個臺灣本土受害案例，分析高科技業經常被入侵綁架的原因。

謝昀澤認為，這些事故經常是因為一個員工小疏失所引發。

這當中最常見的狀況，就是隨意點選來路不明、內含木馬程式的釣魚郵件，再加上一個未能即時修補的漏洞，例如：Windows 或是電子郵件伺服器的

漏洞未能夠及時更新，而對企業帶來網路安全風險。

最後，因為疫後遠距科技的多元應用，更提供駭客更多入侵管道。

謝昀澤坦言，科技業資安較整體平均脆弱的調查結果，是個初看「意料之外」、細想卻是「情理之中」的成績。

畢竟，一般人對於大型企業的印象，往往都是圍牆高聳、門禁森嚴，但仔細觀察實際的企業網路環境後，我們卻可以發現，凡事講求生產效率與成本的臺灣科技業，對於資安的重視程度，普遍來說並不高。

加上，臺灣製造業近年來積極推動工業 4.0，也讓各種類型的製造業開始朝向智慧製造發展，謝昀澤指出，為了部署各種感測器收集資料，工廠端的網路架構也日益複雜，再加上許多工控系統（OT）軟體，往往無法做到軟體或韌體的即時更新與升級，這些環境上的變化，都讓駭客有可乘之機。

他認為，臺灣製造業在推動數位化的同時，更必須更加提升資安控管能力，以及網路防護，才能夠確保企業核心服務和系統的安全性，避免造成巨大的財務損失。**文⊙黃彥棻**

大型企業資安未必做得好，
漏洞修補不及格比例超過 3 成

回顧 2020 年資安，臺灣多達四分之一比例的大型企業，在漏洞修補管理檢測項目拿零分，獲得滿分者不到一成；其他像是品牌監控、加密連線強度，以及不當資訊揭露，也是企業在 20 項技術檢測項目中，分數最低的四個項目

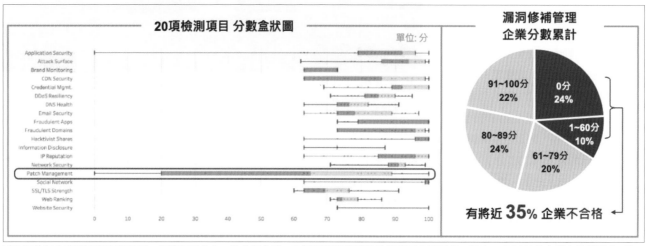

KPMG執行企業曝險調查時發現，臺灣有三分之一的大型企業，在漏洞修補管理的檢測項目上不及格，其中，有24%的企業在該項目拿0分，滿分只有8%。圖片來源／KPMG

根據 KPMG2021 年公布的臺灣企業資安曝險大調查，KPMG 安侯數位智能風險董事總經理謝昀澤發現，在 20 項檢測項目中，漏洞修補管理（Patch Management）是臺灣 50 間大型企業中，整體表現最差的項目，有高達 35％的企業不及格，更有將近四分之一（24％）的企業，在漏洞修補管理這個項目拿零分。

他認為，對企業而言，有別於傳統稽核、內部系統檢查，以及外部滲透測試，採用這樣的「外部情資探索分析」的方法，能提供更多觀點來了解內部的資安問題，並且從駭客的真實視角來檢視自身狀態，也可以用類似的手法，很快了解全集團，或是整體供應鏈的資安曝險程度。

所以，對於企業而言，在內部做好完整弱點管理是關鍵，包括：主動資產搜尋、持續監控、緩和風險與修復，以及弱點管理等。

謝昀澤指出，透過這樣的評估，不僅可以讓企業關注曝險的問題，也等於告訴其他企業，能夠運用此種方式來進行自我檢查。

有三成企業沒有做好漏洞修補，四分之一企業拿零分

謝昀澤表示，KPMG 此次執行企業曝險調查，並不是採用主動探勘企業數位資產的方式，而是去探勘網路環境當中的狀態。

他們運用的資料來源，包括：SSL Labs、Censys、Shodan 和 Zoomeye 等弱點資料庫，而且，會先去蒐集網路企業資產系統版本，再將這些版本號碼資訊，轉換成 NIST 資訊資產項目訂定的通用平臺列舉標號（CPE-ID），最後再與 NIST 國家漏洞資料庫（NVD），以及 MITIR 常見漏洞評分（CVSS）資料庫，進行關連分析。

關於企業曝險狀況，他們訂定了 20 項技術指標，以此來檢視企業面對的風險程度。

根據調查結果顯示，漏洞修補管理是整體檢測分數最低（58.58 分）項目，其中，有超過三成（35％）企業不及格，更有四分之一（24％）的受測企業在這個項目拿零分。不過，雖然有不少企業成績很差，卻仍有 4 家（8％）企業得到滿分。

謝昀澤說，這也意味著，關於漏洞修補管理這項指標，企業只要以具體、積極的方式投入改善，就有辦法控制相關的風險。

為什麼有如此多的企業在這個項目拿零分？他說：「漏洞修補管理的檢測

方式是採用扣分制，這些企業漏洞在網路上被揭漏的數量越多，就會持續被扣分，直到零分為止。」這是許多不重視漏洞管理的大型企業，在該項檢測項目拿到零分的原因。

依據 Security Boulevard 的調查，有 60% 的弱點攻擊事件，其實都已經有相對應的漏洞修補程式，只是企業還沒有更新套用新的修補程式而已。

另外，在 Dell 的調查中，則有 63% 的企業認為，他們的資料可能在 1 年以內，因為硬體或晶片的安全漏洞而遭到感染。

因此，謝昀澤建議，企業須重視完整的系統弱點管理程序，包括：主動針對數位資產進行搜尋、持續監控、緩和風險、修復和防禦等步驟；廣泛蒐集多元弱點情資，包含情資來源多樣性，以及弱點範圍的涵蓋性（如 IoT、雲端、OT）等；加速修補弱點過程，降低漏洞攻擊風險；同時，也必須提升弱點資料庫與現有資訊資產比對之有效性。

誤植域名為最常見的品牌監控風險

臺灣企業曝險檢測分數第二低的項目是「品牌監控」，只有 69.40 分，顯然有很大的改進空間。

謝昀澤表示，品牌監控其實是一項商業分析流程，目的在於監控網頁上或透過多種媒體管道，藉此取得企業、品牌，以及其他與企業外部連結事項的相關資訊。

企業於網路上常見品牌的風險，總共有 8 種之多，包含：因企業域名遭搶註而被劫持（Typosquatting，誤植域名）；商標濫用／誤用，未經授權的社群媒體帳戶，惡意或未授權的應用程式，錯誤／有問題的機密聲明關係，工作場所的負面評論，員工的不當行為，以及公司郵件帳戶的可疑使用。

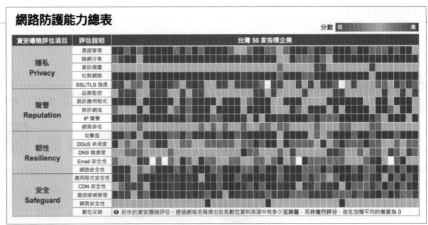

KPMG公布第一個企業網路曝險調查報告，選定臺灣50家大型企業針對隱私性、韌性、聲譽以及安全性等四大面向、共20個檢測項目做檢測，揭露臺灣大型企業面臨網路風險程度。圖片來源／KPMG

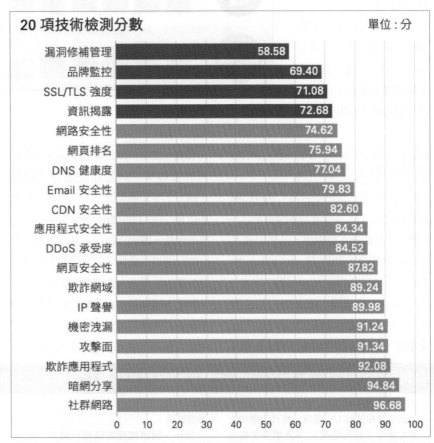

在四大面向，20項檢測項目中，包括：漏洞修補管理、品牌監控、SSL/TLS強度以及資訊揭露，是平均得分最差的四個項目。圖片來源／KPMG

其中的誤植域名，通常也被眾人稱之為 URL 劫持或是假 URL，是一種網域名稱遭他人搶先註冊的形式，往往會帶來品牌劫持或者是釣魚攻擊。

目前常見的網域名稱濫用方式有哪些？像是：使用者在輸入網址時，會因為拼寫錯誤而輸入不正確的網址，所以導引至其他相似的網址；或者，也會出現使用者被類似的假網頁欺騙，自己誤以為連上正確的網址。

誤植域名帶來的潛在風險，除了流量點擊帶來金流外，更大的風險在於，對方可以透過釣魚手法，騙取使用者的帳號密碼，也可以在使用者的裝置安裝惡意程式或廣告軟體，更可以用來傳播網路色情，或者是作為發動 DDoS 的傀儡網路。

而這些潛在風險，對於企業品牌經

營，往往都有很大的負面影響。

謝昀澤建議，若要強化對於品牌監控的力道，企業應該要注重社群評論（如 Google、社群媒體等）；須監控目前與自身相關的商標、網域名稱，或行動 App 等數位科技的運用狀況。

企業也必須部署完整的網域名稱保護方案，避免因有人搶先註冊，導致自家域名遭到劫持，而對企業品牌造成負面的影響。

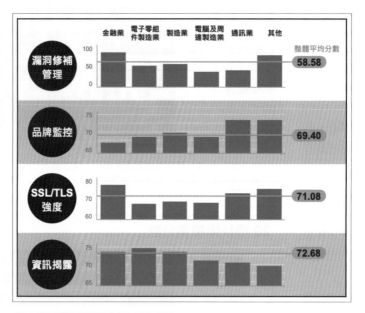

從企業資安表現最差4個檢測項目中，我們可以發現：在漏洞修補管理上，高科技業低於產業整體平均；在品牌監控上，金融業低於產業平均；在 SSL/TLS強度檢測上，電子零組件、製造業與電腦及周邊製造業，低於產業平均；在資訊揭露檢測上，電腦及周邊製造業、通訊業，低於產業平均。
圖片來源／KPMG

關注加密流量是否會超出設備負荷而進入企業內部

技術檢測第三低的項目為：資料和網路傳輸 SSL/TSL 加密連線的強度測試，分數為 71.08 分。他指出，這個加密流量的檢測作業，利用 Qualys SSL Labs Scanner、HTBridge、Mozilla Website Observatory 等來源，檢測 SSL/TLS 加密連線的安全性，識別其加密套件、協定細節、HTTP 的強制安全傳輸 HSTS

和加密套件 PFS 等安全性。

畢竟，加密流量是現今主流，日新月異的密碼學，以及橢圓曲線密碼學（ECC）等新興加密協定，都會大幅增加處理 SSL/TLS 加密連線流量時所需要的效能，謝昀澤指出，這可能導致現有的設備無法負荷，或是因此而允許未經檢查的流量進入企業內部網路。

因此，他建議，企業應該要審慎使用多網域／多域名（SAN）憑證；也必須注意最新憑證使用限制——從 2020 年

起，憑證最長效期縮短至 397 天，一不小心，就可能造成憑證失效，過去已有許多類似的案例發生；對外網站的 TLS/SSL 加密連線憑證更新上，也應使用自動化機制；最後，則是建議企業要選擇使用合適強度的加密演算法。

不當資訊揭露成駭客入侵利器

在 KPMG 的企業曝險技術檢測當中，臺灣企業表現不好的項目是：資訊揭露，分數為 72.68 分（在不良程度的項目當中，排名第四）。

謝昀澤表示，資訊揭露是要檢查是否出現錯誤的配置，或是公開資產是否會揭露企業的 IP 位址、電子郵件、版本

臺灣企業常見的前五大資安漏洞，都與遠端程式碼執行及權限提升有關

首度公布的KPMG臺灣企業資安曝險大調查當中，分析臺灣50家大型企業最常遇到的五大漏洞。KPMG安侯數位智能風險董事總經理謝昀澤表示，這突顯了一件事：遠端程式碼執行（RCE）漏洞和權限提升漏洞，是對企業造成最大危害的漏洞類型。

他指出，前五大對企業造成危害的漏洞類型中，有2個是遠端程式碼執行漏洞，有3個是權限提升漏洞。該份調查排名第一的漏洞是CVE-2020-11984，這是Apache網路伺服器版本2.4.32版本升級2.4.44版本當中，在「mod_uwsgi」模組，出現緩衝區溢位造成的遠端程式碼執行漏洞，這個弱點可以讓駭客取得並修改

敏感資訊。

另外一個遠端程式碼執行漏洞，則是排名第五的CVE-2020-1520，主要是Windows字體驅動程序存在一個遠端程式碼執行漏洞，在記憶體內部者進行不當處理時，駭客可以藉此在受害者電腦執行惡意程式。

另外三個漏洞屬於權限提升的弱點。像是名列第二的CVE-2020-1529，是Windows圖形裝置介面（GDI）的漏洞，當GDI處理記憶體中物件的方式，存在權限提升的漏洞，駭客登入系統後，可能執行任意程式碼並安裝程式，也可檢視、變更或刪除資料，或建立具有完整使用者權限的新帳戶。

第三名的漏洞是CVE-2020-1579，這裡的問題與Windows Function Discovery SSDP有關。Windows功能探索SSDP提供者無法正確處理記憶體時，可能會出現權限提高的漏洞，如果駭客要利用這個漏洞，必須先取得受害者電腦執行程式的權限，然後，駭客就能夠執行惡意程式，以便達到提高權限的目的。

名列第四的漏洞是CVE-2020-1584，這是關於Windows系統dnsrslvr.dll的漏洞，而Dnsrslvr.dll是一種動態連結程式庫（DLL）檔案，儲存要跟進的EXE執行檔案適用的資訊和指令，而上述的這個漏洞，主要是dnsrslvr.dll處理內記憶體時所存在的權限提升漏洞。文⊙黃彥棻

號及 WHOIS 的記錄等，讓這些敏感資訊存在於網路之中。

造成資訊揭露的原因，主要可分成三大類。謝昀澤指出，首先，在公開的內容中透露企業內部資訊，例如，有一些企業用戶偶爾便會在應用程式開發環境中，可以看到開發人員的註解。例如，有一些企業用戶偶爾會在應用程式開發環境中看到開發人員的註解。

其次，不安全的網站配置，像是沒關掉除錯（Debug）及偵錯功能，都可能讓惡意人士利用工具獲得敏感資訊；最後是應用程式的設計缺陷，若網頁會針對錯誤送出明確的錯誤狀態訊息，也能讓惡意人士用列舉法取得敏感資料。

謝昀澤建議，企業應確保每個網站開發者，已充分了解什麼是敏感資料，畢竟，有些看似無害的訊息，對於攻擊者而言，可能比我們想像中還要有用。

同時，應盡可能使用一般錯誤訊息，避免攻擊者取得多餘線索；假若企業使用開放或雲端的開發環境時，應該要限制除錯、診斷功能，也要避免使用真實環境的組態進行測試。**文⊙黃彥棻**

點破企業曝險的迷思：安全無涉公司規模、開業年限與知名度

根據KPMG公布的企業資安曝險大調查結果來看，面對各種網路風險，從漏洞修補、品牌監控、加密流量安全，以及資訊揭露等層面的態度與作為，都可以影響企業的網路曝險程度。不過，KPMG安侯數位智能風險董事總經理謝昀澤提醒，企業雖然面臨不少網路風險，但事實上，該份報告也點醒一些大眾的迷思，例如，誰說企業規模大，網路防護就一定做的比小企業好呢？開業年限越久的老企業，一般認為，企業的知名度通常比較高，但若評估網路知名度時，企業歷史長短和知名度並沒有正相關。

企業網路曝險與公司規模和知名度無關

一般人都認為，企業的規模夠大、財力雄厚，通常可以聘請更多的資安專家、購買更完善的網路基礎設備，做更好的網路防護，所以，網路防護的分數都會比小公司來得高。但謝昀澤表示，從這份企業資安曝險報告來看，有許多大型企業，雖然市值、規模大，網路曝險的程度卻比其他規模較小的公司高，這證明了一件事：企業規模大小和市值高低，與網路防護分數高低無關。

另一個迷思在於，很多人認為，大型企業為了保護其重要資產，也會比其他中小型企業減少資安事件發生的風險，並且降低企業潛在的財務損失。但謝昀澤從企業的市值規模和網路防護與財損風險的氣泡圖發現，規模越大的企業必須投入越多防護資源，才有辦法維持同等金額的財損風險，但現在有許多大型企業，還沒有辦法找到增加企業資安防護支出，以及降低風險的平衡點，因此，未來企業在進行風險評鑑時，更應該審慎評估兼顧資安支出，以及企業財務損失風險的方法。

許多知名公司，往往都是開業歷史悠久的老企業，透過民眾常年的口耳相傳，加上電視媒體報導，長期以來，累積了一定的企業知名度，相對而言，也具有比較好的品牌曝光度。

但謝昀澤發現，隨著網路時代的來臨，傳統媒體影響力逐步衰退，單靠時間的累積，以及長期宣傳，並不能換取企業的名氣，如今的企業如果要打造知名度，已經不必仰賴傳統的電視媒體報導宣傳，反而可以透過各種網路經營模式和工具，並藉由好的SEO（搜尋引擎優化）方式，提高企業官方網站的排名，進一步提高網路知名度和影響力，賺取數位時代的流量紅利。

企業對 DDoS 攻擊的防護力大幅提高

謝昀澤也分享一個有趣的風險檢測結果，可能會讓企業對於本身的網路防護能力產生過度樂觀的態度。

他表示，臺灣有許多產業都會遭遇到DDoS（分散式阻斷式）攻擊，嚴重影響企業營運，但在這份企業網路曝險報告當中顯示，整體產業對於DDoS的防禦分數高達84.5分，遭到DDoS危害最嚴重的金融業，更高達86分。

臺灣企業的DDoS防護真有這麼優秀嗎？謝昀澤解釋，因為這次的報告採用外部蒐集的情資做分析，但DDoS明顯是針

KPMG 企業資安曝險報告顯示，企業網頁排名優劣與企業開業年限無關，隨著網路時代來臨，企業知名度可以透過 SEO 提高網頁排名，不一定要開業很久才行。圖片來源／KPMG

對單一服務發動的攻擊；再者，該份報告檢測的外部資訊，包括企業的DNS、NTP等相關設定，卻不是針對網站單一服務做檢測；最後也是最關鍵的部份則是，有許多企業的DNS或郵件伺服器，都會採用主從式備援架構（Master-Slave），也使得企業相關網站服務的防護成績大幅提升。

事實上，企業對於DDoS的防護設定，並不會降低駭客採用DDoS對企業服務發動攻擊的意願、次數和強度，謝昀澤表示，這份曝險報告雖然只能作為外部曝險的參考依據，但企業仍然應該搭配更深入的檢測方式，藉此發掘企業網路的真實樣態，並且應該針對不同的DDoS攻擊手法，例如SYB Flood、應用層攻擊加以防護，也可以透過CDN（內容交付網路）、流量清洗等進階防護措施，透過定期演練，提升員工對於遭到DDoS攻擊時的防護警覺。**文⊙黃彥棻**

掌握敵之必攻，
重新對焦整體資安防護策略

數位化浪潮推升全球數位轉型發展，也大幅影響資安威脅型態，黑色產業經濟背後
存在更複雜的駭客犯罪組織，已經將資安威脅提升為數位戰爭狀態，我們需要符合
數位化時代的資安防護戰略，才能對抗這場資安無限賽局

在2021年，KPMG公布極具震撼力的研究《臺灣企業資安曝險大調查》，明白揭露臺灣各產業普遍的資安防護危機情況。這份調查主要抽樣對象為臺灣50家本土大型企業，除了長年被高度要求的金融業，其他產業的情況都令人擔憂，尤其位屬全球供應鏈要角的高科技製造業，各項安全性檢測項目多數都在平均分數之下。而在2022年由趨勢科技最新發布的研究報告中，則指出「全球54%企業無法有效評估資安風險」，這其實反映出企業與組織原有的資安防護方法存在問題，而致使「無效的投藥」。

許多人都知道要「對症下藥」，但清楚確認病症、知道該採取何種藥物、發揮多大效果的人少之又少。事實上，無效投藥大多因為病痛問題判斷錯誤，以致找錯治療方向、錯估用量或引發根源未防止。所以，假如資安代表現代化企業組織的健康指標，我們更需要清楚對健康造成的危險源於哪個威脅面向，才能做出快速有效的防護策略，盡速減少攻擊面暴露，避免惡意者利用，這樣的方式稱為「攻擊面管理（Attack Surface Management，ASM）」。

或許有人會認為，所謂的「攻擊面（Attack Surface）」，應該就是弱點漏洞（Vulnerabilities），但其實從風險管理的角度而言，無論是攻擊面或弱點漏洞，我們都應視為造成企業資安風險的威脅因子，一個來自於外部的暴露表面，另一個是存在於內部的脆弱層面。

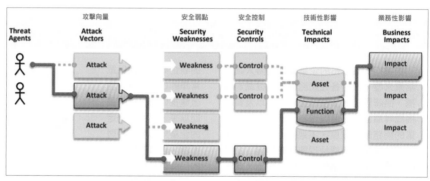

攻擊者可能會通過你本身的應用程式、使用許多不同的路徑，設法傷害業務或組織，而這些路徑中的每一個環節都代表了一種風險，因此，建議大家從不同的維度思考資安防護策略。
圖片來源／Shashank Goyal

以網頁應用安全的風險為例，網頁應用是由不同的元件、服務，以及應用任務所構築而成，因此，發生攻擊面的維度上，也會有不同程度與型態的攻擊手法，從近期的Log4shell、Zerologon、Proxylogon等種種漏洞濫用的資安事故，我們可引以為鑑。

換言之，當攻擊面受力面積越大，結構存在的脆弱點越容易受到衝擊影響；相反的，如果能夠縮減可能遭受威脅的攻擊面，並且強化或修補脆弱的結構，則受到攻擊時將能降低至最小的傷害。

如何準確、有效、快速的強化資安能量

在資安防護上，絕大部分的企業與組織投入非常多的資源及努力，尤其在現今數位化飛速發展的情況下，已經讓傳統的資訊架構與生態結構產生極大的改變，不論是智慧製造、數位金融、數位政府、智慧醫療、新電商零售服務等，其中所應用的新興科技，都逐漸逼迫大

家必須設法轉型、改變。

相對的，如果我們將過往提升資安的經驗方法套用到這些變化之中，將會發生適得其反，以及事倍功半的狀況，而且，從許多現行討論數位轉型成功與失敗的案例中，已經可以驗證出這個道理。對此，我想提出四個建議：

內外兼修，避免裡應外合

所謂的「內」是指內部存在的弱點漏洞，「外」是指外部暴露的攻擊面，基本上，它們都是現今主要的資安威脅因子，因此，將二者的探尋結果進行關聯管理與修補，將能夠在更準確、有效率、快速且低耗能的情況下，避免駭客利用內部探勘的弱點資訊或外部發現的突破口進行攻擊。

弱點掃描是企業組織較為熟知的常態作為，因此，若能加速掃描的週期並持續追蹤管理，將有助於企業縮減資安風險空窗。而新崛起的攻擊面管理策略，則以發現暴露在外的資安問題為主，有別於滲透測試跟威脅情資的方

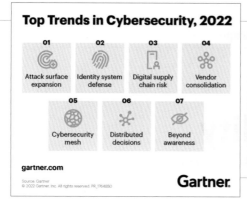

Top Trends in Cybersecurity, 2022

01 Attack surface expansion
02 Identity system defense
03 Digital supply chain risk
04 Vendor consolidation
05 Cybersecurity mesh
06 Distributed decisions
07 Beyond awareness

gartner.com

Source: Gartner
© 2022 Gartner, Inc. All rights reserved. PR_1764880

Gartner.

在 Gartner 提出的 2022 年網絡安全 7 大趨勢當中，攻擊面擴大（Attack Surface expansion）為第一位，隨著數位工作方式的變化，以及公有雲服務的採用、高度連結的供應鏈、更多聯網裝置系統的使用，都暴露新穎且更具挑戰的攻擊面。圖片來源／Gartner

法，攻擊面管理更聚焦在企業組織多種資安攻擊面向的探尋，包括技術面及網路黑市資訊，在對應資安產品上，我們可評估使用 SecurityScorecard、Tenable 的 ASM、以及 Palo Alto Networks 的 Cortex Xpanse 等成熟方案，它們對於資安風險的情報彙整相對較完善。

知己知彼，方能料敵先機

知己所指為對企業組織的資產風險管理，知彼則是資安情資蒐集。多數的企業組織對於自身的資產風險掌握度不高，或者說時效性不足，若要改善這樣的狀況，其實 NIST CSF 資安框架所定義的 Identify（辨識）是很好的參考準則，若能妥善運用，可以清楚資產對應到前述弱點，以及與攻擊面之間的對價關係，將有助於攻擊威脅的預測判斷。

有關於資安情資一詞，大家多半優先想到威脅情資（Threat Intelligence），但實則應包括企業組織已建立的資安防護系統偵測到的訊息。

因為，情資的功能，是幫助我們知曉威脅的風向跟特徵，資安系統探查的訊息告警，有助於知道異狀發生，而運用 MITER ATT&CK 框架來檢視，會是目前最佳的攻擊威脅狀態表現方式。

精準防守，切勿亂槍打鳥

承上所述，「內外兼修」與「知己知彼」的目的，就是為了將企業組織有限的資源與人力，有效率地部署在精確的防守戰略位置；事實上，這些方式在多數的企業組織已經存在，但最大的問題盲點，通常發生在「資安能量有限，而威脅無限」的困境上，一方面是因為對

於資安攻擊的無常無向而擔憂，一方面則是害怕出了事被究責，卻往往忽略了企業所應該防守的核心重點。

資安成熟，勝過靈丹妙藥

資安成熟度（Cybersecurity Mature）的概念，在最近兩三年來逐漸浮上檯面，雖然目前對於「資安成熟」還沒有標準定論，但資安成熟涵蓋範疇不僅止於過往所說的資安治理規範（如 ISO-27001、ISMS 等），也不單指資安投資花了多少、資安人力有多充分、通過多少認證，或是擋下多少次的資安攻擊事件。其實，在不同領域及規模的企業或組織，所應達成的資安備戰狀態，也有不同的程度要求。

對此，我們可參考 SANS 組織提出的 Security Awareness Maturity Model，誠實評量企業組織目前身處的資安階段，幫助自身能夠清楚資安的基準值（Baseline）；進一步而言，我們也能參考幾種資安框架模型，幫助建立有效且確實的企業資安策略發展藍圖，這些框架包括：NIST 的 CSF（Cybersecurity Framework）、CDM（Cybersecurity

Defense Matrix），以及美國國防部提出的 CMMC（Cybersecurity Maturity Model Certification）；如果特定產業已經設立資安標準，例如半導體業的 SEMI E187 或科技製造業的 IEC/ISA 62443，可循序逐漸強化資安成熟度。

資安是場「無限賽局」，追求「零風險」就輸定了！

《無限賽局 (The Infinite Game)》是全球知名的管理思想家（Thinkers50）- Simon Sinek 的著作，在無限賽局中的玩家包括「自己（企業組織）」和「已知及未知的對手（駭客組織）」，賽局中沒有遊戲規則，而且對手也不按牌理出牌，比賽的目標也沒有期限與終點，一直持續到其中一方失去意志或資源，退出賽局。而這樣的概念，非常適合用來形容與解釋現今的資安威脅。

自從網路犯罪成為組織化的黑色產業，資安已提升為永無止戰終點的網路數位戰爭，駭客集團不再滿足於加密勒索攻擊一途，過去更令人擔憂的 APT 攻擊，從對付國家政府層級的目標，如今也套用到企業組織；不過，跟駭客集團比拚軍武競賽與攻擊力，或堅持對威脅零容忍政策，都絕非明智之舉。

因此，企業組織必須從數位化時代重新思考資安戰略思維，提升自身的資安成熟度，並採取更精確有效率的資安防護策略。

畢竟未來資安威脅變化難以預估，若能正視並認知自身資安成熟健全，從 Know 到 Know-How，是確保持續對抗的根本之道，而這也考驗企業資安長的戰略格局。

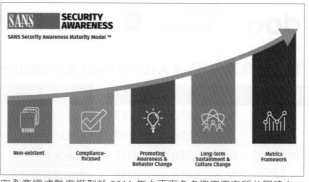

安全意識成熟度模型於 2011 年由兩百多名資安專家所共同建立，現已成為業界標準，主要是以成熟度模型為基礎，通過定義每個階段並描述實現這些階段的步驟，可概分成 5 個級別。圖片來源／SANS

文⊙資安顧問黃繼民

臺灣資安市場地圖—臺灣資安大會導覽

Risk Assessment & Visibility

此類別包含弱點管理相關產品與服務，涵蓋弱點偵測、弱點評估、內部威脅風險評估等類型

  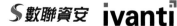 

2022 臺灣資安大會展覽資訊 — Risk Assessment & Visibility

廠牌名稱	攤位編號	廠牌專頁	廠牌名稱	攤位編號	廠牌專頁
三甲科技	T03	https://r.itho.me/csl783	BeyondTrust	B33	https://r.itho.me/csl611
Acronis	L01	https://r.itho.me/csl592	Black Kite	B52	https://r.itho.me/csl621
安碁資訊	T01、T02	https://r.itho.me/csl816	Check Point	S22	https://r.itho.me/csl713
Acunetix	F15	https://r.itho.me/csl755	中華資安國際	L06、T11	https://r.itho.me/csl650
Armis	F21	https://r.itho.me/csl642	中芯數據	L01	https://r.itho.me/csl590
Attivo Networks	F21	https://r.itho.me/csl643	CyberArk	B01、B31	https://r.itho.me/csl683

廠牌名稱	攤位編號	廠牌專頁
Cyberint	F21	https://r.itho.me/csl644
奧義智慧	L09、CT08	https://r.itho.me/csl633
Cymetrics	B09	https://r.itho.me/csl658
勤業眾信	B28	https://r.itho.me/csl794
戴夫寇爾	B54	https://r.itho.me/csl701
中華龍網	T20	https://r.itho.me/csl786
曜祥網技	L02、T45	https://r.itho.me/csl549
ExtraHop	L01	https://r.itho.me/csl591
Forescout	F11	https://r.itho.me/csl774
IBM	B57	https://r.itho.me/csl718
Imperva	B20	https://r.itho.me/csl679
數聯資安	F06	https://r.itho.me/csl676
Ivanti	B37	https://r.itho.me/csl759
Kaspersky	B21、B43	https://r.itho.me/csl636

廠牌名稱	攤位編號	廠牌專頁
可立可資安	T29	https://r.itho.me/csl835
盧氪賽忒	T30	https://r.itho.me/csl586
Mandiant	F14	https://r.itho.me/csl596
台灣微軟	F22	https://r.itho.me/csl548
安華聯網	T34	https://r.itho.me/csl593
Panorays	B33	https://r.itho.me/csl610
Qualys	L01	https://r.itho.me/csl614
Rapid7	F15	https://r.itho.me/csl761
Sophos	S47	https://r.itho.me/csl829
賽門鐵克	S11	https://r.itho.me/csl745
詮睿科技	S20	https://r.itho.me/csl668
Tenable	F07	https://r.itho.me/csl605
如梭世代	B50	https://r.itho.me/csl630

Endpoint Prevention

此類別包含端點防護相關產品與服務，涵蓋個人端電腦防毒、統一端點管理（UEM）、應用程式白名單控管（Application Whitelisting）、周邊裝置控管（Device Control）、內容威脅解除與重組（CDR）、遠端瀏覽器隔離上網系統（RBI）

2022 臺灣資安大會展覽資訊 — Endpoint Prevention

廠牌名稱	攤位編號	廠牌專頁	廠牌名稱	攤位編號	廠牌專頁
Acronis	L01	https://r.itho.me/csl592	HCL	S21	https://r.itho.me/csl616
安碁資訊	T01、T02	https://r.itho.me/csl816	IGEL	B49	https://r.itho.me/csl624
Bitdefender	B01	https://r.itho.me/csl696	Ivanti	B37	https://r.itho.me/csl759
BlackBerry	B52	https://r.itho.me/csl719	Jamf	F10	https://r.itho.me/csl634
Check Point	S22	https://r.itho.me/csl713	Kaspersky	B21、B43	https://r.itho.me/csl636
全景軟體	T14	https://r.itho.me/csl785	Menlo Security	F21	https://r.itho.me/csl647
中華資安國際	L06、T11	https://r.itho.me/csl650	Micro Focus	B26	https://r.itho.me/csl620
Cimcor	B34	https://r.itho.me/csl665	台灣微軟	F22	https://r.itho.me/csl548
CrowdStrike	F02	https://r.itho.me/csl600	安華聯網	T34	https://r.itho.me/csl593
誠雲科技	S34	https://r.itho.me/csl625	OPSWAT	F21	https://r.itho.me/csl645
CyberArk	B01、B31	https://r.itho.me/csl683	Palo Alto Networks	F13	https://r.itho.me/csl582
Cybereason	B42	https://r.itho.me/csl753	SentinelOne	L01	https://r.itho.me/csl618
曜祥網技	L02、T45	https://r.itho.me/csl549	Sophos	S47	https://r.itho.me/csl829
Elastic	S32	https://r.itho.me/csl727	賽門鐵克	S11	https://r.itho.me/csl745
精品科技	L05	https://r.itho.me/csl651	趨勢科技	L08、CT01	https://r.itho.me/csl597
Forescout	F11	https://r.itho.me/csl774	VMware	未設展區	https://r.itho.me/csl653
Fortinet	F09	https://r.itho.me/csl550	Votiro	B01	https://r.itho.me/csl695

Mobile Security

此類別包含智慧型手機與平板電腦防護相關產品與服務，涵蓋企業行動管理（EMM）、行動裝置管理（MDM）、行動裝置 App 管理（MAM）、行動裝置內容管理（MCM）、員工自帶設備（BYOD）、行動裝置防毒軟體

2022 臺灣資安大會展覽資訊 — Mobile Security

廠牌名稱	攤位編號	廠牌專頁	廠牌名稱	攤位編號	廠牌專頁
Bitdefender	B01	https://r.itho.me/csl696	Cybereason	B42	https://r.itho.me/csl753
BlackBerry	B52	https://r.itho.me/csl719	F5	L01	https://r.itho.me/csl583
Check Point	S22	https://r.itho.me/csl713	法泥系統	T22	https://r.itho.me/csl792

廠牌名稱	攤位編號	廠牌專頁	廠牌名稱	攤位編號	廠牌專頁
IBM	B57	https://r.itho.me/csl718	台灣微軟	F22	https://r.itho.me/csl548
數位資安	B33	https://r.itho.me/csl608	Sophos	S47	https://r.itho.me/csl829
Ivanti	B37	https://r.itho.me/csl759	賽門鐵克	S11	https://r.itho.me/csl745
Jamf	F10	https://r.itho.me/csl634	趨勢科技	L08、CT01	https://r.itho.me/csl597
Micro Focus	B26	https://r.itho.me/csl620	VMware	未設展區	https://r.itho.me/csl653

GCB

此類別包含政府組態基準（Government Configuration Baseline，GCB）相關產品與服務，大多為臺灣廠牌

2022 臺灣資安大會展覽資訊 — GCB

廠牌名稱	攤位編號	廠牌專頁	廠牌名稱	攤位編號	廠牌專頁
中華資安國際	L06、T11	https://r.itho.me/csl650	曜祥網技	L02、T45	https://r.itho.me/csl549
誠雲科技	S34	https://r.itho.me/csl625	HCL	S21	https://r.itho.me/csl616
中華龍網	T20	https://r.itho.me/csl786	優倍司	F18	https://r.itho.me/csl635

Security Incident Response

此類別包含資安事故應變相關產品與服務，涵蓋多層面威脅偵測及回應系統（XDR）、事故應變（IR）

2022 臺灣資安大會展覽資訊 — Security Incident Response

廠牌名稱	攤位編號	廠牌專頁	廠牌名稱	攤位編號	廠牌專頁
Acronis	L01	https://r.itho.me/csl592	數聯資安	F06	https://r.itho.me/csl676
安碁資訊	T01、T02	https://r.itho.me/csl816	Kaspersky	B21、B43	https://r.itho.me/csl636
Akamai	F05	https://r.itho.me/csl660	Mandiant	F14	https://r.itho.me/csl596
Allied Telesis	S27	https://r.itho.me/csl667	台灣微軟	F22	https://r.itho.me/csl548
Attivo Networks	F21	https://r.itho.me/csl643	Micro Focus	B26	https://r.itho.me/csl620
漢昕科技	T13	https://r.itho.me/csl820	騰曜網路科技	F01、T32	https://r.itho.me/csl579
Check Point	S22	https://r.itho.me/csl713	統威網路科技	B56	https://r.itho.me/csl735
中華資安國際	L06、T11	https://r.itho.me/csl650	Palo Alto Networks	F13	https://r.itho.me/csl582
中芯數據	L01	https://r.itho.me/csl590	Proofpoint	F20	https://r.itho.me/csl692
CrowdStrike	F02	https://r.itho.me/csl600	中華數位	T39	https://r.itho.me/csl821
Cyberint	F21	https://r.itho.me/csl644	Sophos	S47	https://r.itho.me/csl829
Cybereason	B42	https://r.itho.me/csl753	Stellar Cyber	B22	https://r.itho.me/csl737
奧義智慧	L09、CT08	https://r.itho.me/csl633	精誠集團	F16	https://r.itho.me/csl602
勤業眾信	B28	https://r.itho.me/csl794	詮睿科技	S20	https://r.itho.me/csl668
ExtraHop	L01	https://r.itho.me/csl591	杜浦數位安全	L04、CT02	https://r.itho.me/csl598
Fidelis Cybersecurity	S33	https://r.itho.me/csl561	關貿網路	CT11	https://r.itho.me/csl1072
Forescout	F11	https://r.itho.me/csl774	趨勢科技	L08、CT01	https://r.itho.me/csl597
Fortinet	L07	https://r.itho.me/csl550	VMware	未設展區	https://r.itho.me/csl653
IBM	B57	https://r.itho.me/csl718	如梭世代	B50	https://r.itho.me/csl630
鑒真數位	T24	https://r.itho.me/csl791			

Advanced Threat Protection

此類別是針對進階持續性威脅（APT）提供防護功能的相關產品與服務，涵蓋端點、網路、電子郵件層面的各種偵測與阻擋方案

SONICWALL

  ZIMPERIUM. ZYXEL 合勤科技

2022 臺灣資安大會展覽資訊 — Advanced Threat Protection

廠牌名稱	攤位編號	廠牌專頁	廠牌名稱	攤位編號	廠牌專頁
鎧睿全球科技	T04	https://r.itho.me/csl797	Kaspersky	B21、B43	https://r.itho.me/csl636
Attivo Networks	F21	https://r.itho.me/csl643	Mandiant	F14	https://r.itho.me/csl596
Bitdefender	B01	https://r.itho.me/csl696	Micro Focus	B26	https://r.itho.me/csl620
基點資訊	B58	https://r.itho.me/csl622	台灣微軟	F22	https://r.itho.me/csl548
Check Point	S22	https://r.itho.me/csl713	騰曜網路科技	F01、T32	https://r.itho.me/csl579
中華電信	L06、T17	https://r.itho.me/csl649	統威網路科技	B56	https://r.itho.me/csl735
中華資安國際	L06、T11	https://r.itho.me/csl650	網擎資訊	T36	https://r.itho.me/csl784
思科台灣	F04	https://r.itho.me/csl655	OPSWAT	F21	https://r.itho.me/csl645
中芯數據	L01	https://r.itho.me/csl590	Palo Alto Networks	F13	https://r.itho.me/csl582
Cybereason	B42	https://r.itho.me/csl753	Proofpoint	F20	https://r.itho.me/csl692
奧義智慧	L09	https://r.itho.me/csl633	中華數位	T39	https://r.itho.me/csl821
Darktrace	F08	https://r.itho.me/csl606	Sophos	S47	https://r.itho.me/csl829
中華龍網	T20	https://r.itho.me/csl786	賽門鐵克	S11	https://r.itho.me/csl745
Fidelis Cybersecurity	S33	https://r.itho.me/csl561	杜浦數位安全	L04、CT02	https://r.itho.me/csl598
Forcepoint	B40	https://r.itho.me/csl758	趨勢科技	L08、CT01	https://r.itho.me/csl597
Forescout	F11	https://r.itho.me/csl774	VMware	未設展區	https://r.itho.me/csl653
Fortinet	L07	https://r.itho.me/csl550	Zscaler	F03	https://r.itho.me/csl657
IBM	B57	https://r.itho.me/csl718	Zyxel 兆勤科技	S39	https://r.itho.me/csl629

Network Analysis & Forensics

此類別是針對網路活動進行分析或鑑識的相關產品、服務，解決方案類型包含：網路流量分析（NTA）、網路鑑識、SSL 加密流量檢測（Network Forensics）、網路偵測與應變系統（NDR）

臺灣資安大會展覽資訊 — Network Analysis & Forensics

廠牌名稱	攤位編號	廠牌專頁	廠牌名稱	攤位編號	廠牌專頁
安碁資訊	T01、T02	https://r.itho.me/csl816	Gigamon	L01	https://r.itho.me/csl607
Allot	S01	https://r.itho.me/csl566	Greycortex	L01	https://r.itho.me/csl729
Aruba	F03	https://r.itho.me/csl656	IBM	B57	https://r.itho.me/csl718
Bitdefender	B01	https://r.itho.me/csl696	鑒真數位	T24	https://r.itho.me/csl791
中華資安國際	L06、T11	https://r.itho.me/csl650	可立可資安	T29	https://r.itho.me/csl835
思科台灣	F04	https://r.itho.me/csl655	新夥伴科技	B16、T33	https://r.itho.me/csl661
Darktrace	F08	https://r.itho.me/csl606	Nutanix	L01	https://r.itho.me/csl554
勤業眾信	B28	https://r.itho.me/csl794	瑞擎數位	B06	https://r.itho.me/csl685
一休資訊	S25	https://r.itho.me/csl706	Palo Alto Networks	F13	https://r.itho.me/csl582
ExtraHop	L01	https://r.itho.me/csl591	Radware	F11	https://r.itho.me/csl773
Extreme Networks	L01	https://r.itho.me/csl801	賽門鐵克	S11	https://r.itho.me/csl745
Fidelis Cybersecurity	S33	https://r.itho.me/csl561	台灣特洛奇	S38	https://r.itho.me/csl627
Fortinet	L07	https://r.itho.me/csl550	崴遠科技	F12	https://r.itho.me/csl716
法泥系統	T22	https://r.itho.me/csl792	VMware	未設展區	https://r.itho.me/csl653
威睿科技	S43	https://r.itho.me/csl688			

DNS Security

此類別是專門針對 DNS 安全防護的產品與服務，解決方案包含：網路流量分析（NTA）、網路鑑識、SSL 加密流量檢測（Network Forensics）、網路偵測與應變系統（NDR）

2022 臺灣資安大會展覽資訊 — DNS Security

廠牌名稱	攤位編號	廠牌專頁	廠牌名稱	攤位編號	廠牌專頁
A10 Networks	S26	https://r.itho.me/csl669	Cloudflare	F19	https://r.itho.me/csl723
Akamai	F05	https://r.itho.me/csl660	F5	L01	https://r.itho.me/csl583
思科台灣	F04	https://r.itho.me/csl655	IBM	B57	https://r.itho.me/csl718

廠牌名稱	攤位編號	廠牌專頁
台灣微軟	F22	https://r.itho.me/csl548
台灣碩網	B23	https://r.itho.me/csl700

廠牌名稱	攤位編號	廠牌專頁
Zscaler	F03	https://r.itho.me/csl657

Security Analytics

此類別包含資安分析系統相關產品與服務，涵蓋使用者行為分析系統（UBA）、各種資安大數據分析等解決方案

   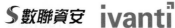

2022 臺灣資安大會展覽資訊 — Security Analytics

廠牌名稱	攤位編號	廠牌專頁	廠牌名稱	攤位編號	廠牌專頁
ACSI 安碁資訊	T01、T02	https://r.itho.me/csl816	Ivanti	B37	https://r.itho.me/csl759
Aqua Security	S19	https://r.itho.me/csl712	Kaspersky	B21、B43	https://r.itho.me/csl636
Attivo Networks	F21	https://r.itho.me/csl643	可立可資安	T29	https://r.itho.me/csl835
中華電信	L06、T17	https://r.itho.me/csl649	Mandiant	F14	https://r.itho.me/csl596
中華資安國際	L06、T11	https://r.itho.me/csl650	台灣微軟	F22	https://r.itho.me/csl548
奧義智慧	L09、CT08	https://r.itho.me/csl633	騰曜網路科技	F01	https://r.itho.me/csl579
Darktrace	F08	https://r.itho.me/csl606	Palo Alto Networks	F13	https://r.itho.me/csl582
勤業眾信	B28	https://r.itho.me/csl794	Rapid7	F15	https://r.itho.me/csl761
ExtraHop	L01	https://r.itho.me/csl591	Sophos	S47	https://r.itho.me/csl829
Forcepoint	B40	https://r.itho.me/csl758	Splunk	B38	https://r.itho.me/csl637
Fortinet	L07	https://r.itho.me/csl550	Stellar Cyber	B22	https://r.itho.me/csl737
法泥系統	T22	https://r.itho.me/csl792	精誠集團	F16	https://r.itho.me/csl602
IBM	B57	https://r.itho.me/csl718	VMware	未設展區	https://r.itho.me/csl653
數聯資安	F06	https://r.itho.me/csl676			

Cloud Security

此類別包含雲端安全防護相關產品與服務，涵蓋 SaaS 安全系統、IaaS 安全系統、PaaS 安全系統、雲端存取資安代理（CASB）等解決方案

 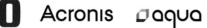

2022 臺灣資安大會展覽資訊 — Cloud Security

廠牌名稱	攤位編號	廠牌專頁	廠牌名稱	攤位編號	廠牌專頁
A10 Networks	S26	https://r.itho.me/csl669	台灣微軟	F22	https://r.itho.me/csl548
Acronis	L01	https://r.itho.me/csl592	Netskope	B12	https://r.itho.me/csl693
Aqua Security	S19	https://r.itho.me/csl712	統威網路科技	B56	https://r.itho.me/csl735
Check Point	S22	https://r.itho.me/csl713	Palo Alto Networks	F13	https://r.itho.me/csl582
思科台灣	F04	https://r.itho.me/csl655	Proofpoint	F20	https://r.itho.me/csl692
CyberArk	B01、B31	https://r.itho.me/csl683	Qualys	L01	https://r.itho.me/csl614
Cybereason	B42	https://r.itho.me/csl753	Radware	F11	https://r.itho.me/csl773
F5	L01	https://r.itho.me/csl583	Sophos	S47	https://r.itho.me/csl829
Forepoint	B40	https://r.itho.me/csl758	Tenable	F07	https://r.itho.me/csl605
Fortinet	L07	https://r.itho.me/csl550	趨勢科技	L08、CT01	https://r.itho.me/csl597
台灣惠頂益	F17	https://r.itho.me/csl601	Tufin	F15	https://r.itho.me/csl762
IBM	B57	https://r.itho.me/csl718	VMware	未設展區	https://r.itho.me/csl653
Ivanti	B37	https://r.itho.me/csl759	Zscaler	F03	https://r.itho.me/csl657
Kaspersky	B21、B43	https://r.itho.me/csl636			

Managed Security Service

此類別包含資安代管相關服務，涵蓋代管型偵測與應變系統（MDR），以及各種企業委託廠商代管的資安服務

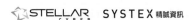

2022 臺灣資安大會展覽資訊 — Managed Security Service

廠牌名稱	攤位編號	廠牌專頁	廠牌名稱	攤位編號	廠牌專頁
安碁資訊	T01、T02	https://r.itho.me/csl816	數聯資安	F06	https://r.itho.me/csl676
Akamai	F05	https://r.itho.me/csl660	Kaspersky	B21、B43	https://r.itho.me/csl636
漢昕科技	T13	https://r.itho.me/csl820	Mandiant	F14	https://r.itho.me/csl596
Check Point	S22	https://r.itho.me/csl713	台灣微軟	F22	https://r.itho.me/csl548
中華資安國際	L06、T11	https://r.itho.me/csl650	騰曜網路科技	F01、T32	https://r.itho.me/csl579
中芯數據	L01	https://r.itho.me/csl590	統威網路科技	B56	https://r.itho.me/csl735
Cyberint	F21	https://r.itho.me/csl644	SentinelOne	L01	https://r.itho.me/csl618
Cybereason	B42	https://r.itho.me/csl753	Sophos	S47	https://r.itho.me/csl829
奧義智慧	L09、CT08	https://r.itho.me/csl633	Stellar Cyber	B22	https://r.itho.me/csl737
F5	L01	https://r.itho.me/csl583	精誠集團	F16	https://r.itho.me/csl602
Fortinet	L07	https://r.itho.me/csl550	趨勢科技	L08、CT01	https://r.itho.me/csl597
IBM	B57	https://r.itho.me/csl718	Zscaler	F03	https://r.itho.me/csl657

Endpoint Detection & Response

此類別包含端點偵測與應變系統（EDR）相關產品與服務，需針對端點設備提供資安威脅的持續監控、偵測，以及緩解、阻擋等機制

2022 臺灣資安大會展覽資訊 — Endpoint Detection & Response

廠牌名稱	攤位編號	廠牌專頁	廠牌名稱	攤位編號	廠牌專頁
Bitdefender	B01	https://r.itho.me/csl696	Forcepoint	B40	https://r.itho.me/csl758
Check Point	S22	https://r.itho.me/csl713	Fortinet	L07	https://r.itho.me/csl550
中華資安國際	L06、T11	https://r.itho.me/csl650	IBM	B57	https://r.itho.me/csl718
思科台灣	F04	https://r.itho.me/csl655	Kaspersky	B43、B21	https://r.itho.me/csl636
中芯數據	L01	https://r.itho.me/csl590	台灣微軟	F22	https://r.itho.me/csl548
CrowdStrike	F02	https://r.itho.me/csl600	騰曜網路科技	F01、T32	https://r.itho.me/csl579
Cybereason	B42	https://r.itho.me/csl753	Palo Alto Networks	F13	https://r.itho.me/csl582
奧義智慧	L09、CT08	https://r.itho.me/csl633	SentinelOne	L01	https://r.itho.me/csl618
Digital Guardian	B33	https://r.itho.me/csl609	Sophos	S47	https://r.itho.me/csl829
中華龍網	T20	https://r.itho.me/csl786	賽門鐵克	S11	https://r.itho.me/csl745
Elastic	S32	https://r.itho.me/csl727	杜浦數位安全	L04、CT02	https://r.itho.me/csl598
Fidelis Cybersecurity	S33	https://r.itho.me/csl561	趨勢科技	L08、CT01	https://r.itho.me/csl597
精品科技	L05	https://r.itho.me/csl651	VMware	未設展區	https://r.itho.me/csl653

Authentication

此類別包含身分識別、認證相關產品與服務，涵蓋身分存取與管理系統、生物辨識、FIDO、無密碼身分認證等解決方案

2022 臺灣資安大會展覽資訊 — Authentication

廠牌名稱	攤位編號	廠牌專頁	廠牌名稱	攤位編號	廠牌專頁
Akamai	F05	https://r.itho.me/csl660	捷而思	T28	https://r.itho.me/csl793
AuthenTrend	T05	https://r.itho.me/csl807	關楗	F15	https://r.itho.me/csl760
Authme 數位身分	T06	https://r.itho.me/csl1071	來毅數位	S17	https://r.itho.me/csl639
全景軟體	T14	https://r.itho.me/csl785	Micro Focus	B26	https://r.itho.me/csl620
中華電信	L06、T17	https://r.itho.me/csl649	台灣微軟	F22	https://r.itho.me/csl548
CYBAVO	T15	https://r.itho.me/csl804	One Identity	B24	https://r.itho.me/csl577
CyberArk	B01、B31	https://r.itho.me/csl683	Thales	B14、S14	https://r.itho.me/csl584
Delinea	F15	https://r.itho.me/csl756	凸版蓋特資訊	B11	https://r.itho.me/csl869
Entrust	F15	https://r.itho.me/csl757	VMware	未設展區	https://r.itho.me/csl653
Fortinet	L07	https://r.itho.me/csl550	偉康科技	S03、T44	https://r.itho.me/csl628
IBM	B57	https://r.itho.me/csl718	匯智安全科技	F09	https://r.itho.me/csl810
Ivanti	B37	https://r.itho.me/csl759			

Identity Governance

此類別包含身分治理系統相關產品與服務，涵蓋身分生命週期管理系統、身分管理稽核系統等解決方案

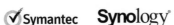

2022 臺灣資安大會展覽資訊 — Identity Governance

廠牌名稱	攤位編號	廠牌專頁	廠牌名稱	攤位編號	廠牌專頁
Akamai	F05	https://r.itho.me/csl660	Micro Focus	B26	https://r.itho.me/csl620
CyberArk	B01、B31	https://r.itho.me/csl683	台灣微軟	F22	https://r.itho.me/csl548
Delina	F15	https://r.itho.me/csl756	Netskope	B12	https://r.itho.me/csl693
曜祥網技	L02、T45	https://r.itho.me/csl549	One Identity	B24	https://r.itho.me/csl577
Entrust	F15	https://r.itho.me/csl757	賽門鐵克	S11	https://r.itho.me/csl745
F5	L01	https://r.itho.me/csl583	Thales	B14、S14	https://r.itho.me/csl584
IBM	B57	https://r.itho.me/csl718	VMware	未設展區	https://r.itho.me/csl653
捷而思	T28	https://r.itho.me/csl793	偉康科技	S03、T44	https://r.itho.me/csl628

Privileged Management

此類別包含特權使用者與存取管理的相關產品與服務，涵蓋特權帳號管理（Privileged Account Management，PAM）、特權存取管理（Privileged Access Management，PAM）、特權身分管理（Privileged Identity Management，PIM）等解決方案

2022 臺灣資安大會展覽資訊 — Privileged Management

廠牌名稱	攤位編號	廠牌專頁	廠牌名稱	攤位編號	廠牌專頁
BeyondTrust	B33	https://r.itho.me/csl611	捷而思	T28	https://r.itho.me/csl793
CyberArk	B01、B31	https://r.itho.me/csl683	Micro Focus	B26	https://r.itho.me/csl620
Delinea	F15	https://r.itho.me/csl756	台灣微軟	F22	https://r.itho.me/csl548
智弘軟體	T23	https://r.itho.me/csl689	One Identity	B24	https://r.itho.me/csl577
IBM	B57	https://r.itho.me/csl718	Senhasegura	B52	https://r.itho.me/csl721
Ivanti	B37	https://r.itho.me/csl759	Varonis	B34	https://r.itho.me/csl664

Encryption

此類別包含加密相關產品與服務，涵蓋文件加密系統、檔案加密系統、資料加密系統、硬體加密模組（HSM）等解決方案

2022 臺灣資安大會展覽資訊 — Encryption

廠牌名稱	攤位編號	廠牌專頁	廠牌名稱	攤位編號	廠牌專頁
Bitdefender	B01	https://r.itho.me/csl696	Proofpoint	F20	https://r.itho.me/csl692
區塊科技	T10	https://r.itho.me/csl790	台灣信威	T37	https://r.itho.me/csl803
全景軟體	T14	https://r.itho.me/csll785	Sophos	S47	https://r.itho.me/csl829
CYBAVO	T15	https://r.itho.me/csl804	賽門鐵克	S11	https://r.itho.me/csl745
奕智鏈結	T19	https://r.itho.me/csl805	Thales	B14、S14	https://r.itho.me/csl584
Entrust	F15	https://r.itho.me/csl757	趨勢科技	L08、CT01	https://r.itho.me/csl597
精品科技	L05	https://r.itho.me/csl651	優碩資訊科技	T43	https://r.itho.me/csl818
IBM	B57	https://r.itho.me/csl718	UBIQ	B31	https://r.itho.me/csl682
捷而思	T28	https://r.itho.me/csl793	優倍司	F18	https://r.itho.me/csl635
Micro Focus	B26	https://r.itho.me/csl620	Wheel Systems	S33	https://r.itho.me/csl564
台灣微軟	F22	https://r.itho.me/csl548	匯智安全科技	F09	https://r.itho.me/csl810
Netskope	B12	https://r.itho.me/csl693			

Data Leak Protection

此類別包含資料外洩防護相關產品與服務，涵蓋資料外洩預防系統（Data Leak Prevention）解決方案

DXC.technology eset EY 安永 experian Fidelis Cybersecurity FineArt 精品科技 Forcepoint

 IBM Google Cloud GTB Technologies IP-guard ManageEngine McAfee Microsoft

 netskope NETWORK BOX PA Power Admin proofpoint. spirent Promise Assured. Symantec VARONIS

 Ware Valley zscaler

2022 臺灣資安大會展覽資訊 — Data Leak Protection

廠牌名稱	攤位編號	廠牌專頁	廠牌名稱	攤位編號	廠牌專頁
Acronis	L01	https://r.itho.me/csl592	台灣微軟	F22	https://r.itho.me/csl548
Check Point	S22	https://r.itho.me/csl713	Netskope	B12	https://r.itho.me/csl693
Cloudflare	F19	https://r.itho.me/csl723	統威網路科技	B56	https://r.itho.me/csl735
Digital Guardian	B33	https://r.itho.me/csl609	Power Admin	B29	https://r.itho.me/csl571
Fidelis Cybersecurity	S33	https://r.itho.me/csl561	Proofpoint	F20	https://r.itho.me/csl692
精品科技	L05	https://r.itho.me/csl651	賽門鐵克	S11	https://r.itho.me/csl745
Forcepoint	B40	https://r.itho.me/csl758	Varonis	B34	https://r.itho.me/csl664
IBM	B57	https://r.itho.me/csl718	Zscaler	F03	https://r.itho.me/csl657

Secure File Sharing

此類別包含文件安全共用相關產品與服務，涵蓋文件安全控管系統、雲端檔案共用等解決方案

Acronis asusCLOUD  asustor AvePoint axway BlackBerry CHECK POINT

citrix DoQubiz Dropbox FINALCODE FineArt 精品科技 Google Cloud HENNGE

IBM IP-guard ivanti KeyXentic Inc. Microsoft Openfind OPSWAT.

Progress ipswitch QNAP RICOH safe-t SecureCircle Synology TrustView

vmware  Wisecuretech

2022 臺灣資安大會展覽資訊 — Secure File Sharing

廠牌名稱	攤位編號	廠牌專頁	廠牌名稱	攤位編號	廠牌專頁
Acronis	L01	https://r.itho.me/csl592	關楗	F15	https://r.itho.me/csl760
華碩雲端	未設展區	https://r.itho.me/csl640	台灣微軟	F22	https://r.itho.me/csl548
BlackBerry	B52	https://r.itho.me/csl719	網擎資訊	T36	https://r.itho.me/csl784
Check Point	S22	https://r.itho.me/csl713	OPSWAT	F21	https://r.itho.me/csl645
奕智鏈結	T19	https://r.itho.me/csl805	Progress	B44、B36	https://r.itho.me/csl555
精品科技	L05	https://r.itho.me/csl651	優碩資訊科技	T43	https://r.itho.me/csl818
台灣惠頂益	F17	https://r.itho.me/csl601	VMware	未設展區	https://r.itho.me/csl653
IBM	B57	https://r.itho.me/csl718	匯智安全科技	F09	https://r.itho.me/csl810
Ivanti	B37	https://r.itho.me/csl759			

Penetration Testing

此類別包含滲透測試相關產品與服務，涵蓋電子郵件與網站系統的滲透測試、紅藍隊攻防演練等解決方案

2022 臺灣資安大會展覽資訊 — Penetration Testing

廠牌名稱	攤位編號	廠牌專頁	廠牌名稱	攤位編號	廠牌專頁
三甲科技	T03	https://r.itho.me/csl783	IBM	B57	https://r.itho.me/csl718
Acronis	L01	https://r.itho.me/csl592	數聯資安	F06	https://r.itho.me/csl676
安碁資訊	T01、T02	https://r.itho.me/csl816	可立可資安	T29	https://r.itho.me/csl835
漢昕科技	T13	https://r.itho.me/csl820	盧氪賽忒	T30	https://r.itho.me/csl586
Check Point	S22	https://r.itho.me/csl713	Mandiant	F14	https://r.itho.me/csl596
中華資安國際	L06、T11	https://r.itho.me/csl650	安華聯網	T34	https://r.itho.me/csl593
中芯數據	L01	https://r.itho.me/csl590	Rapid7	F15	https://r.itho.me/csl761
CrowdStrike	F02	https://r.itho.me/csl600	優易資訊	B27	https://r.itho.me/csl671
Cyberint	F21	https://r.itho.me/csl644	精誠集團	F16	https://r.itho.me/csl602
Cymetrics	B09	https://r.itho.me/csl658	詮睿科技	S20	https://r.itho.me/csl668
勤業眾信	B28	https://r.itho.me/csl794	關貿網路	CT11	https://r.itho.me/csl1072
戴夫寇爾	B54	https://r.itho.me/csl701	如梭世代	B50	https://r.itho.me/csl630
果核數位	B39	https://r.itho.me/csl687			

Security Awareness & Training

此類別包含資安意識訓練與測試相關產品與服務，涵蓋員工資安意識訓練課程、員工社交工程攻擊測試演練、開發人員撰寫安全程式碼訓練等解決方案

2022 臺灣資安大會展覽資訊 — Security Awareness & Training

廠牌名稱	攤位編號	廠牌專頁	廠牌名稱	攤位編號	廠牌專頁
三甲科技	T03	https://r.itho.me/csl783	KnowBe4	B25	https://r.itho.me/csl769
Acronis	L01	https://r.itho.me/csl592	安華聯網	T34	https://r.itho.me/csl593
安碁資訊	T01、T02	https://r.itho.me/csl816	Proofpoint	F20	https://r.itho.me/csl692
Check Point	S22	https://r.itho.me/csl713	優易資訊	B27	https://r.itho.me/csll671
中華資安國際	L06、T11	https://r.itho.me/csl650	Sophos	S47	https://r.itho.me/csl829
勤業眾信	B28	https://r.itho.me/csl794	精誠集團	F16	https://r.itho.me/csl602
Fortinet	F09	https://r.itho.me/csl550	趨勢科技	L08、CT01	https://r.itho.me/csl597
IBM	B57	https://r.itho.me/csl718	如梭世代	F03	https://r.itho.me/csl630
Kaspersky	B21、B43	https://r.itho.me/csl636			

Messaging Security

此類別包含訊息安全防護相關產品與服務，涵蓋電子郵件過濾系統、電子郵件稽核系統、加密即時通訊軟體等解決方案

2022 臺灣資安大會展覽資訊 — Messaging Security

廠牌名稱	攤位編號	廠牌專頁	廠牌名稱	攤位編號	廠牌專頁
鎧睿全球科技	T04	https://r.itho.me/csl797	網擎資訊	T36	https://r.itho.me/csl784
Cellopoint	B58	https://r.itho.me/csl622	OPSWAT	F21	https://r.itho.me/csl645
Check Point	S22	https://r.itho.me/csl713	Proofpoint	F20	https://r.itho.me/csl692
中華資安國際	L06、T11	https://r.itho.me/csl650	眾至資訊	T38	https://r.itho.me/csl795
思科台灣	F04	https://r.itho.me/csl655	中華數位	T39	https://r.itho.me/csl821
奕智鏈結	T19	https://r.itho.me/csll805	Sophos	S47	https://r.itho.me/csl829
Forcepoint	B40	https://r.itho.me/csl758	賽門鐵克	S11	https://r.itho.me/csl745
Fortinet	L07	https://r.itho.me/csl550	精誠集團	F16	https://r.itho.me/csl602
台灣惠頂益	F17	https://r.itho.me/csl601	趨勢科技	L08、CT01	https://r.itho.me/csl597
Menlo Security	F21	https://r.itho.me/csl647	Votiro	B01	https://r.itho.me/csl695
台灣微軟	F22	https://r.itho.me/csl548			

OT Security

此類別包含操作科技安全防護相關產品與服務，涵蓋 ICS/SCADA 安全防護系統、工控安全系統、實體隔離解決方案

2022 臺灣資安大會展覽資訊 — OT Security

廠牌名稱	攤位編號	廠牌專頁	廠牌名稱	攤位編號	廠牌專頁
安碁資訊	T01、T02	https://r.itho.me/csl816	台灣微軟	F22	https://r.itho.me/csl548
Armis	F21	https://r.itho.me/csl642	統威網路科技	B56	https://r.itho.me/csl735
Check Point	S22	https://r.itho.me/csl713	安華聯網	T34	https://r.itho.me/csl593
中華資安國際	L06、T11	https://r.itho.me/csl650	OPSWAT	F21	https://r.itho.me/csl645
Darktrace	F08	https://r.itho.me/csl606	Palo Alto Networks	F13	https://r.itho.me/csl582
勤業眾信	B28	https://r.itho.me/csl794	眾至資訊	T38	https://r.itho.me/csl795
Forescout	F11	https://r.itho.me/csl774	Tenable	F07	https://r.itho.me/csl605
Fortinet	L07	https://r.itho.me/csl550	趨勢科技	L08、CT01	https://r.itho.me/csl597
IBM	B57	https://r.itho.me/csl718	Waterfall Security	B33	https://r.itho.me/csl749
Kaspersky	B43	https://r.itho.me/csl636			

WAF & Application Security

此類別包含網站應用程式防火牆（WAF），以及應用系統安全防護系統相關產品與服務，涵蓋網站應用程式防火牆、應用程式加殼防破解系統等解決方案

2022 臺灣資安大會展覽資訊 — WAF & Application Security

廠牌名稱	攤位編號	廠牌專頁	廠牌名稱	攤位編號	廠牌專頁
A10 Networks	S26	https://r.itho.me/csl669	台灣微軟	F22	https://r.itho.me/csl548
Akamai	F05	https://r.itho.me/csl660	統威網路科技	B56	https://r.itho.me/csl735
Allot	S01	https://r.itho.me/csl566	Noname Security	B18	https://r.itho.me/csll776
中華資安國際	L06、T11	https://r.itho.me/csl650	Qualys	L01	https://r.itho.me/csl614
Cloudflare	F19	https://r.itho.me/csl723	Radware	F11	https://r.itho.me/csl773
F5	L01	https://r.itho.me/csl583	Reblaze	B31	https://r.itho.me/csl684
Fortinet	L07	https://r.itho.me/csl550	台灣碩網	B23	https://r.itho.me/csl700
HCL	S21	https://r.itho.me/csl616	賽門鐵克	S11	https://r.itho.me/csl745
Imperva	B20	https://r.itho.me/csl679	趨勢科技	L08、CT01	https://r.itho.me/csl597
Micro Focus	B26	https://r.itho.me/csl620			

Application Security Testing

此類別包含應用程式原始碼安全檢測系統相關產品與服務，涵蓋黑箱測試、白箱測試、灰箱測試等軟體與服務

2022 臺灣資安大會展覽資訊 — Application Security Testing

廠牌名稱	攤位編號	廠牌專頁	廠牌名稱	攤位編號	廠牌專頁
三甲科技	T03	https://r.itho.me/csl783	Micro Focus	B26	https://r.itho.me/csl620
安碁資訊	T01、T02	https://r.itho.me/csl816	台灣微軟	F22	https://r.itho.me/csl548
Check Point	S22	https://r.itho.me/csl713	台灣恩悌悌系統	F04	https://r.itho.me/csl860
中華資安國際	L06、T17	https://r.itho.me/csl650	安華聯網	T34	https://r.itho.me/csl593
果核數位	B39	https://r.itho.me/csl687	Qualys	L01	https://r.itho.me/csl614
HCL	S21	https://r.itho.me/csl616	Rapid7	F15	https://r.itho.me/csl761
IBM	B57	https://r.itho.me/csl718	優易資訊	B27	https://r.itho.me/csl671
數聯資安	F06	https://r.itho.me/csl676	Tenable	F07	https://r.itho.me/csl605

Container Security

此類別包含容器安全相關產品與服務，涵蓋容器映像安全管理系統、Kubernetes 安全防護系統等解決方案

2022 臺灣資安大會展覽資訊 — Container Security

廠牌名稱	攤位編號	廠牌專頁	廠牌名稱	攤位編號	廠牌專頁
Aqua Security	S19	https://r.itho.me/csl712	Tenable	F07	https://r.itho.me/csl605
Check Point	S22	https://r.itho.me/csl713	Thales	B14、S14	https://r.itho.me/csl584
IBM	B57	https://r.itho.me/csl718	趨勢科技	L08、CT01	https://r.itho.me/csl597
台灣微軟	F22	https://r.itho.me/csl548	Tufin	F15	https://r.itho.me/csl762
Palo Alto Networks	F13	https://r.itho.me/csl582	VMware	未設展區	https://r.itho.me/csl653
Qualys	L01	https://r.itho.me/csl614			

Threat Intelligence

此類別包含資安威脅情報服務相關產品與服務，涵蓋威脅情資餵送訂閱服務、威脅情資管理系統等解決方案

2022 臺灣資安大會展覽資訊 — Threat Intelligence

廠牌名稱	攤位編號	廠牌專頁	廠牌名稱	攤位編號	廠牌專頁
Check Point	S22	https://r.itho.me/csl713	台灣微軟	F22	https://r.itho.me/csl548
思科台灣	F04	https://r.itho.me/csl655	騰曜網路科技	F01、T32	https://r.itho.me/csl579
CrowdStrike	F02	https://r.itho.me/csl600	統威網路科技	B56	https://r.itho.me/csl735
Cyberint	F21	https://r.itho.me/csl644	OPSWAT	F21	https://r.itho.me/csl645
Cybereason	B42	https://r.itho.me/csl753	Palo Alto Networks	F13	https://r.itho.me/csl582
奧義智慧	L09、CT08	https://r.itho.me/csl633	Proofpoint	F20	https://r.itho.me/csl692
IBM	B57	https://r.itho.me/csl718	Qualys	L01	https://r.itho.me/csl614
Imperva	B20	https://r.itho.me/csl679	Radware	F11	https://r.itho.me/csl773
Kaspersky	B21、B43	https://r.itho.me/csl636	杜浦數位安全	L04、CT02	https://r.itho.me/csl598
Mandiant	F14	https://r.itho.me/csl596	趨勢科技	L08、CT01	https://r.itho.me/csl597

SIEM / Security Information and Event Management

此類別包含安全資訊與事件管理系統相關產品與服務，涵蓋安全事件管理系統、事件記錄管理系統、事件記錄彙整系統、事件記錄搜尋系統等解決方案

2022 臺灣資安大會展覽資訊 — Security Information and Event Management

廠牌名稱	攤位編號	廠牌專頁	廠牌名稱	攤位編號	廠牌專頁
安碁資訊	T01、T02	https://r.itho.me/csl816	Micro Focus	B26	https://r.itho.me/csl620
竣盟科技	T09	https://r.itho.me/csl796	台灣微軟	F22	https://r.itho.me/csl548
中華資安國際	L06、T11	https://r.itho.me/csl650	統威網路科技	B56	https://r.itho.me/csl735
曜祥網技	L02、T45	https://r.itho.me/csl549	新夥伴科技	B16、T33	https://r.itho.me/csl661
Elastic	S32	https://r.itho.me/csl727	Rapid7	F15	https://r.itho.me/csl761
Fortinet	L07	https://r.itho.me/csl550	Splunk	B38	https://r.itho.me/csl637
IBM	B57	https://r.itho.me/csl718	Stellar Cyber	B22	https://r.itho.me/csl737
數聯資安	F06	https://r.itho.me/csl676	精誠集團	F16	https://r.itho.me/csl602

Web Security

此類別包含網頁安全防護系統相關產品與服務，涵蓋員工上網控管系統（Employee Internet Management，EIM）、網頁過濾（Web Filtering）、網際網路安全閘道（Secure Internet Gateway，SIG）等解決方案

2022 臺灣資安大會展覽資訊 — Web Security

廠牌名稱	攤位編號	廠牌專頁	廠牌名稱	攤位編號	廠牌專頁
A10 Networks	S26	https://r.itho.me/csl669	Check Point	S22	https://r.itho.me/csl713
Akamai	F05	https://r.itho.me/csl660	思科台灣	F04	https://r.itho.me/csl655
Allot	S01	https://r.itho.me/csl566	F5	L01	https://r.itho.me/csl583

廠牌名稱	攤位編號	廠牌專頁	廠牌名稱	攤位編號	廠牌專頁
Forcepoint	B40	https://r.itho.me/csl758	OPSWAT	F21	https://r.itho.me/csl645
Fortinet	L07	https://r.itho.me/csl550	Sophos	S47	https://r.itho.me/csl829
Menlo Security	F21	https://r.itho.me/csl647	賽門鐵克	S11	https://r.itho.me/csl745
台灣微軟	F22	https://r.itho.me/csl548	趨勢科技	L08、CT01	https://r.itho.me/csl597
Netskope	B12	https://r.itho.me/csl693	崴遠科技	F12	https://r.itho.me/csl716
統威網路科技	B56	https://r.itho.me/csl735	Votiro	B01	https://r.itho.me/csl695

Network Firewall

此類別包含網路防火牆相關產品與服務，涵蓋 UTM 設備、網路微分段系統（Micro Segmentation）等解決方案

2022 臺灣資安大會展覽資訊 — Network Firewall

廠牌名稱	攤位編號	廠牌專頁	廠牌名稱	攤位編號	廠牌專頁
A10 Networks	S26	https://r.itho.me/csl669	Nutanix	L01	https://r.itho.me/csl554
Allied Telesis	S27	https://r.itho.me/csl667	Palo Alto Networks	F13	https://r.itho.me/csl582
Check Point	S22	https://r.itho.me/csl713	眾至資訊	T38	https://r.itho.me/csl795
思科台灣	F04	https://r.itho.me/csl655	Sophos	S47	https://r.itho.me/csl829
Forcepoint	B40	https://r.itho.me/csl758	趨勢科技	L08、CT01	https://r.itho.me/csl597
Fortinet	L07	https://r.itho.me/csl550	VMware	未設展區	https://r.itho.me/csl653
IBM	B57	https://r.itho.me/csl718	Zscaler	F03	https://r.itho.me/csl657
台灣微軟	F22	https://r.itho.me/csl548	兆勤科技	S39	https://r.itho.me/csl629
統威網路科技	B56	https://r.itho.me/csl735			

Firewall Management

此類別包含防火牆管理系統相關產品與服務，涵蓋跨廠牌防火牆組態管理系統、跨廠牌防火牆事件管理系統

2022 臺灣資安大會展覽資訊 — Firewall Management

廠牌名稱	攤位編號	廠牌專頁	廠牌名稱	攤位編號	廠牌專頁
FireMon	S11	https://r.itho.me/csl746	Tufin	F15	https://r.itho.me/csl762

DDoS Protection

此類別包含防護 DDoS 攻擊相關產品與服務，涵蓋 DDoS 流量清洗服務、DDoS 流量設備等解決方案

2022 臺灣資安大會展覽資訊 — DDoS Protection

廠牌名稱	攤位編號	廠牌專頁	廠牌名稱	攤位編號	廠牌專頁
A10 Networks	S26	https://r.itho.me/csl669	果核數位	B39	https://r.itho.me/csl687
安碁資訊	T01、T02	https://r.itho.me/csl816	F5	L01	https://r.itho.me/csl583
Akamai	F05	https://r.itho.me/csl660	Fortinet	L07	https://r.itho.me/csl550
Allot	S01	https://r.itho.me/csl566	威睿科技	S43	https://r.itho.me/csl688
Check Point	S22	https://r.itho.me/csl713	IBM	B57	https://r.itho.me/csl718
中華電信	L06、T17	https://r.itho.me/csl649	Imperva	B20	https://r.itho.me/csl679
中華資安國際	L06、T11	https://r.itho.me/csl650	台灣微軟	F22	548https://r.itho.me/csl
Cloudflare	F19	https://r.itho.me/csl723	新夥伴科技	B16、T33	https://r.itho.me/csl661

廠牌名稱	攤位編號	廠牌專頁	廠牌名稱	攤位編號	廠牌專頁
統威網路科技	B56	https://r.itho.me/csl735	Reblaze	B31	https://r.itho.me/csl684
Nimbus 筋斗雲	S18	https://r.itho.me/csl666	台灣碩網	B23	https://r.itho.me/csl700
Radware	F11	https://r.itho.me/csl773	台灣大哥大	S12	https://r.itho.me/csl559

NAC

此類別包含網路存取控制系統相關產品與服務，涵蓋網路交換器協同防禦系統、DHCP 網路隔離系統等解決方案

2022 臺灣資安大會展覽資訊 — NAC

廠牌名稱	攤位編號	廠牌專頁	廠牌名稱	攤位編號	廠牌專頁
Armis	F21	https://r.itho.me/csl642	Fortinet	L07	https://r.itho.me/csl550
Aruba	F03	https://r.itho.me/csl656	Ivanti	B37	https://r.itho.me/csl759
Check Point	S22	https://r.itho.me/csl713	台灣微軟	F22	https://r.itho.me/csl548
思科台灣	F04	https://r.itho.me/csl655	統威網路科技	B56	https://r.itho.me/csl735
曜祥網技	L02、T45	https://r.itho.me/csl549	Palo Alto Networks	F13	https://r.itho.me/csl582
一休資訊	S25	https://r.itho.me/csl706	飛泓科技	B07	https://r.itho.me/csl626
Extreme Networks	L01	https://r.itho.me/csl801	優倍司	F18	https://r.itho.me/csl635
Forescout	F11	https://r.itho.me/csl774			

SOAR / Security Orchestration, Automation and Response

此類別包含資安調度指揮、自動化處理與應變系統（SOAR）相關產品與服務，涵蓋資安服務鏈串聯防禦系統、資安自動化防護系統等解決方案

2022 臺灣資安大會展覽資訊 — SOAR / Security Orchestration, Automation and Response

廠牌名稱	攤位編號	廠牌專頁	廠牌名稱	攤位編號	廠牌專頁
安碁資訊	T01、T02	https://r.itho.me/csl816	Micro Focus	B16	https://r.itho.me/csl620
Allied Telesis	S27	https://r.itho.me/csl667	台灣微軟	F22	https://r.itho.me/csl548
中華資安國際	L06、T11	https://r.itho.me/csl650	新夥伴科技	B16、T33	https://r.itho.me/csl661
中芯數據	L01	https://r.itho.me/csl590	Palo Alto Networks	F13	https://r.itho.me/csl582
奧義智慧	L09、CT08	https://r.itho.me/csl633	Proofpoint	F20	https://r.itho.me/csl692
Forescout	F11	https://r.itho.me/csl774	Rapid7	F15	https://r.itho.me/csl761
Fortinet	L07	https://r.itho.me/csl550	Splunk	B38	https://r.itho.me/csl637
IBM	B57	https://r.itho.me/csl718	Stellar Cyber	B22	https://r.itho.me/csl737

攻擊手法
Living Off-the-Land

駭客利用受害電腦裡現成的工具,來執行攻擊行動的有關任務,這種手法被稱作
「Living Off-the-Land(LoL)」,目的是藉由這些合法工具來掩護非法行動

Thrip	Elfin	Whitefly	Leafminer	Gallmaker	Seedworm
PowerShell	PowerShell	PowerShell	PowerShell	PowerShell	PowerShell
Mimikatz	Mimikatz	Mimikatz	Mimikatz	MeterPreter	Lazagne
PsExec	WinRar	Termite RAT	Lazagne	WinZip	CrackMapExec
WinSCP	Lazagne	Privilege escalation tool	THC Hydra	Rex PowerShell library	Password dumper
LogMein	GPPpassword	RAT	PsExec	Roaming help utility	MeterPreter
WMIC	SniffPass	Screen capture tool	SMB Bruteforcer		Proxy tool

關於駭客寄生攻擊的工具,賽門鐵克根據不同的 APT 組織,列出常用的系統軟體,或是執行環境。在這些遭濫用的工具中,PowerShell 是這些組織都會用到的。圖片來源/賽門鐵克

在近期網路攻擊活動當中,關於「Living Off-the-Land(LoL,亦被縮寫為 LOtL)」的攻擊手法,可說是越來越常見。

例如,近期被資安廠商揭露的 Thor 木馬程式攻擊行動裡,就看到駭客為了下載惡意程式而不致被防毒軟體攔截,而採用這樣的戰略:他們藉由 Windows 作業系統的 BITSAdmin,將惡意軟體傳送到受害的 Exchange 伺服器。

所謂的 Living Off-the-Land,到底是什麼?簡而言之,是駭客為了讓攻擊行動不易被察覺,直接利用受害電腦現成的合法工具來執行相關工作,這麼做的目的,就是避免因使用自己的工具,被資安防護系統視為異常而遭到阻擋。

在資安新聞事件當中,各媒體關於 Living Off-the-Land 一詞中文用語,有好幾種稱呼,例如,「離地攻擊」、「自給自足」,或是「就地取材」。

其中,「離地攻擊」是照字面直接翻譯,是目前最常見的用法,但這並未翻譯到 Living 一詞,也沒有表達攻擊者的作為;而「自給自足」這個說法,說明了攻擊行動無需靠後端支援的策略,例如資安廠商賽門鐵克在網路安全威脅報告(ISTR)中文版,也曾採用,但自給自足這個用語,並沒有點出過程中運用了受害環境的現成工具。

在幾經權衡下,我們先是譯為「就地取材」,原因是這個說法比較貼近攻擊者實際作為。自 2021 年 10 月 18 日起,我們決定改譯為「寄生攻擊」,原因是「就地取材」較為偏重於描述工具無需依賴外界的層面,而「寄生」則是含有吸取宿主養分生存的意思,更能表達這種攻擊手法意涵。

可依據濫用的工具類型,對這類手法的差異,予以細分

Living Off-the-Land 一詞何時開始出現在資安領域?最早可追溯到 2013 年的 DerbyCon 大會,有兩位資安研究人員:Christopher Campbell 與 Matthew Graeber 的演說。因為是運用攻擊目標本身現成的合法工具,使得就地取材手法能夠涵蓋的範圍相當廣泛,有可能是可執行的雙位元檔案(Binary),也有可能是程式碼(Script)。

針對這樣的情況,有人於 2018 年提出了 LoLBins、LOLScript、LOLLib 的說法,進一步區分運用可執行檔案、程式碼,以及程式庫等不同型態的寄生攻擊攻擊。若是同時運用了可執行檔案與程式碼(或程式庫),則被稱為 LOLBAS(Living Off-the-Land Binaries and Scripts)。

其中,攻擊者寄生攻擊所執行的工作,也包含各式的類型。過往常會看到的無檔案式(Fileless)攻擊,將惡意程式藏匿於記憶體內(In-Memory)執行的過程中,也因為攻擊者經常會運用環境裡的可執行檔案或是程式庫,來側載(Side Loading)惡意程式,而算是寄生攻擊的攻擊行為。

在時下駭客的攻擊行動中,可能會同時運用無檔案式攻擊,以及寄生攻擊手法,但兩種手法針對的層面還是有所不同,並非其中一種類型涵蓋另一種。

此類手法於 2018 年前後顯著增加,成資安業界關注焦點

根據我們歷年資安新聞報導,Living Off-the-Land 大約是在 2018 年左右開始被資安專家提及,多家資安廠商發表年度資安威脅報告時,也指出這種就地取材的手法相當氾濫,當時他們認為,遭濫用情況最為嚴重的工具,就是自 Windows 7 開始內建的 PowerShell,原因是該工具的功能極為強大,且幾乎每臺 Windows 電腦都有。根據賽門鐵克

的研究，2018 年濫用 PowerShell 的攻擊行動較 2017 年成長 1000%。

當時被點名用於寄生攻擊的工具，還有 WinZip、WinRAR 以及 7-Zip 等解壓縮軟體，攻擊者可以用這類工具來打包竊得資料。但上述軟體並非 Windows 內建，攻擊者若要在行動中就地取材，勢必要事先確定企業部署那套軟體，才能進行這類滲透手法。

而且，駭客在每次攻擊行動中，可能不只運用一種合法工具。根據賽門鐵克 2019 年的白皮書，提及駭客組織在攻擊行動往往運用多種受害電腦現成的工具，他們列出 6 個 APT 組織最常運用的寄生攻擊工具，並點名 PowerShell 與密碼擷取工具 Mimikatz。

攻擊者採用更多作業系統內建的工具或是服務

時至今日，Living Off-the-Land 運用

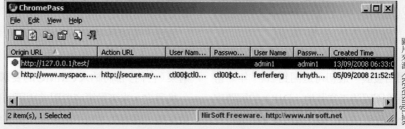

圖片來源／賽門鐵克

在 Evil Corp 發動的 WastedLocker 勒索軟體攻擊，駭客寄生攻擊運用受害環境現成的工具（圖中標示為紅色的部分）。舉例來說，除了 PowerShell，他們也「合法」濫用多項 Windows 內建的系統工具，如 WScript、WMI，以及 mpcmdrun。

的對象不再局限於 PowerShell，或是常見應用程式，攻擊者開始使用作業系統更為核心的功能，以前面提到的 Thor 而言，駭客利用 Windows 的 BITS 管理工具 BITSAdmin，而這種利用 BITS 服務做為下載惡意軟體的管道，還有今年 3 月被揭露的勒索軟體病毒 AlumniLocker 以及 Humble 攻擊。

除了將合法工具用於下載，還有其他類似手法。例如，Evil Corp 於 2020 年發動 WastedLocker 勒索軟體攻擊，就運用多種合法工具進行寄生攻擊。

Evil Corp 當時用 Windows 軟體授權工具（SLUI.EXE）提升權限，並搭配 Windows Management Instrumentation Command-Line Utility（WMIC.EXE）來遠端執行命令，再用 PsExec 工具向大量電腦植入 WastedLocker。這次攻擊行動中 Evil Corp 運用的工具中，只有 PsExec 非 Windows 作業系統內建，但該軟體在企業環境算是 IT 人員常用工具，也被攻擊者拿來「活用」。

但這種就地取材的做法，只會發生在 Windows 的環境嗎？答案並非如此，像是在 2021 年初，駭客針對阿里雲和

騰訊雲兩大中國公有雲的攻擊，為了讓惡意程式 Pro-Ocean 能持續在受害環境執行，他們所運用的工具，竟是 Linux 作業系統內建的 LD_PRELOAD，以此來預載這隻惡意程式。

在寄生攻擊中，駭客不光是利用作業系統內建的元件，也有可能濫用特定應用系統的公用程式來發動攻擊。

例如，微軟於 5 月 18 日提出警告，他們的研究人員近期發現到鎖定 SQL Server 的攻擊行動，駭客藉由暴力破解的方式入侵這些資料庫系統，然後透過內建的 PowerShell 命令列公用程式 SQLPS.EXE 來執行 PowerShell 命令，以進行寄生攻擊，而不會在受害的伺服器上留下事件記錄。

研究人員指出，透過這樣的攻擊手法，駭客不只能長期滲透 SQL Server，還能建立新的使用者帳號，並配置管理員權限，進而接管整個 SQL Server 系統。研究人員認為，上述攻擊行動的發現，突顯管理者需要掌握指令碼執行動態的重要性。資安新聞網站 Bleeping Computer 則認為，管理者也應從強化密碼管理著手。文⊙周峻佑

原本帶來便利的小工具，也可能遭到駭客濫用

攻擊者不光是直接在受害電腦的環境裡，就地取得合法工具加以濫用，其他使用這類工具或應用軟體的攻擊手法，也相當值得留意。

一般而言，時下最常聽聞被用於攻擊的合法工具，都是與檢測資安防護有關的滲透測試工具，如 Cobalt Strike、Metasploit 等。由於這些工具本來就具備模擬攻擊能力，被用於實踐不良的意圖，聽起來也很合理，但如今，有些看似無害的小工具，居然也有攻擊者濫用。

像是近期有攻擊者鎖定使用 NPM 套件的開發者，在惡意套件裡夾帶了瀏覽器密碼復原工具 ChromePass，這款被使用者視為忘記密碼的救星，如今卻被攻擊者用來竊取密碼。文⊙周峻佑

圖片來源／ReversingLabs

能幫助使用者取回 Chrome 密碼的實用工具 ChromePass，也遭到攻擊者濫用！資安業者 ReversingLabs 發現有人透過惡意 NPM 套件意圖竊密，其夾帶用來竊取密碼的工具就是 ChromePass。

軟體供應鏈安全
CMMC

新版 CMMC 2.0 版已於 2021 年 11 月發布，要求承包商與分包商都必須具備基本資安防護能力

供應鏈威脅與日俱增，若要減緩這類狀況，除了安全程式碼開發，導入 SSDLC 流程，供應商本身安全該如何規範，也是各國政府與產業資安關注之處。為此，美國國防部提出一項「網路安全成熟度模型認證」計畫，全名為 Cybersecurity Maturity Model Certification（CMMC），這是為供應商制定的首套網路安全標準，如今也成為提升軟體供應鏈安全的指標。

這計畫是在 2020 年 1 月 31 日發布 1.0 版，根據美國國防部（DOD）說明，目的是評估承包商網路安全能力，要求競標國防合約的公司，在回應提案時，需證明符合其網路安全成熟度。

簡言之，美國國防部將開始要求承包商須具備網路安全認證，並依據專案機密性，取得不同等級認證，而且，不只規範一線供應商（承包商），也將涵蓋二線等供應商（分包商）。

到了 2021 年 11 月，2.0 版 CMMC 登場，希望確保承包商遵循最佳實務做法，保護網路上的敏感資訊，同時也使中小型業者更容易遵守。

在 2020 年 1 月 31 日，美國推出網路安全成熟度模型認證 CMMC 1.0，時任擔任美國國防部副部長的 Ellen M. Lord（左 2）宣布這項計畫，並預告將在 2026 財年（2026 年 9 月 30 日），規範所有新的國防部合約都需具備 CMMC 的要求。

圖片來源／美國國防部

2026 財年 CMMC 將成美國防採購案的必要需求

基本上，CMMC 框架是從 2019 年開始發展，最初可追溯到 2007 年，當時美國國防工業基地（DIB）的網路安全工作組成立之際，就已經開始進行，到了 2015 年，美國國防部發布 DFARS 252.204-7012，以及美國國家標準暨技術研究院（NIST）發布 SP 800-171 安全標準，這些動作都與後續發展的 CMMC 有相當的關聯。

隨著網路安全風險日益嚴峻，國家安全與供應鏈安全問題開始更受重視，也在 2019 年提出 CMMC。

2020 年 CMMC 第一版發布，時任國防部副部長、負責採購與後勤的 Ellen M. Lord 表示，網路安全風險威脅著國防工業與美國政府，以及其盟友和合作夥伴的國家安全，造成每年平均 6,000 億美元的損失。

她指出，在當今世界強權競爭環境中，資訊與技術是關鍵的基石，而且，攻擊二線等供應商（分包商），遠比攻擊主要供應商更具吸引力。

為此，美國將在 2026 財年（2026 年 9 月 30 日），要求所有新的國防部採購案（合約）都將納入 CMMC 的要求。

換言之，未來供應商要跟美國國防部做生意，將需要達到不同專案所要求的 CMMC 等級，才能承包其業務。

對於跟美國國防部做生意的全球企業而言，這項認證有很大影響。因為供應商需取得高等級認證，才能與軍方做生意，不只自身網路安全能力須提升，市場給予的網路安全信任度也將增加。

更進一步來看，CMMC 不僅推動提升網路防護能力，未來業界也可能擴大採用。畢竟，美軍在國防工業的網路防護要求，已形成舉足輕重的規範，對於全球企業而言，CMMC 也可能成為資安防護新標準。

推動 CMMC 第三方評估認證制度，聚焦保護 FCI 與 CUI

CMMC 的特性主要有下列三點：

第一是具有「分層模型」的概念，要求國防部供應商需根據資訊的類型與敏感性，逐步實施網路安全標準，同時這項計畫還規定了，將資訊向下傳遞給二線供應商的流程。

第二是「評估要求」，有了 CMMC 評估，將促使部門能夠驗證出明確的網路安全標準實施情形。

第三是「透過合約實施」，一旦 CMMC 完全實施，對於處理敏感未分

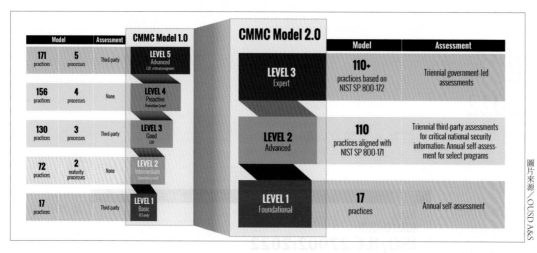

圖片來源／OUSD A&S

2021 年 11 月美國政府發布 CMMC 2.0 版，以 NIST SP 800-171 為基礎，並將認證等級簡化為 3 級，建立供應鏈資安生態體系，尤其在國防合約資訊，以及受控非機敏資訊方面，要求供應商具備基本的資安防護能力。

類國防部資訊的供應商而言，若要取得合約，需達到特定 CMMC 等級。

如此一來，可藉由建立分級制度明確訂出安全層級，而最重要的則是，CMMC 認證將經由美國國防部授權的第三方評估機構（C3PAOs）進行，以判定供應商是否合格。美國國防部也正在推動第三方評估機構與諮詢單位，並培訓相關人員與完善評估工具。

關於 CMMC 模型運用的主要目的，美國國防部副部長辦公室採購與後勤處（OUSD A&S）表示，是為了加強保護聯邦合約資訊（FCI），以及更進一步保護受控未分類資訊（CUI）。

簡單來說，根據聯邦採購條例（FAR）第 4.1901 節的規定，FCI 是由政府合約提供或產生的資訊，包括為政府開發或交付產品的產品或服務的內容，屬於政府不公開的資訊，但不包含政府向公眾提供的資訊。

在 CUI 方面，美國政府已推動、發展 10 多年。這是指政府或承包商代表政府所提供或擁有的資訊，雖然並非需要保密，但仍然具有機密性且需要保護，特別是在國家資訊安全防護的需求之下，CUI 將需要更高程度的保護。2015 年發展出的 NIST SP 800-171，就是聚焦於 CUI 的安全標準，並在 2020 年 2 月發布二次修訂版。

對於 CUI 的保護，或許我們以政府不公開資訊來看待，會更容易理解念。因為相關敏感資訊雖不到保密層級，但若是公開，可能會有潛在危害，所以要限制公開或控制其資訊傳播。

CMMC 2.0 版簡化合規要求，認證畫分為三級

在 2021 年 11 月，美國國防部發布 CMMC 2.0 版，與前一版內容相比，最明顯的差異，就是網路安全成熟度的認證級別上的變化。

以 1.0 而言，有 5 種網路防護等級：基本（Basic）、中等（Intermediate）、良好（Good）、主動（Proactive），以及進階（Advanced）。

2.0 簡化為三級：第一級為基礎防護（Foundational），第二級為進階防護（Advanced），第三級為專家防護（Expert）。同時，CMMC 也朝向與 NIST 標準保持一致。

之所以發展出改進簡化的 CMMC 2.0 版，主要是美國國防部在徵求公眾意見後，為了讓中小企業更容易施行，因而進行改良，當中不僅簡化認證標準，減少評估費用，也讓合規要求所面臨的障礙最小化。

基於 NIST 800-171，二級成熟度會要求 110 項安全控制

而 CMMC 2.0 的三個成熟度等級之間，有何差異？

以第一級、基礎級而言，僅適用於具有 FCI 的公司。資訊需要保護，但對於國家安全並不重要。這裡的規範著重基本網路衛生，如今轉變為年度自我認證，不用外部評估。

以第二級、亦即進階級而言，主要適用於保護 CUI 的公司。這裡將以 NIST 800-171 的 110 個控制項為基準要求，規範每三年進行一次第三方評估。

若以第三級，也就是專家級而言，對於 CUI 的保護，需要達到最高等級。而具體內容將以 2021 年 2 月發布的 NIST 800-172 為基準來要求，它是基於 NIST 800-171 而予以增強後的產物，將具有比 110 個控制項更多內容，並是由政府主導的 3 年制評估。

值得關注的是，在 2021 年 12 月，美國 OUSD A&S 公布更多詳細資訊，例如 CMMC Level 1 自評指引的文件，以及 CMMC Level 2 評估指引。

在 Level 1 自評指引談到 6 大安全控制類型的遵循，包括存取控制、識別與認證、多媒體防護、實體防護、系統與通訊防護，以及系統與資訊完整性，共 17 個控制項，均與合約資訊有關。

而在 Level 2 評估指引，主要列出 14 大安全控制類型，除了上述 6 類，還包括意識與培訓、稽核與問責、配置管理、事件回應、維運、個人安全、風險評估與資安評估，共 110 項規範。至於 Level 3 的評估指引，至 2022 年 3 月底為止，仍在開發中。**文⊙羅正漢**

資安治理
ISO 27002:2022

距離 2013 年版相隔已 8 年，最新版修訂為 4 大類 93 項，
新提供 5 種屬性標籤，能讓控制項目更容易使用

今年 2 月，新版 ISO 27002:2022 正式發布，根據國際標準組織（ISO）的網站顯示，此標準修訂階段已經邁入 60.60，這也是 ISO27002 推出後的第二度改版。在此消息揭露前，ISO 27002 有最初發布的 2005 年版，以及後續改進的 2013 年版。

國際標準 ISO 27002:2022，在今年 2 月正式發布，至於 ISO 27001，預計下半年完成改版。

新版管控項目將結構精簡，聚焦讓組織採用更容易

ISO 27002 是資訊安全管理系統（ISMS）的實務指導文件，作為 ISO/IEC 27001 國際標準附錄 A 詳細參考資訊，提供控制措施選擇的具體參考。

這次 ISO 27002 改版，從 2018 年啟動，去年草案版本發布，受各界關注，畢竟距離上一版本推出相隔 8 年，如今 ISO 27002:2022 版終於修訂完成。

關於新版的變化，BSI 表示，名稱改為「資訊安全、網路安全及隱私保護－資訊安全控制措施，英文為 Information Security,Cybersecurity and Privacy protection」，以符合現代資安需求。

在內容上，ISO 27002:2022 的修訂目標，聚焦於讓組織更容易採用，並確保必要控制措施不會忽略。因此，新版對於控制要求與措施，進行大幅度地打散、重整，並新增多個項目。

簡單來說，新版簡化控制措施架構，從原有的 14 條款類別，重新調整為 4 大類別，分別是「組織控制」、「人員控制」、「實體控制」與「技術控制」，而整體控制項目則從 114 個減到 93 個，

藉此強化資安管控有效性，並將不適合當前環境的內容刪除，當中更新 58 個控制項目，並將多個控制項目整併為 24 個控制項目，並新增 11 個控制項目，讓組織更容易採用。

這些新增項目，主要是為對應當前的網路攻擊手法與樣態，控制項目包含了「威脅情資」、「雲端服務使用的資安」、「資通訊技術營運持續整備」等，以確保組織能持續控制自身資訊安全。

而在控制措施合併方面，舉例來說，過往企業處理變更管理議題時，有點棘手，因為不管是組織自己導入或是顧問協助，其實分布在多個條文。

新版將原有 4 項相關要求，綜合整理為 1 項，亦即 8.23「變更管理」，直接包含流程、人員、系統、平臺、軟體套件的變更，條文更為完整，也趨於一致，不像現行版本如此分散。

為讓組織更有效運用控制措施，新定義 5 類屬性

為了便於不同對象或角色使用，讓控制措施有不同視野角度，新版 ISO 27002 增加屬性標籤，每個控制要求，也都會關連到 5 個屬性值，分別是：控制類型（預防、偵測、矯正）、資安特性（機密性、完整性、可用性，簡稱 CIA）、網路安全概念（識別、保護、偵測、回應、復原，亦即 NIST CSF 框架）、執行能力，以及安全領域。

讓企業組織可從不同角度，快速過濾相關控制措施，以及執行排序呈現，更便於找出相關控制要求。

而且，組織將可依據需求定義自有的屬性值，亦即建立更多檢視角度，以便檢核控制措施的要求。文⊙羅正漢

在 ISO 官方網站上，公布 ISO 27002:2022 所有章節的名稱，當中包括：第 5 條組織控制，有 37 項控制措施；第 6 條的人員控制，有 8 項控制措施；第 7 條的實體控制，有 14 項控制措施；以及第 8 條的技術控制，有 34 項控制措施。

2021.01

資安漏洞 供應鏈攻擊

台灣大哥大引進中國白牌手機貼牌銷售，驚傳資安漏洞

台灣大哥大的自有品牌手機 Amazing A32，在生產製程階段被植入惡意程式，使得詐騙集團可以濫用使用者的門號，作為詐騙遊戲點數的人頭帳號。台灣大哥大後續也提供更新韌體或是更換手機折抵方案。

由於這款手機是中國代工製造，本次事件也引起國家通訊傳播委員會（NCC）的高度重視，表示日後針對此類以臺灣品牌銷售的中國白牌手機，將採行更嚴格的管理措施。

網路詐騙

刑事局公布 2020 年 5 大網路購物高風險賣場，Momo 購物網居冠

針對國內網路購物詐騙橫行的情況，刑事警察局於 1 月 11 日公布 2020 年前 5 大高風險賣場名單，分別是 Momo、小三美日、讀冊生活、486 團購網，以及 Hito 本舖。其中該單位全年受理冒名 Momo 客服的詐騙案件，共有 383 件最為嚴重。

刑事警察局指出，這類詐騙手法的共通點，皆為歹徒假冒網路購物商城之客戶服務，以工作人員操作誤設分期付款、重複扣款等理由，要求受害者去操作 ATM、購買遊戲點數、或是使用網路銀行與 App 來解除設定等。

供應鏈攻擊

SolarWinds 公布供應鏈攻擊事故流程

針對 2020 年 12 月爆發的供應鏈攻擊，為了釐清前因後果，SolarWinds 找上資安業者 CrowdStrike，聯手調查事件發生的來龍去脈，並在 1 月 11 日公布駭客攻擊的路徑。SolarWinds 指出該攻擊的源頭，駭客利用了名為 Sunspot 的惡意程式。

對於此次攻擊事件所發生的過程，SolarWinds 整理出相當詳細的時間表，他們表明駭客於 2019 年下旬進行測試，到了 2020 年 2 月才真正埋入 Sunburst 後門程式，並於 6 月初移除程式碼裡的惡意軟體。

漏洞修補

微軟預告 2 月將進行 Zerologon 第二階段修補

針對 2020 年 8 月微軟首度修補的 Zerologon 漏洞，該公司預告將於 2 月份發布的每月定期修補星期二（Patch Tuesday），推出第 2 波更新程式，安裝後，預設啟動網域控制器的強制執行模式（Enforcement Mode），並使用 Netlogon 安全通道與安全 RPC 連線，以因應 Netlogon 漏洞的隱憂。對於防堵 Zerologon 漏洞，微軟表示，需同時安裝 8 月提供的第 1 個修補程式。

Amazing A32軟體升級公告

聲明內容　軟體升級　機故回收改併新機　服務專線　Q & A

台灣大哥大全力配合力平國際召回Amazing A32手機進行安全性軟體升級聲明

本公司接獲合作廠商「力平國際公司」通知，由其負責生產製造的「Amazing A32」手機，因強化資安防護需全面召回進行安全性軟體升級，本公司接獲通報後，將與「力平國際公司」充分合作，全力協助用戶將手機作業系統升級至最新V2.0版本。

台灣大哥大聲明稿　力平國際聲明稿

資料外洩 電玩產業

卡普空攻擊事件恐波及 39 萬人，影響對象包含用戶、員工、合作夥伴

日本電玩製作商卡普空（Capcom）於 2020 年 11 月遭勒索軟體入侵，傳出駭客竊取近 1TB 資料。該公司於 1 月 12 日公布調查結果，指出可能有 39 萬人個資可能會受到影響。確定遭洩露的資料涉及 16,415 人，當中有合作夥伴 3,248 人、前任員工和相關單位 9,164 人、以及現任員工和相關單位 3,994 人。其他可能受影響的人員，包含 5.8 萬名應試者，姓名、住址、電話及電子郵件，也都遭到外洩。

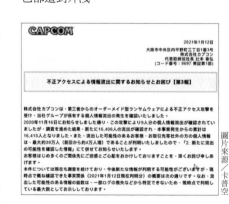

圖片來源／卡普空

漏洞修補 DNS 軟體安全

開源 DNS 軟體 Dnsmasq 含有 7 個安全漏洞，華碩、D-Link 也受影響

電信與網路產業者注意！資安業者

Netlogon Domain Controller Enforcement Mode is enabled by default beginning with the February 9, 2021 Security Update, related to CVE-2020-1472

MSRC / By Aanchal Gupta / January 14, 2021 / Active Directory, EOP, Patch, Standard), vulnerability, Windows Server 2008 Service Pack 1, Windows Server 2008 R2 Service Pack 1, Windows Server 2012, Windows Server 2012 R2, Windows Server 2016, Windows Server 2019 all editions, Windows Server version 1809 (Datacenter, Windows Server version 1903 all editions, Windows Server version 1909 all editions

Microsoft addressed a Critical RCE vulnerability affecting the Netlogon protocol (CVE-2020-1472) on August 11, 2020. This will block vulnerable connections from non-compliant devices. DC enforcement mode requires that all Windows and non-Windows devices use secure RPC with Netlogon secure channel unless customers have explicitly allowed the account to be vulnerable by adding an exception for the non-compliant device.

We are reminding our customers that beginning with the February 9, 2021 Security Update release we will be enabling Domain Controller enforcement mode by default.

圖片來源／微軟

JSOF 發現開源 DNS 軟體 Dnsmasq 的 7 個漏洞，Dnsmasq 也釋出 2.83 新版修補供用戶更新。

JSOF 指出，他們自 2020 年夏天就開始調查 Dnsmasq 漏洞，發現有 3 個漏洞將導致 DNS 快取記憶體中毒攻擊，另外 4 個則是緩衝區溢位漏洞，而從影響範圍來看，至少有 40 家產品業者受影響，而他們也與 CERT/CC 合作、通知這些業者，包括 AT&T、思科、紅帽、Google、Juniper 等，以及臺灣的華碩、D-Link 等。

Outcome	DNSSEC not compiled	DNSSEC compiled	DNSSEC compiled with validation enabled
Buffer overflow	None	None	CVE-2020-25681 CVE-2020-25682 CVE-2020-25683 CVE-2020-25687
Cache poisoning from browser	CVE-2020-25684 CVE-2020-25685	None	None
Cache poisoning from host	CVE-2020-25684 CVE-2020-25685 CVE-2020-25686	CVE-2020-25686	CVE-2020-25686

TLS 加密安全
美國 NSA 呼籲政府與民間企業應停用舊版 TLS

圖片來源／NSA

美國國安局（NSA）發出了最新的安全指引，建議企業應移除 TLS 1.0、1.1 等舊版設定，改為採用更強的加密及驗證標準。

在 2018 年，IETF 發布 TLS 1.3 版，並公布 1.0 以及 1.1 退場草案，2021 年仍然有少數未沒升級支援 1.2 與 1.3 狀況。NSA 發出這份安全指引，是因為發現惡意掃描舊版 TLS 協定的情況，同時，也有情報顯示國家級駭客組織已具備攻擊舊版 TLS 加密連線的能力。而且，根據 NSA 內部分析，仍然有政府單位用舊版 TLS。

SolarWinds
FireEye 釋出 SolarWinds 駭客攻擊的手法細節及檢測工具

圖片來源／FireEye

在 1 月 19 日，資安廠商 FireEye 對攻擊 SolarWinds 的組織 UNC2452，發布白皮書，詳細揭露了駭客採用的 4 種主要攻擊手法，首先，是竊取 ADFS 的 Token 憑證並偽造，在 Azure AD 增加可信任的網域，以及破解用戶端帳號並同步到 Microsoft 365，最後是劫持現有 Microsoft 365 應用程式。

該公司也釋出專用檢查工具，名為 Azure AD Investigator auditing script，協助使用 Microsoft 365 的企業，檢查自身環境是否有可疑活動，並且教導企業強化網路環境防護，以及發現類似手法時的處理方式。

數位身分證
行政院暫停數位身分證換發，將立專法、取得社會共識後再推行

面對數位身分證（New eID）換發的疑慮，行政院在 1 月 21 日同意內政部提出暫緩發行數位身分證的計畫，待制定專法、取得社會共識之後，再來推動換發的工作。

根據內政部的說明，未來專法將強化資安、資訊自主與隱私保護，專法內容由內政部負責規畫，會先通過內政部的部務會議，再送行政院，送立法院三讀，但專法制定尚無時間表。

信用卡側錄
連鎖停車場業者小心！自動繳費機傳出遭裝信用卡側錄機

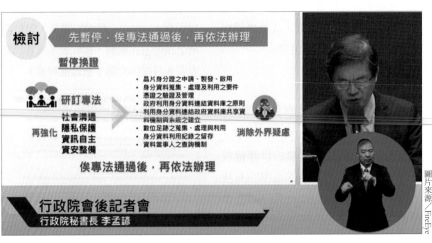
圖片來源／刑事警察局

臺北市多個連鎖停車場繳費機，遭盜刷集團安裝迷你信用卡側錄機，刑事警察局在 1 月 22 日宣布抓到兩名嫌犯。偵查第七大隊第二隊隊長郭有志表示，針對停車繳費機側錄信用卡是國內首見狀況，該側錄機是磁條式而非 RFID，嫌犯是從國外網站購買，並將側錄機黏於繳費機刷卡處末端，使得刷卡繳費時一併刷過側錄機，兩三小時後，歹徒會將側錄機取回，再透過電腦取得信用卡內碼並製作偽卡。

圖片來源／FireEye

2021.02

殭屍網路

歐洲刑警組織與 8 國警方合作拿下 Emotet 殭屍網路

1 月 27 日歐洲刑警組織（Europol）宣布，在歐美多個國家的政府通力合作之下，他們切斷了 Emotet 的基礎設施運作，而這是全球最危險的殭屍網路之一。這起攻堅行動是荷蘭、德國、美國、英國、法國、立陶宛、加拿大，以及烏克蘭等國家，與歐洲刑警組織，以及歐洲檢查官組織（Eurojust），進行國際合作的成果。

供應鏈攻擊 製造業

卡巴斯基揭露 SolarWinds 事故企業受害規模，近 2 千家企業感染 Sunburst

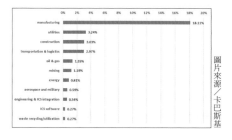

圖片來源／卡巴斯基

繼美國政府坦承遭到 SolarWinds 供應鏈攻擊，究竟有多少企業也是此事件受害者？卡巴斯基於 1 月 26 日指出，約有近 2 千家企業遭到後門程式 Sunburst 鎖定，製造業是其中占比最高者，占了 18.11%。

網路詐騙 網路銀行

詐騙集團冒用國泰世華網路銀行名義，發送釣魚簡訊行騙

內政部警政署刑事警察局接獲多名民眾報案，表示收到佯稱是國泰世華網路銀行的釣魚簡訊，內容宣稱用戶銀行帳戶顯示異常，要求須登入並綁定用戶資料，否則帳戶將遭凍結。一旦民眾依指示操作，詐騙集團便能透過竊得的網

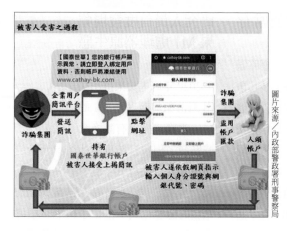

圖片來源／內政部警政署刑事警察局

銀帳號密碼，將受害者帳戶存款轉走。

該單位統計，自 1 月 27 日至 29 日，全國警察機關總共收到 83 件相關檢舉，帳戶盜用占 21 件，損失超過 300 萬元。

網路詐騙 網路銀行

台新銀行用戶遭鎖定、發送釣魚簡訊，竊網銀帳密，騙走 55 萬元

刑事警察局在日前公布歹徒假冒國泰世華網路銀行的名義，藉由釣魚簡訊行騙後，他們不久後獲報，有人收到佯稱是台新銀行網路銀行的簡訊，宣稱用戶的銀行帳號更新失敗，必須輸入驗證碼更新資料，呼籲民眾留意。因為，全國警察機關在 2 天內，就接獲帳號遭到盜用 7 件，共損失 55 萬 2 千元。

網路攻擊 SCADA 共用密碼

美淨水廠遭駭，攻擊者意圖加入大量氫氧化鈉汙染水質

位於美國佛州奧德馬爾（Oldsmar）市的淨水廠，約於美東時間 2 月 5 日上

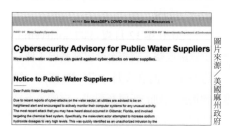

圖片來源／美國麻州政府

午 8 時遭駭，對方透過 TeamViewer 軟體，遠端存取淨水控制系統，企圖將水中氫氧化鈉濃度調高 111 倍，所幸員工及時發現。事故釀禍原因在於，淨水廠使用 Windows 7、TeamViewer，但公司網路無防火牆保護，電腦直接連上網際網路等，再加上共用遠端存取密碼，而成為攻擊者下手目標。

即時通訊軟體

新興語音社交軟體 Clubhouse 引起資料安全疑慮

採用邀請制度的語音社交軟體 Clubhouse 席捲全球，但因採用中國技術而引發隱私疑慮。史丹佛大學網路觀測計畫團隊（SIO）研究證實，該社交系統採用的語音平臺是中國 Agora，聊天室中繼資料（Metadata）的傳送過程，亦經過位於中國的伺服器，且未受全程加密（E2EE）保護，用戶可能被中國政府秋後算帳。

對此，Clubhouse 向 SIO 表示，他們將加強資料保護，包含額外加密機制，以及避免用戶端與中國伺服器通訊等。

K8s 容器安全 挖礦攻擊

TeamTNT 蠕蟲侵入組態安全性不足的 K8s 叢集進行挖礦

2020 年在雲端環境活躍的惡意程式 TeamTNT，先是被攻擊者用來建立分散式阻斷服務攻擊（DDoS）殭屍網路、竊取 AWS 帳密等行為，2021 年 1 月 Palo Alto Networks 發現新攻擊行動，他們表示，駭客藉由組態不夠安全的 Kubelet 入侵 Kubernetes 叢集，並植入 TeamTNT 進行挖礦活動，該公司將新版 TeamTNT 命名為 Hildegard。

網路詐騙 加密貨幣
民眾加密貨幣帳戶遭異常存取，損失千萬

在農曆春節前，出現歹徒假冒網路銀行的名義，進行釣魚簡訊詐騙的多起事件，刑事警察局於過年期間又接獲其他詐騙，通報有加密貨幣投資人於幣安交易所（Binance）進行交易時，收到同時有其他於香港地區試圖登入帳號的警示訊息，但在這名投資人點選拒絕後，帳戶內的比特幣卻不斷被轉出，在半個小時之內就損失千萬元。

圖片來源／內政部警政署刑事警察局

惡意程式 Apple M1
研究人員首度發現蘋果 M1 處理器原生惡意程式

2020 年底，蘋果推出採用 Arm 架構處理器 M1 的 Mac 電腦，後續有許多軟體廠商，相繼打造專屬此種電腦的原生程式，到了 2021 年初，也出現針對 Arm 架構 Mac 電腦的惡意程式。在 2 月 14 日，根據資安研究人員 Patrick Wardle 的揭露，他在惡意軟體分析平臺 VirusTotal 上，看到專門針對 M1 處理器的惡意廣告程式 GoSearch22。

4 天後，多家資安公司公開第 2 個具備 M1 版的惡意程式 Silver Sparrow，他們指出近 3 萬臺 Mac 電腦受到感染，遍及 153 國。

圖片來源／Patrick Wardle

資料外洩 供應鏈攻擊
美軟體供應商 Accellion 遭駭，用戶陸續出面指控因此受害

擁有大型客戶的私有雲解決方案業者 Accellion，在 1 月 12 日坦承遭網路攻擊，駭客攻陷其檔案傳輸設備（FTA），該公司在察覺攻擊行動的 72 小時內修補漏洞，宣稱不到 50 個用戶受波及。然而，後續卻有用戶指控他們遭到攻擊起因就是 Accellion 遭駭。

2021.03

漏洞攻擊 Exchange
微軟修補遭濫用的 Exchange 漏洞，但災情擴大，且被質疑修補太慢

微軟在 3 月 2 日緊急修補 Exchange 的安全漏洞，原因是已有中國駭客組織用來發動攻擊。

資安部落格 Krebs on Security 指出，美國至少有 3 萬個組織受害，不乏州政府等公部門。而在美國以外，歐洲銀行業管理局（EBA）於 3 月 7 日及 8 日接

圖片來源／戴夫寇爾

連發出公告，表示他們的 Exchange 伺服器遭相關漏洞攻擊。

然而，微軟也坦承 1 月初發現情況有異，而引起外界質疑修補動作太慢。對於相關漏洞通報，最早應是臺灣資安業者戴夫寇爾，於 2020 年 12 月發現 CVE-2021-26855 及 CVE-2021-27065，並於 1 月 5 日向微軟提出警告，隔日亦得到對方證實。

供應鏈攻擊 SolarWinds
SolarWinds 供應鏈攻擊惡意軟體不只 4 個！FireEye、微軟揭露新發現

自 2020 年 12 月爆發的 SolarWinds 供應鏈攻擊，調查至今已被發現 4 種惡意程式。而在 3 月 4 日，FireEye、微軟揭露找到的新惡意程式，它們多半是採用 Go 語言開發而成，並疑似被駭客

組織運用於第 2 階段攻擊行動，且能將惡意流量藏匿於正常流量，使得這些惡意程式近期才被察覺行蹤。

法規遵循 金融業
針對主機共置服務的資安缺失，金管會對 10 家證券商祭出處分

證券商落實資訊安全的情況如何？金融監督管理委員會於 3 月 4 日宣布，他們在 2020 年對於使用主機共置服務的證券商進行檢查，結果發現共 10 家券商，出現違反證交法規定的情況，如共置主機與證交所連線未設置防火牆、將主機最高權限帳號提供給委外廠商使用等，違規業者包含：康和、永豐金、國泰、元富、富邦、日盛、華南永昌、群益金鼎、凱基，以及元大等證券公司，整體罰鍰達到 552 萬元。

網站安全 網路詐騙

西堤牛排用戶接到詐騙電話，起因是王品集團網站資料外洩

根據 TVBS 新聞網、東森新聞等媒體報導，有民眾向媒體投訴，接到冒名西堤牛排客服的詐騙電話，以儲值提供折扣或信用卡扣款不成功等理由，要求匯款，歹徒不只掌握民眾個資，連他們到西堤牛排消費的餐點都一清二楚。

對此，西堤牛排於網站公告，表示是因為王品牛排網站後臺遭駭客攻擊，盜竊顧客資料。該公司強調會升級資安系統，研擬補償方案。

漏洞攻擊 Accellion

針對延燒 3 個月的漏洞攻擊事故，Accellion 公布調查結果

關於駭客針對 Accellion 檔案傳輸系統 FTA 進行攻擊的事故，該公司於 2 月初委託 FireEye 旗下的 Mandiant，進行相關調查，3 月公布最終結果。他們發現，攻擊者在去年 12 月和今年 1 月，濫用不同的漏洞向這套系統的用戶下手。Mandiant 指出，駭客對於 FTA 極為熟悉，使得他們能串連漏洞來發動不需身分驗證的 RCE 攻擊。

軟體供應鏈安全 網路詐騙

為遏止詐騙與盜刷歪風，銀行公會擬修改安控基準，增加 3 道關卡防範

在農曆新年期間，歹徒鎖定國泰、台新等銀行用戶，以冒名網路銀行的簡訊騙取帳號與密碼，並將帳戶的錢轉走。根據蘋果日報報導，金融監督管理委員會為了防堵這種情況惡化，要求銀行公會需研擬對策。

3 月初，銀行公會理監事會修改「電子銀行業務安控基準」，新增了 3 大措施。首先，民眾以手機門號開立數位帳戶時，須加入視訊機制查核帳戶所有

者；對於手機支付 5 千元、ATM 轉帳 1 萬元以上，銀行須通知用戶；第 3 則是針對採用固定密碼轉帳的用戶，需要增加防護措施，防範駭客在民眾重設密碼之際下手。

勒索軟體攻擊

宏碁傳出遭勒索軟體 REvil 攻擊，駭客索討 5 千萬美元贖金

勒索軟體 REvil 驚傳攻擊臺灣電腦大廠宏碁，駭客透露部分財務報表與銀行往來文件的螢幕截圖，並開出 5 千萬美元天價贖金。

針對遭到勒索軟體攻擊的傳聞，宏碁並未出面否認，僅表示他們已經將近期發生的異常事件，向多國執法與資料保護機關通報。

圖片來源╱Bleeping Computer

金融業 法規遵循

針對三商美邦人壽資安制度缺失，金管會開罰 120 萬

金融監督管理委員會保險局對三商美邦人壽祭出 120 萬元罰款，予以糾正，原因是三商美邦人壽對於 Linux 作業系統、AD 網域的管理流程，密碼變更作業與所訂內部規定不符。以 Linux 而言，該公司安全管理流程未訂定相關系統參數檢核表，並建立定期檢視機制，以致密碼原則和內部規定不一致。

再者，三商美邦人壽在辦理資安作業

時，尚未建立伺服器的檔案定期清理機制、主機目錄的檔案存取權限沒有定期評估機制，以及未訂定資安情資或是警訊通報處理標準程序等缺失。

勒索軟體攻擊 金融業

美大型保險公司 CNA 遭勒索軟體攻擊

3 月 21 日美國大型保險公司 CNA 表明遭到攻擊，導致網路中斷，影響包含電子郵件在內的部分系統。

通報給媒體的知情人士透露，CNA 發生這次事故，主要是受到勒索軟體 Phoenix CryptoLocker 的攻擊，至少有 1.5 萬臺電腦被加密，而且，以 VPN 遠端存取公司資源的員工也無法倖免，他們的電腦檔案也遭到加密。

不過，究竟是誰發動這次網路攻擊？根據一些資安媒體所得到的消息來研判，很有可能與成員遭起訴的駭客組織 Evil Corp 有關。

惡意軟體攻擊

惡意軟體紫狐具蠕蟲擴散力，可大舉感染 Windows 電腦

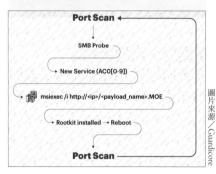

圖片來源╱Guardicore

資安公司 Guardicore 揭露名為紫狐（Purple Fox）的惡意軟體，加入蠕蟲特性，以反覆執行多個 MSI 安裝檔的方式散布到其他電腦。紫狐針對可存取網際網路，又可在內網透過 SMB 通訊協定互連的電腦，進行帳號密碼暴力破解，之後將惡意程式植入。

2021.04

臉書驚傳逾 5 億用戶個資流落駭客論壇

繼 2018 年的劍橋分析（Cambridge Analytica）個資醜聞後，臉書再傳大量用戶個資外洩。根據新聞網站 Business Insider 的報導，有一家網路威脅情報公司 Hudson Rock 的技術長 Alon Gal，在駭客論壇看到有人兜售 5.33 億筆臉書用戶個資，這些資料涵蓋用戶電話、姓名、生日、住址，以及個人簡歷，受害者遍及 106 個國家，當中美國的用戶就有 3,200 萬筆，英國用戶占 1100 萬筆，印度則為 600 萬筆。甚至還有一批臺灣用戶個資，多達 73 萬多筆。

圖片來源／Alon Gal

美政府針對 Exchange 重大漏洞發布緊急指令，要求限期清查

在微軟 3 月推出修補程式後，Exchange 重大漏洞「ProxyLogon」餘波盪漾，美國網路安全暨基礎架構安全管理署（CISA）於月底發布補充指令，要求聯邦政府部門全面清查，Exchange 伺服器是否存在惡意程式或是攻擊活動，並於 4 月 5 日中午前回報結果。

除了檢測是否遭攻擊，CISA 也要求各部會於 6 月 28 日之前，進行安全強化，包括升級 Exchange、作業系統、韌體，以及安裝防毒軟體、啟用防火牆

及事件記錄，並確實檢查帳號、角色、群組權限等。

駭客兜售逾 8 億 LinkedIn 用戶資料，業者宣稱是搜括公開資料而來

繼臉書傳出 5.3 億用戶資料外洩，又有大量社群網站個資出現在駭客論壇。根據資安新聞網站 CyberNews 報導，有人在駭客論壇銷售 5 億個 LinkedIn 用戶資料，並以約 2 美元的價格，提供 200 萬筆資料樣本。對此，LinkedIn 於 4 月 8 日發表聲明，表示這些都是公開的會員資料，搜刮自不同網站或是企業，而非 LinkedIn 資料外洩。

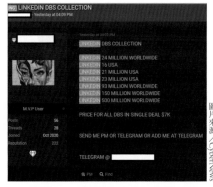

圖片來源／CyberNews

含有逾百萬 Clubhouse 用戶個資的資料庫，在駭客論壇流通

根據資安新聞網站 CyberNews 於 4 月 10 日報導，駭客論壇出現免費的 SQL 資料庫，發文者宣稱內有 130 萬 Clubhouse 用戶資料，而且不用花錢就能取得。對此，Clubhouse 於 11 日發表聲明，這些資料只是透過程式或 API 蒐集公開資料而來。但對於 Clubhouse 的說法，有用戶指出這是該平臺內部使用的 API，並在 3 月曝光，使用此 API 可能違反 Clubhouse 政策而遭停權。

封測大廠日月光孫公司遭 REvil 勒索軟體攻擊

四個月前才正式併入日月光投控旗下環旭電子、歐洲第二大 EMS 公司 Asteelflash，在 4 月 2 日於自家網站發布資安公告，說明 3 月下旬遭 REvil 勒索軟體攻擊，已進行應變與處理。

到了 4 月 5 日與 6 日，日月光投控與環旭電子，也分別於臺灣與上海證交所發布相關公告，指出環旭電子與 Asteelflash 的網路系統是各自運作，本次事件不會波及環旭電子日常營運。

戴夫寇爾挖掘 Exchange 漏洞，拿下 Pwn2Own 冠軍

在 4 月 6 日至 8 日舉辦的 Pwn2Own 2021 漏洞挖掘競賽，臺灣資安研究團隊戴夫寇爾（Devcore）針對 Exchange 漏洞下手，組合認證繞過漏洞和本地權限提升漏洞，在無需驗證的情況下，成功進行遠端程式碼執行（RCE）攻擊，並得到滿分 20 分積分，獲得 20 萬美元獎金，與「OV」和「Daan Keuper and Thijs Alkemade From Computest」並列冠軍，是首度獲 Pwn2Own 冠軍殊榮的臺灣隊伍。

Kubernetes 的 Go 程式庫爆重大漏洞，恐導致 DoS 攻擊

Palo Alto Networks 公司旗下的資安研究單位 Unit42，揭露在 Kubernetes 的 Go 程式庫 container/storage，存在重大漏洞 CVE-2021-20291，一旦使用者從儲存庫（Registry）拉取惡意映像檔，便會因該漏洞對 CRI-O 及 Podman 容器引擎發動 DoS 攻擊，甚至可能波

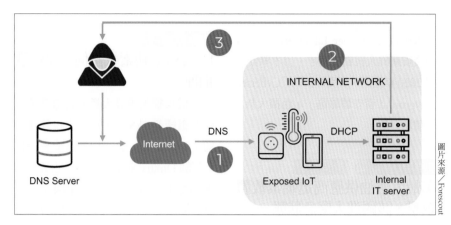

圖片來源／Forescout

及容器基礎架構 Kubernetes 以及 Red Hat OpenShift。

漏洞揭露 TCP/IP
4 個 TCP/IP 堆疊程式庫存在 9 個漏洞，1 億連網裝置曝險

物聯網資安業者 Forescout 與 JSOF Research 聯手，揭露 TCP/IP 堆疊程式庫的一系列漏洞 Name:Wreck，其中有 9 個漏洞，大多與處理 DNS 流量的功能有關，最嚴重者的 CVSS 風險指標為 9.8 分。而含有這些漏洞的 TCP/IP 堆疊程式庫，分別是 FreeBSD、Nucleus NET、IPnet，以及 NetX。

研究人員指出，採用上述程式庫的裝置至少有 100 億臺，假設有 1% 裝置含有相關漏洞，那麼存在相關風險的裝置就約有 1 億個。

勒索軟體攻擊 高科技產業
廣達傳遭勒索軟體 REvil 攻擊，歹徒要脅蘋果購回外洩的產品資料

蘋果剛於 4 月 21 發布春季新品之際，傳出為其代工的廣達遭到勒索軟體 REvil 攻擊，駭客在勒索廣達不成而轉向蘋果，他們揚言，若不付錢，就要公開蘋果旗下產品資料，並宣稱已和買家洽談出售事宜。

對此，廣達則發表聲明表示，該公司確實有少部分的伺服器遭到網路攻擊，他們於第一時間啟動防禦機制並清查，少數波及的內部服務均恢復運作，公司營運沒有受到影響，並表示他們會全面提升網路安全等級。

勒索軟體攻擊 漏洞攻擊
威聯通 NAS 遭勒索軟體攻擊，疑似甫修補的重大漏洞惹禍

臺灣 NAS 商威聯通科技（QNAP）再傳用戶遭勒索軟體攻擊的事故！根據資安新聞網站 Bleeping Computer 報導，從 4 月 19 日起，有許多該廠牌用戶的 NAS 設備遭到勒索軟體 Qlocker 攻擊，導致檔案全部變成具有密碼保護的 7-Zip 壓縮檔。

對此威聯通表示，攻擊者入侵的管道很可能與他們最近發布資安通告的 2 個重大漏洞有關，分別是 CVE-2020-2509，以及 CVE-2020-36195，該公司強烈建議用戶更新 QTS、多媒體主控臺，以及影音串流附加元件，防範攻擊者濫用相關漏洞。

圖片來源／Bleeping Computer

2021.05

勒索軟體攻擊 漏洞攻擊
威聯通 NAS 遭勒索軟體攻擊有進展，疑似與新漏洞有關

關於威聯通科技（QNAP）NAS 設備遭勒索軟體 Qlocker 攻擊事故，在 4 月 21 日，該公司表示，疑似與 QTS、多媒體主控臺，以及影音串流附加元件的重大漏洞有關；到了 4 月 22 日，該公司指出，另一個漏洞 CVE-2021-28799 也與這起惡意軟體的攻擊有關，而這個漏洞是由臺灣資安業者如梭世代

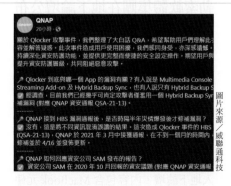

圖片來源／威聯通科技

（ZUSO Generation）在 3 月向其通報，存在於提供備份與同步功能的 Hybrid Backup Sync 套件。

對於 Qlocker 攻擊，威聯通經調查後發現，駭客僅濫用 CVE-2021-28799，並利用程式碼內的弱點，非法取得存取權限而得手。

殭屍網路 Emotet
全球執法機構自遠端移除殭屍網路病毒 Emotet

2021 年 1 月下旬，Emotet 被歐洲刑警組織（Europol）聯手多國執法機構拿下，為進一步移除相關威脅，美國司

法部預告將於 4 月 25 日遠端清除惡意程式：藉由原本派送病毒的管道，讓 Emotet 連結的伺服器更新檔案，置換為執法機構所提供的版本。時間一到，他們果然依照了當時規畫，執行清除惡意程式作業。

金融業　資安法規遵循

證交所修訂重大訊息處理程序，上市公司發生資安事故應揭露

為了強化資安事件重大訊息發布的重要性，並使得法源依據明確，臺灣證券交易所在 4 月 27 日傍晚公告修訂重大訊息處理程序，明文要求上市公司一旦發生重大資安事件，應對外發布重大訊息。相關修正條文，是在第 4 條上市公司重大訊息中的第 26 項規範。

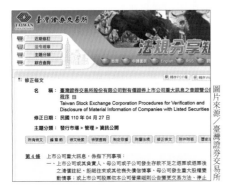

圖片來源／臺灣證券交易所

資安大型會議

2021 臺灣資安大會於 5 月 4 日舉行，新增資安人才專區

臺灣最大的資安盛事「Cybersec 2021臺灣資安大會」在 5 月 4 日至 6 日，於臺北南港展覽館二館舉行，總統蔡英文、美國在臺協會處長酈英傑親臨現場，將有超過 8 千名與會者參加。此次大會有超過 200 名國內外資安專家帶來多元主題演講，臺灣資安大展展覽規模擴大 1.5 倍，超過 200 家國內外領導品牌展出最新解決方案。

有鑑於全球對資安人才迫切需求，本

次大會特設「Cyber Talent 專區」，串連資安新鮮人與資安育才、用才單位。自 2020 年推出、廣受好評的「Cybersec Playground 資安體驗區」，也擴大為 7 個體驗活動。

勒索軟體攻擊　能源產業

美最大燃油供應商遭勒索軟體攻擊，該國進入緊急狀態

5 月 7 日美國燃油供應業者 Colonial Pipeline，傳出遭到勒索軟體攻擊，被迫暫停所有管道作業。由於該公司是美國最大的精煉油輸送系統，供應當地東岸近半數的燃油，也是 7 個機場油料的來源，美國運輸部（DoT）於 5 月 9 日宣布進入緊急狀態，暫時特許機動車輛經由一般道路運送燃油，以緩解因本次事故造成的燃油短缺問題。美國聯邦調查局（FBI）隨後於 5 月 10 日證實，Colonial Pipeline 是遭到勒索軟體組織 DarkSide 的攻擊。

圖片來源／美國聯邦調查局

勒索軟體攻擊　高科技產業

勒索軟體集團在地下論壇公布竊得的 MacBook 電路圖

蘋果筆電製造商廣達遭到勒索軟體 REvil 攻擊，駭客宣稱自廣達盜走蘋果產品藍圖向蘋果勒索，外傳駭客向廣達與蘋果索取高達 5,000 萬美元的贖金。

根據新聞網站 Motherboard 於 5 月 10 日報導，MacBook 相關設計文件流入地下論壇，內容包含 MacBook 元件的接線圖，以及該款筆電的主機板布局，雖然當中無元件名稱與功能說明，而無法用來複製整臺 MacBook。

勒索軟體攻擊

DarkSide 勒索軟體伺服器疑遭扣押

宣稱攻擊美國最大燃油管道系統的駭客組織 DarkSide，可能出現營運問題。5 月 13 日，有一位網路威脅情報分析師 Dmitry Smilyanets，在俄羅斯駭客論壇 Exploit 發現一則相關訊息：DarkSide 宣布無法存取自家的部分基礎設施，包括部落格、支付伺服器，以及 SDN 伺服器，疑遭到執法機關扣押。

圖片來源／Dmitry Smilyanets

資料外洩

臺灣入口網站蕃薯藤被駭，用戶資料流入駭客論壇

許多臺灣用戶曾使用的入口網站，如今竟傳出個資在駭客論壇流竄的消息。密碼外洩查詢網站 Have I Been Pwned（HIBP）接獲臺灣威脅情報研究人員 Still Hsu 通報，他看到駭客論壇出現來自臺灣入口網站蕃薯藤的外洩資料，究竟有多少資料遭到外洩？HIBP 表示，當中有超過 1,300 萬名用戶資料。

圖片來源／Still Hsu

HIBP 進一步指出，這批資料外洩時間點為 2013 年 6 月，內含 13,258,797 筆電子郵件，以及這些帳號的用戶名稱、姓名、生日、電話號碼、地址，以及未加鹽的密碼 MD5 雜湊值。

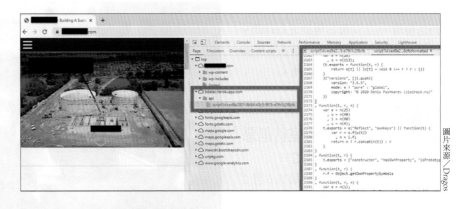

圖片來源／Dragos

關鍵基礎設施 供應鏈攻擊
險遭下毒的佛州淨水廠事故追本溯源，發現其外包商也被駭

2021 年 2 月，佛州奧德馬爾（Oldsmar）市淨水處理廠員工發現不明人士入侵公司網路，企圖調高淨水過程的氫氧化鈉，將濃度調到正常值的 100 倍，幸好及時修正而未釀成大錯。資安業者 Dragos 著手調查後發現，該淨水廠的外包商也被捲入攻擊事件。

該資安業者指出，在淨水廠遭攻擊前，營建基礎架構外包商的 WordPress 網站出現惡意程式碼，攻擊者當時用這網站進行水坑式攻擊，並從連向該網站的系統收集資料。淨水廠被駭當日，也出現從奧德馬市存取該站的異常連線。

法規遵循 金融產業
金管會揭露電支條例子法重點驗證機制

新電子支付機構管理條例 7 月 1 日正式上路，對此，金管會與央行皆預告需配合修訂的授權相關子法，其中，對於電子支付的部分，要求強化電子支付機構的用戶身分確認機制，相關規範將比照銀行數位存款帳戶的分類，身分確認強度亦分為一到三類。其中，增訂確認使用者提供的行動電話號碼機制、核驗姓名程序，以及排除第三類數位存款帳戶得作為身分確認的金融工具種類。

2021.06

網路攻擊 高科技產業
記憶體大廠威剛科技發出公告，表明部分資通系統遭到病毒攻擊

在 5 月 26 日，記憶體大廠威剛科技於臺灣證券交易所發布重大訊息，揭露於 23 日遭病毒攻擊事件，導致部分資通系統受影響。此起事故造成該公司 5 月 24 日以後的出貨作業面臨一些延誤，威剛表示，這次攻擊事件不會對公司造成重大影響。

勒索軟體攻擊 關鍵基礎設施
大型肉品供應商 JBS 疑遭俄羅斯駭客勒索軟體攻擊

全球最大肉品業者 JBS 於 5 月 30 日傳出遭到網路攻擊，造成澳洲與北美地區的部分肉品處理產線中斷，美國白宮在 6 月 1 日召開記者會提及此事，指控發動此次事故的攻擊者可能是俄羅斯駭客，白宮已聯繫俄羅斯政府，要求當局不應窩藏攻擊者。

> THE WHITE HOUSE
>
> One more thing, as soon as I get there. One more update for — for all of you. Meat producer JBS notified us on Sunday that they are the victims of a ransomware attack. The White House has offered assistance to JBS, and our team and the Department of Agriculture have spoken to their leadership several times in the last day. JBS notified the administration that the ransom demand came from a criminal organization likely based in Russia.

圖片來源／美國白宮

資安產業動態
FireEye 以 12 億美元出售產品與名稱

資安廠商 FireEye 於 6 月 2 日宣布，將以現金交易的方式，出售 FireEye 產品部門，並涵蓋 FireEye 名稱使用權，預計以 12 億美元的價格，賣給私募股權公司 Symphony Technology Group（STG）為主的投資團隊，未來將專注於企業安全業務。

這樁交易將使 FireEye 的網路、郵件、端點、雲端產品，以及相關安全管理及協作平臺，與 Mandiant 的軟體和服務之間，進行切分。FireEye 認為，此舉將可加速兩方業務成長、產品上市，以及專注解決方案創新。

APT 攻擊 後門程式
中國駭客開發後門程式，攻擊東南亞國家政府

資安廠商 Check Point 指出，中國駭客組織 SharpPanda 開發前所未見的 Windows 後門程式，用來蒐集用戶電腦資訊，至少有一個東南亞政府單位受害，而這個攻擊組織使用其後門程式，至少活動了 3 年，卻未被察覺。

研究人員指出，對方透過釣魚郵件散布相關後門程式，並研判來自中國。他

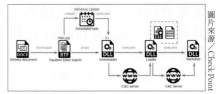

圖片來源／Check Point

們也發現，C2 伺服器僅於北京時間 9 時到 16 時運作，且於中國勞動節長假期間（5 月 1 日至 5 日）關機。

圖片來源／烏克蘭警察局

資安鑑識
刑事局資安鑑識實驗室首創惡意程式分析流程標準化

內政部警政署刑事警察局於 6 月 2 日召開記者會表示，他們自 2019 年起，耗時一年半，將平時累積惡意程式分析經驗，找出標準化流程並取得國際認證，並打算將這個「Windows 程式行為分析」的認證 ISO 17025，進一步推廣給其他從事資安鑑識和惡意程式分析的資安實驗室。此舉也促使刑事局資安鑑識實驗室，成為全球第一個通過 ISO 17025 的執法單位實驗室。

容器安全 K8s
Kubeflow 框架被用來發動挖礦攻擊

微軟安全團隊 6 月 8 日提出警告，Kubeflow 框架發生大規模攻擊，被用在 Kubernetes 叢集，目的是挖取加密貨幣，例如，門羅幣（Monero）與以太幣（Ethereum）等。2020 年 6 月該公司首次發現 Kubeflow 儀表板遭濫用，並經由 Jupyter notebooks 部署惡意容器後，又一次遭到惡意使用。

圖片來源／微軟

證實遭到勒索軟體攻擊，各界關切攻擊者的身分，根據資安新聞網站 Bleeping Computer 在 6 月 8 日的報導，Ragnar Locker 宣稱竊得威剛 1.5TB 機密資料，涵括公司機密資料以及合作夥伴、客戶及員工資訊，並在網路公告數個檔案的螢幕擷圖為證。該組織認為，威剛「不在乎伺服器上資料的安全性」，因此他們很快會將竊得資料在網路公開。

勒索軟體駭客
烏克蘭警方逮捕 6 名涉及操作 Clop 勒索軟體的嫌犯

在 6 月 16 日，烏克蘭政府宣布，與國際刑警組織（Interpol）、南韓及美國的執法機關合作，破獲勒索軟體集團 Clop，逮捕並起訴了 6 名涉嫌參與勒索軟體操作的嫌犯，關閉 Clop 集團用來散布病毒及勒索的基礎設施，也扣押這些嫌犯的資產。

根據金融時報的分析，這應該是史上第一個針對勒索軟體集團大規模展開的逮捕行動，將對部分國家造成壓力，例如被視為勒索集團中心的俄羅斯。

勒索軟體攻擊 高科技產業
威剛遭勒索軟體攻擊主使者身分曝光？Ragnar Locker 宣稱是他們所為

記憶體儲存裝置業者威剛於 5 月底

物聯網裝置 開發安全
物聯智慧 SDK 含嚴重漏洞，恐遭第三方竊聽

美國網路安全暨基礎架構安全署

（CISA）提醒各界注意物聯網雲端服務業者「物聯智慧（Throughtek，TUTK）」的 SDK，因為當中含有 CVE-2021-32934 漏洞，若遭成功利用，將允許未經授權的第三方存取機密資料，如監視器的聲音或影片，而此漏洞的 CVSS 風險評分高達 9.1。

對此，物聯智慧表示在 2018 年已發現漏洞，並推出 3.1.10 版 SDK 予以修補。但 CISA 之所以在 2021 年 4 月通報物聯智慧，因為有資安顧問公司發現一些網路監控攝影機仍存在上述漏洞，且這些設備仍使用較舊版本的物聯智慧 SDK，使得這項漏洞浮上檯面。

撞庫攻擊
自學駭客撞庫攻擊東森購物網站，盜刷用戶信用卡購買遊戲點數

電商網站東森購物 2021 年年初發現網站遭到不明人士異常存取，對方連續藉由撞庫攻擊（Credential Stuffing），以購得的外洩帳號密碼組合，嘗試登入這家電商網站的會員帳戶。攻擊者成功存取 5 名東森購物用戶的帳號，並購買 23 萬元遊戲點數。

刑事警察局接獲報案介入調查後，查獲是 24 歲許姓男子所為，並依妨害電腦使用、偽造文書、詐欺等罪嫌函送。

2021.07

Kaseya

PRODUCTS　MSPS　IT DEPARTMENTS　RESOURCES　COMPANY　GET STARTED
Solutions for IT　Grow Your Business　Manage IT with Ease　Learn About IT　About Kaseya

Updates Regarding VSA Security Incident

July 6, 2021 - 10:00 PM EDT

During the VSA SaaS deployment an issue was discovered that has blocked the release. Unfortunately, the VSA SaaS rollout will not be completed in the previously communicated timeline. We apologize for the delay and R&D and operations are continuing to work around the clock to resolve this issue and restore service. We will be providing a status update at 8AM US EDT.

July 6, 2021 - 7:30 PM EDT

Kaseya's VSA product has unfortunately been the victim of a sophisticated cyberattack. Due to our teams' fast response, we believe that this has been localized to a very small number of on-premises customers only.

Our security, support, R&D, communications, and customer teams continue to work around the clock in all geographies to resolve the issue and restore our customers to service.

`供應鏈攻擊` `勒索軟體攻擊`

IT 管理軟體 Kaseya 成 REvil 勒索軟體跳板

美國軟體公司再度傳出供應鏈攻擊。一家專門開發網路、系統與資訊科技基礎設施託管軟體的美國業者 Kaseya，近日發出公告指出，他們約於 7 月 2 日美東夏令時間（EDT）下午 4 時發現，駭客藉由危害遠端監控與管理軟體 Kaseya VSA，針對其客戶展開 REvil 勒索軟體攻擊。

而對於此起攻擊事故的受害規模，資安業者 Huntress 估計至少有數千家小型企業受到衝擊，而 REvil 則對外宣稱已加密逾百萬個系統。此事更驚動了白宮，美國總統拜登也下令，表示政府將全力協助 Kaseya。

`個資保護規範` `CBPR`

資策會成臺灣第 1 家亞太個資治理規範認證單位

美國在亞太地區（APEC）推動跨境隱私保護規則體系（CBPR），臺灣在 2018 年底加入，2021 年 6 月獲准設立 CBPR 當責機構，是第 5 個擁有當責機構的 APEC 會員經濟體。國家發展委員會也在此時宣布，資策會正式成為 APEC 第 9 個 CBPR 認證單位，日後將能提供臺灣企業在地的認證服務。

`APT 攻擊`

工研院遭中國政府資助的駭客組織 TAG-22 鎖定

資安威脅資料分析公司 Recorded Future 在 7 月 8 日發布消息，指出他們追蹤的第 22 號威脅活動團體（TAG-22），疑似是由中國政府資助的駭客攻擊組織，目前正在鎖定尼泊爾、菲律賓、臺灣、香港等國家或地區的電信業、學術界、研究與開發、政府組織，伺機發動網路攻擊。

研究人員基於網路流量資料分析結果，找到 TAG-22 入侵活動鎖定的具體目標，分別是：臺灣的工研院、尼泊爾電信公司、菲律賓政府的資通訊科技局，當中工研院是當中最需要關注的對象，主要是因為該組織是開創、培育多家臺灣高科技公司的科技研發機構。

`資料外洩` `供應鏈攻擊`

因維護 IT 系統的供應商遭駭，摩根史坦利成 Accellion 事故受害者

跨國投顧公司摩根史坦利 7 月 2 日發出聲明，維護 StockPlan Connect 服務的外部供應商 Guidehouse 遭駭，導致 108 名新罕布夏州客戶的資料外洩，原因是 Guidehouse 的 Accellion FTA 伺服器遭到入侵。

`行動裝置安全`

NCC 公布 15 款市售手機內建軟體資安檢測結果

國家通訊傳播委員會（NCC）公布 15 款手機內建軟體的資安檢測結果，其中，在 2021 年初爆發資安事件爭議，使上百用戶淪為遊戲點數詐騙人頭的 Amazing A32，因 Android 版本過舊，且 Google 已不再修正授權軟體，而無法通過此次檢測。

`間諜軟體` `iOS`

Pegasus 鎖定 iMessage 漏洞，攻擊過程無需用戶互動

非營利組織 Forbidden Stories 與國際特赦組織聯手，於 7 月 18 日公布 Pegasus 專案調查報告，當中指出，有多達 5 萬名使用者，遭到以色列駭客公司 NSO Group 的政府客戶鎖定。

這些用戶企圖於監控目標的手機上植入 Pegasus 間諜軟體，而且，就算是當時使用了最新的 iPhone 12 手機、安裝最新的 iOS 14.6 作業系統，都難逃遭到入侵的命運。

`釣魚郵件攻擊` `關鍵基礎設施`

光碟映像檔被夾帶惡意程式！出現鎖定能源產業的釣魚攻擊

惡意程式碼免疫系統供應商 Intezer 在 7 月 7 日，公布了一起針對能源產業的釣魚郵件攻擊事故，並認為駭客攻擊行動時間至少為期一年，而且攻擊者發送的郵件裡，都會包含 IMG、ISO，或是 CAB 檔案格式的附件。

關於這起攻擊行動遭到鎖定的目標，Intezer 指出主要是針對能源、石油、天然氣，以及電子業的大型國際公司。從攻擊範圍來看，包括美國、德國，以及阿拉伯聯合大公國（UAE），但 Intezer 認為，攻擊者的主要目標是韓國公司。

DDoS 攻擊
第三方支付業者綠界科技遭到 DDoS 攻擊

第三方支付業者綠界科技遭 DDoS 攻擊，使得旗下金流服務、物流服務與發票服務都受影響，發生在 7 月 8 日晚間、7 月 9 日早上 11 時 30 分到晚上 11 時，以及 7 月 10 日傍晚等 3 個時段。

在面臨 DDoS 攻擊期間，多家網路商店表示受影響，例如，由館長陳之漢開設的惡名昭彰官方購物網站、鍋具品牌 Neoflam 臺灣官網等，皆發出公告，要消費者暫停付款。

網路攻擊 政府機關
國發基金系統遭中國駭客入侵，通報為三級資安事件

根據中國時報、工商時報、聯合報等媒體報導，行政院國家發展基金管理會的創業投資電腦系統，驚傳於 2021 年 6 月下旬，遭到中國駭客惡意入侵、被植入惡意程式，可能造成該系統內的投資企業與融資業務，以及個資外洩，這些受害系統老舊且沒有相關資安防護。

國發基金並非法定組織，管理機關為國發會，仍受資安法的規定。國發基金收到資安事件通報後，先確認受駭系統範圍為一般公務機密、敏感資訊系統，相關機密性或是完整性受輕微影響，向行政院資安處通報為第三級資安事件，由調查局和行政院資安處進行調查。

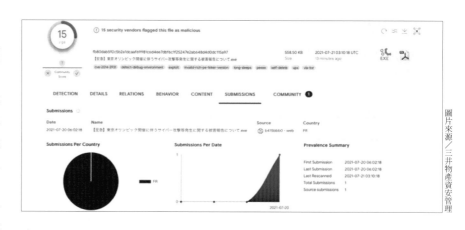

惡意軟體攻擊 東京奧運
假冒東京奧運文件的惡意軟體 Wiper，鎖定日本用戶而來

延期一年的 2020 東京奧運，正式於 7 月 23 日如火如荼舉行。在此之前，美國聯邦調查局（FBI）於 7 月 19 日發出警告，可能有網路攻擊企圖干擾這場大型運動賽事。果不其然，在 7 月 21 日，根據日本當地的資安業者三井物產資安管理（MBSD）揭露，發現一個名為 Wiper 的惡意軟體，攻擊者將它偽裝成東京奧運的文件，疑似鎖定日本 Windows 電腦發動攻擊，企圖刪除使用者的文件檔案。

2021.08

供應鏈攻擊 NPM
鎖定 NPM 套件用戶，攻擊者混入合法工具竊取瀏覽器帳密

惡意軟體分析業者 ReversingLabs 揭露鎖定軟體開發者的攻擊行動，在名為 nodejs_net_server 的 NPM 套件當中，他們發現攻擊者疑似為了企圖竊取開發者瀏覽器的帳密資料，嵌入了合法工具 ChromePass。

而且，這個 NPM 套件已被近 1,300 個開發者下載。NPM 獲報這項消息後，已於 7 月 21 日採取行動，將 nodejs_net_server，以及同作者另一疑似測試用的 tempdownloadtempfile 下架。

惡意軟體攻擊 Proxylogon
中國駭客組織濫用 Proxylogon 漏洞，在 Exchange 伺服器植入木馬

Exchange 漏洞「Proxylogon」爆發時，資安廠商 Palo Alto Networks 揭露新發現的 RAT 木馬程式 Thor，而這個惡意軟體，很可能就是名為 PlugX 的變種，過去曾以 PlugX 發動攻擊的團體是中國駭客組織 Pkplug（亦稱 Mustang Panda、HoneyMyte）。

此外，研究人員指出，Thor 與 2020 年另一個中國駭客組織 RedDelta 所使用的 PlugX 非常相似，但是在初始化外掛元件過程中的解密字串（Magic Number）卻不一樣。

資安產業動態 CVE
臺灣網通設備業者 Zyxel 取得 CVE 編號管理者資格

國內網通設備大廠兆勤科技（Zyxel Networks）宣布，Zyxel 取得 MITRE 通用漏洞揭露計畫（CVE）授權，成為 CVE Numbering Authority（CNA）成員，將有權限對權責範圍內的產品漏洞，也就是 Zyxel 自家產品的安全性問題，發布 CVE 漏洞標號。

根據 MITRE CNA 成員列表所示，

全球已有 30 個國家，共 179 家機構組織及企業參與這項計畫，Zyxel 成為臺灣現有第 4 家企業與機構，且是國內上市公司首例。

網路詐騙

不肖分子騙民眾個資上傳電信平臺辦手機門號，上百人受害

臺灣疫情升至三級警戒以後，不只網路個資詐騙事件呈現倍增趨勢，各大電信業者推動的線上申辦業務，竟也成為不肖份子申辦人頭門號的捷徑。

刑事警察局在 7 月 23 日宣布偵破網路犯罪事件，逮捕 9 名嫌犯，其手法是利用民眾對於網路詐騙缺乏資安意識，以及各家電信業者線上門號申辦業務身分審查機制的不足，之後，再藉由小額付款買點數、再轉售牟利，當時有 160 人受害，並有單一受害者損失高達 48 萬元的情形。

黑帽大會　Pwnie Awards

戴夫寇爾研究員獲 Pwnie Awards 最佳伺服器漏洞獎

在 2021 年黑帽大會（Black Hat USA 2021）舉行期間，頒發夙有資安界奧斯卡獎美稱的「2021 Pwnie Awards」，臺灣資安公司戴夫寇爾首席資安研究員蔡政達（Orange Tsai），因本次揭露多個 Exchange Server 漏洞，奪下最佳伺服器漏洞獎（Best Server-Side Bug）。

這是繼 2019 年蔡政達揭露 Pulse Secure 的 SSL VPN 產品漏洞後，二度獲得此項殊榮。

勒索軟體攻擊　高科技產業

技嘉科技傳出遭勒索軟體攻擊

以主機板、個人電腦、伺服器聞名的公司技嘉科技，8 月 5 日傳出遭勒索軟體攻擊，6 日傍晚在證券交易所，發布資安事件即時重大訊息，證實少部分伺服器遭網路攻擊，已將偵測到的網路異常狀況通報執法與資安單位，並表示生產、銷售與日常營運不受影響。

至於該公司遭受何種勒索軟體攻擊？根據 Bleeping Computer 的報導，很可能是 RansomEXX。

免費勒索軟體解密工具　資安產業動態

資安業者奧義智慧成功破解 Prometheus 勒索軟體，並提供解密工具

在 2020 年崛起的 Prometheus 勒索軟體，全球已經有 40 多個受害者，臺灣也有大企業遇害。

近期國內資安業者奧義智慧，推出針對該勒索軟體的解密工具，讓受害者能夠自救，復原那些被惡意加密的檔案，而他們也宣布將加入串聯全球的 No More Ransom 計畫，成為合作夥伴。

勒索軟體攻擊　內部威脅

駭客以贖金分紅利誘員工，意圖在企業內部植入勒索軟體

郵件安全公司 Abnormal Security 於 8 月 12 日，攔截一批寄送給該公司用戶的可疑電子郵件，寄件者宣稱是 DemonWare 勒索軟體相關人士，要求收信人參與他們的攻擊計畫，在公司內部幫忙植入勒索軟體，假若勒索成功，收信人將能得到 1 百萬美元的高額報酬，寄出這些郵件的人也留下電子郵件信箱，以及 Telegram 帳號，讓有意參與者與他們聯繫。

漏洞攻擊　物聯網安全

物聯智慧 Kalay 平臺存在大漏洞，將允許駭客自遠端存取連網裝置

8 月 17 日美網路安全暨基礎架構安全署（CISA）與資安業者 FireEye 警告，他們表示，臺灣 IoT 平臺業者物聯智慧（ThroughTek）的 Kalay P2P SDK，含有重大漏洞 CVE-2021-28372，攻擊者一旦濫用，就能自遠端執行任意程式或存取機密資訊，物聯智慧已修補該漏洞，並呼籲用戶儘快更新。

勒索軟體攻擊

連鎖餐飲業者鬍鬚張遭勒索軟體攻擊

鬍鬚張先後在 6 月 21 日、7 月 2 日遭遇 2 起勒索軟體攻擊，並於 7 月 19 日發布公告，說明資料外洩的情形，通

177

封面故事
COVER STORY

iThome 2022 CIO大調查（中）

企業IT 新戰力

AI　　5G專網

多雲混合雲　MLOps　DevSecOps　碳足跡　SDDC

Data Mesh　　微服務　DevOps

SBOM　混沌工程　SRE　Kubernetes　AIOps　GitOps

企業面對不一樣新常態的考驗，不只需要更敏捷因應，
還要加速轉型對準永續目標，DevOps是開發力提升關鍵，
6大熱門技術更成為IT新戰力

撰文⊙王宏仁、王若樸、余至浩

企業IT新戰力

企業面對不一樣新常態的考驗，不只需要更敏捷
因應，還要加速轉型對準永續目標，DevOps是開
發力提升關鍵，6大熱門技術更成為IT新戰力。

- IT開發戰力分析　　• 企業AI趨勢
- DevOps能力分析　　• AI技術採用動向
- 新興技術採用動向　• 企業上雲趨勢
- 新興技術熱度雷達

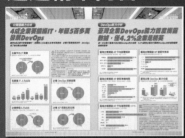

知民眾個資外洩的可能風險，同時，他們表示，已經向法務部調查局報案，以及強化資安。

由於許多會員僅提供行動電話聯繫方式，該公司再度於 8 月 12 日以簡訊通知會員，告知此次資安事件的調查與因應措施，提醒民眾變更密碼，並且要小心假冒鬍鬚張客服人員的詐騙。

2021.09

資安產業動態 工控資安
首屆國際級工控資安評測正式出爐，資策會也參與這項評估計畫

為了推動工控資安產品的持續進步與發展，MITRE Engenuity 舉辦了首屆 ATT&CK for ICS 評測計畫，攻擊情境的設想，是模擬 2017 年造成沙烏地阿拉伯石化設備受害的 Triton 事件，過程中，總共有 5 家業者與機構參加，7 月中旬公布評測結果。

首屆參加者有 5 個組織，包括微軟，以及 Armis、Claroty、Dragos 等廠商，而臺灣的資策會，也以自行研發的工業物聯網威脅偵測系統（ICTD）參加。

資安產業動態 國家安全
白宮舉行資安高峰會，IT 巨頭承諾將大幅改善資安

美國總統拜登（Joe Biden）在 8 月

25 日，會見了私人企業與教育界的領袖，共同商討如何透過全國的努力來解決美國的資安威脅。

除了由政府發起的多個倡議之外，微軟、Google、蘋果、Amazon 及 IBM 等業者也都作出了承諾，其中，Google 及微軟將在未來 5 年，分別投入 100 億及 200 億美元的資金，來推動供應鏈、開源碼與架構的安全性。

勒索軟體攻擊 虛擬化平臺
勒索軟體 HelloKitty 鎖定 VMware ESXi 攻擊，得手 148 萬美元

資安業者 Palo Alto Networks 在 7 月發現鎖定 VMware ESXi 的勒索軟體，名為 HelloKitty，在 2021 年 3 月開始發動勒索攻擊，研究人員觀察到有 6 個受影響的組織，遍及義大利、澳洲、德國、荷蘭，以及美國地區，攻擊者至少

得到 148 萬美元。

資料外洩 供應鏈攻擊
捐款個資外洩引發詐騙事件蔓延，引發朝野立委關注

這一個月來，臺灣爆發大規模捐款個資外洩，導致民眾誤信的詐騙案，與多個公益團體都委託資訊服務業者網軟科技有關。

隨著遭詐騙的捐款民眾越來越多，多個公益團體持續飽受個資外洩問題所苦，網軟僅在 8 月 3 日發布刑事警察局的反詐騙宣導，至今還沒有對外公布遭駭客攻擊與資料外洩的資安事件。對此，8 月 26 日立法委員聯合公益團體與刑事警察局，召開記者會，希望能釐清資安、偵辦與防詐議題。

惡意軟體攻擊 Proxyware
惡意程式牟利新手法！不只偷取算力和資料，還會竊取網路頻寬

資安業者思科於 8 月 31 日提出警告，他們發現攻擊者利用名為 Honeygain 的網路頻寬共享軟體 Proxyware，暗中賣掉 Windows 電腦的網路連線頻寬，而且，攻擊者也會安裝 XMRig 挖礦軟體，以及瀏覽器密碼復原工具，例如，ChromePass 或 WebBrowserPassView，企圖利用這些受害電腦賺取更多錢。

漏洞攻擊 Exchange
研究人員揭露 Exchange Server 新漏洞 ProxyToken

越南 VNPT ISC 研究人員 Le Yuan Tuyen 偕同趨勢科技 Zero Day Initiative（ZDI），揭露一個名為 ProxyToken 的 Exchange Server 漏洞，編號為 CVE-2021-33766，CVSS 風險層級為 7.3 分。攻擊者一旦利用此漏洞，能在未經授權的情況下，在任意使用者的信箱竄改組態，進而複製這個用戶的所有郵件，並轉寄到攻擊者指定的信箱。研究人員通報微軟後，該公司於 7 月的例行修補提供更新軟體。

國家資安政策 資安長
金管會要求具規模金融業需設資安長

對於強制金融機關設立資安長一事，金管會 2020 年 8 月公布金融資安行動方案之時，已經列入計畫要推動，後續也研議修法一事。2021 年 9 月 1 日，金管會保險局已完成修法並公布施行，要求需指派副總經理以上或職責相當之人兼任資訊安全長，適用 1 兆元資產保險公司，並需在 6 個月內完成調整。

這也意味著，在 2022 年 3 月底之前，臺灣 38 家本土銀行皆需設立資安長，而且，達到一定條件與規模的保險公司，證券商、期貨商與投顧業，都必須設立資安長。

而銀行局與證期局也表示，本次修法已經完成預告程序，將於 9 月底前發布施行。據外界估計，新法令約有 65 家金融業者適用。

Consent Phishing Attack ID Federation
同意網釣增加，透過應用程式騙取大型網站帳號存取權限

現在許多網路服務會串接其他大型服務帳號，透過 ID Federation 的方式，以便簡化用戶在註冊帳號時的過程，但近年來，不斷傳出有人透過應用程式以 OAuth 身分驗證誘騙使用者的方式，欺騙使用者授予權限，如此一來，這些攻擊者若取得 Token，就能在不知道密碼的情況下，竊取該帳號的機密資料。

最近微軟也提出警告，他們發現，自 2020 年 10 月到 2021 年上半，濫用這種攻擊手段的情況顯著增加，因此，呼籲使用者要加以留意。

網路釣魚攻擊
中小電商遭網釣鎖定，客服員工開附件就被偷帳密

近半年以來，臺灣出現鎖定電商客服人員盜取帳密的釣魚郵件，假冒消費者客訴來信，並清楚提及收件者公司的品牌與產品名稱，也有電商營運長在網路

上公布遇害經歷。不只電商同業要注意這類資安隱患，隨著這類釣魚範本的發展，針對企業高度量身打造的偽裝內容可能更普遍。

值得關注的是，郵件內容都是正體中文，沒有簡體與亂碼，相當符合本地用戶信件撰寫方式；同時，信中內容提及收件者所屬公司的名稱與產品，謊稱之前已買過該組產品，因發現產品有瑕疵，要業者盡快回覆處理。整體而言，這樣的詐騙內容，顯然已經過量身打造而讓人難起疑心。

假消息 認知作戰
中國鎖定臺灣資安公司製造假新聞，挑撥臺日政府關係

中國網軍在中秋連假前夕透過日本內容農場散布假消息，指稱臺灣政府授意資安公司 TeamT5（杜浦數位安全），以網路釣魚手法，非法收集日本民眾個資與企業重要人士機敏資訊，此消息也在日本社交媒體及臺灣臉書粉專傳播。對此 TeamT5 聲明沒有從事任何網路攻擊行動，並通報臺日調查單位。

該公司指出，造謠者於中文及日文的內容農場散布假消息，內容存在大量日文錯誤文法，夾雜中文詞彙，根據攻擊手法研判，可能出自國家級駭客之手。

TeamT5 執行長蔡松廷表示，假訊息不僅造成公司商譽損失，因指控臺灣政府是非法收集日本民眾個資幕後黑手，一旦不實消息持續發酵，可能會破壞臺日政府原先友好的互動關係。

2021.10

假消息 認知作戰

中國冒名日本卡巴斯基發動認知作戰，挑撥臺日關係

中國網軍散布臺灣政府唆使資安公司 TeamT5 蒐集日本民眾個資的假新聞，為了掩飾行徑，中國網軍又冒用卡巴斯基的名義發布新聞稿，捏造網路釣魚郵件事件假新聞，並刻意選在日本的商業新聞稿發布平臺刊登。

對此，日本卡巴斯基於 9 月 29 日澄清此為假新聞攻擊，並有多位日本資安專家也加入調查。

圖片來源／卡巴斯基

ProxyLogon APT 攻擊

中國駭客 GhostEmperor 利用 ProxyLogon 漏洞，在受害電腦植入蠕蟲

在 2021 年 7 月，卡巴斯基發布新聞稿，宣布發現名為 GhostEmperor 的中國駭客組織，鎖定東南亞的政府機構與電信公司，並於 9 月 30 日揭露該組織的攻擊手法細節。

根據駭客所使用的工具，該公司研判

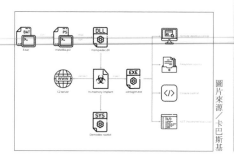

圖片來源／卡巴斯基

GhostEmperor 約於 2020 年 7 月就開始活動，於受害組織植入 Demodex 蠕蟲程式以進行監控，主要目標是東南亞的國家，研究人員也看到埃及、阿富汗、衣索比亞等多個國家，有數個政府單位與電信公司遭攻擊。

勒索軟體攻擊 虛擬化平臺

勒索軟體鎖定 VMware ESXi，用 Python 程式碼快速加密虛擬磁碟

在 10 月 5 日，資安業者 Sophos 揭露使用 Python 指令碼的勒索軟體攻擊，鎖定組織內 VMware ESXi 環境，加密所有虛擬磁碟，迫使虛擬機器下線。

根據調查，從入侵到部署勒索軟體的指令碼，居然只花了 3 個多小時就完成，隨後就開始加密 VMware ESXi 伺服器裡的虛擬磁碟。Sophos 表示，這是他們看過攻擊速度最快的行動之一。

資料外洩 高科技產業

宏碁公司的印度單位與臺灣總部驚傳資料外洩

根據資安新聞網站 Privacy Affairs 於 10 月 13 日的報導，駭客組織 Desorden 宣稱攻擊電腦大廠宏碁的印度伺服器，並偷走 60GB 資料，包含客戶資訊、公司財務與稽核資料，以及敏感帳號。事

隔 3 日之後，這個組織再度駭入宏碁臺灣總部的伺服器，目的是證明宏碁資料保護不力。

針對駭客組織接連竊取資料，宏碁在 10 月 19 日證實，並於臺灣證券交易所公開資訊觀測站發布重大訊息，表示已通報執法機關與有關政府單位，並強調並未對營運與財務造成影響。

勒索軟體防護

協助國內組織對抗勒索軟體，TWCERT/CC 設立防護專區

為了全面對抗勒索軟體的侵襲與散播，在國際上，已經出現專責組織 No More Ransom，而針對臺灣國內對於這類威脅的因應，TWCERT/CC 在 10 月初，推出勒索軟體防護專區的獨立入口網站（antiransom.tw），並以事前預防、事中處理、事後回復來區分，使用者可根據目前的資安狀態，更容易找到所需的防護與因應的指南與資源。

資料外洩 高科技產業

勒索軟體 AvosLocker 攻擊技嘉，聲稱取得該公司與多家廠商保密協議

以個人電腦和伺服器著稱的技嘉科技，8 月初曾遭勒索軟體 RansomEXX 攻擊，到了 10 月 20 日，又有另一個

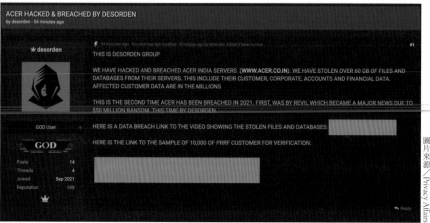

圖片來源／Privacy Affairs

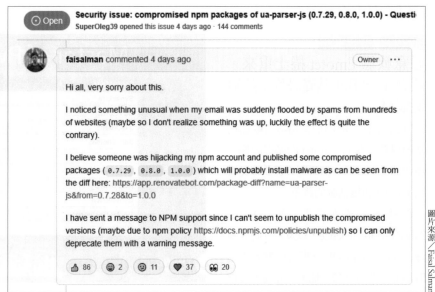

圖片來源／Tamkappe

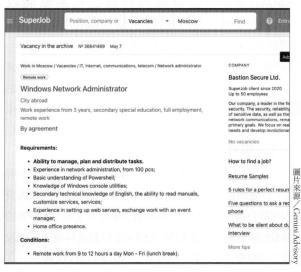

圖片來源／Faisal Salman

駭客組織 AvosLocker 在暗網發布消息，他們宣稱從技嘉的網路環境下載了機密文件，其中包含與資安業者 Barracuda Networks 的保密協議。

除營業機密的資料，這次外洩也涵蓋多種個資，包含員工的薪資、使用者的帳密、以及合作人員的合約，甚至是求職者的履歷檔案。

網路攻擊 汽車產業
車燈大廠帝寶遭遇資安事件，臺灣廠區部分伺服器受影響

10 月 18 日，車燈製造公司帝寶工業公告遭遇資安事件，於證交所發布重大訊息，指出廠區有部分伺服器遭受病毒攻擊，已通報政府執法部門，而受到影響的內部資訊系統，也陸續回復運作。

帝寶工業財務部經理兼發言人呂理豐表示，這次遭受攻擊的伺服器，位於臺灣廠區，只影響該廠區的一小部分，且是不重要的系統。

軟體供應鏈攻擊 Npm
熱門 NPM 套件 UAParser.js 遭植入惡意程式

這幾年不時傳出熱門 Npm 套件遭到竄改的情況，例如，UAParser.js 的作者 Faisal Salman 自己的 NPM 帳號，疑似遭駭客挾持，發布 3 個植入惡意程式的 UAParser.js。

對此，GitHub 與美國網路安全及基礎設施安全局呼籲受影響的使用者應盡速更新軟體。資安業者 Sonatype 指出，這些惡意套件在受害系統植入挖礦程式

XMRig，並竊取各式憑證。

勒索軟體攻擊 資安就業環境
金融駭客 FIN7 以資安公司名義徵才，聲稱滲透測試，實為發動攻擊

為尋求廉價打手從事網路攻擊，駭客宣稱是提供滲透測試服務的資安公司，設立幾可亂真的網站並開出職缺，但實際上，駭客打算借助不知情的 IT 專家，執行偵察與部署惡意軟體的工作。

資安業者 Gemini Advisory 在 10 月 21 日，揭露俄羅斯金融駭客組織 FIN7 近期的攻擊行動，FIN7 組織宣稱是一

家名為「Bastion Secure」的英國資安公司，並發且布求才訊息，目的是發動勒索軟體攻擊。

Wildcard ALPACA
提防 ALPACA 跨協定攻擊，NSA 呼籲正視萬用字元 TLS 憑證風險

資安研究員於 2021 年 6 月揭露一種新型的網路攻擊手法，他將其稱之為：ALPACA（Application Layer Protocols Allowing Cross-Protocol Attacks），攻擊者一旦運用了這種方式，便能藉由 TLS 協定的弱點，將 HTTPS 流量重新導向至另一 IP 位址，以便竊取受害電腦存放的機密資訊。

對此，美國國家安全局（NSA）提出警告，呼籲所有的網站管理者對於使用萬用字元憑證（Wildcard Certificate）的範圍，應該重新予以檢視，以便降低自家網站被用於發動 ALPACA 攻擊的風險。

圖片來源／Gemini Advisory

2021.11

Emotet 殭屍網路
惡意軟體 Emotet 捲土重來，透過 TrickBot 基礎設施重建殭屍網路

2021 年初，歐洲刑警組織與歐洲司法組織聯手接管 Emotet 的基礎設施，並逮捕 2 名成員，但研究人員此時又看到 Emotet 再度活動的跡象。

根據多家資安業者，如 GData、Advanced Intelligence，以及資安研究團隊 Cryptolaemus 的分析，攻擊者透過 TrickBot 惡意軟體的協助，在受害裝置植入 Emotet 的載入器，經調查後發現，Emotet 背後駭客透過 TrickBot 現有基礎設施，重新建置殭屍網路。

遠端存取 帳密外洩
駭客兜售國際航運與貨運公司的內網存取權限，恐干擾物流運作

威脅情資業者 Intel 471 提出警告，他們自 7 月開始，陸續看到有人銷售國際航運與物流公司的內部網路存取帳密，這些賣家提供給買家存取受害公司的方式，其中包含了遠端桌面連線（RDP）、VPN，以及 Citrix 還有 SonicWall 的網路設備等。

賣家很可能是透過上述網路設備的漏洞，來獲得帳密，Intel 471 看到這些賣家，將上述的存取資訊賣給 Conti、FiveHands 等勒索軟體駭客組織。

企業資安事故 上市上櫃公司資安公告
日勝生集團接連發布資安事件重大訊息

營建商日勝生在 10 月 29 日臺灣證券交易所發布重大訊息，表明該公司及其子公司，部分資訊系統遭受到駭客網路攻擊，但企業日常營運並未受到重大

Master of Pwn Standings

Contestant	Cash	Points
Synacktiv	$197,500	20
DEVCORE	$180,000	18
STARLabs	$112,500	12
Sam Thomas	$90,000	9
THEORI	$80,000	8
Bien Pham	$52,500	6.5
NCC Group	$60,000	6
trichimtrich	$40,000	5
Martin Rakhmanov	$40,000	4
Flashback	$33,750	3.75

圖片來源／Zero Day Initiative

影響。日勝生公司發言人陳婷婷當時指出，日勝生疑似是遭到勒索軟體 LockBit 2.0 的攻擊。

相隔 4 日，日勝生旗下興櫃的百貨零售業者京站實業，也在證交所發布重大訊息，表明部分資訊系統遭受攻擊。京站發言人陳岱慧表示，此事件與日勝生 10 月底事故有關，因集團共用伺服器而受到影響。針對日勝生受駭客攻擊事件，勒索軟體組織 LockBit 2.0 日前也聲稱握有 141 GB 資料，向其索討 8 萬美元贖金。

勒索軟體 教育資安
雲林縣教育處遭勒索軟體攻擊，百餘所學校網站無法存取

雲林縣教育處與當地 185 所國中小的共構網站，傳出 11 月 4 日遭到勒索軟體攻擊，導致雲林縣百餘所學校網站全數無法運作，而且，老師和學生無法上網，家長亦不能查閱孩童成績，或是閱讀學校公告。

事發後，教育處報警並尋求資訊工程師搶救資料，至 13 日時救回約 8 成資料。雲林縣教育處邱孝文表示，駭客透過 RDP 入侵，並針對資料庫伺服器攻擊，連帶備份的檔案也遭到加密。

資安漏洞探勘
Pwn2Own Austin 2021 漏洞挖掘競賽成果揭曉

由趨勢科技旗下 Zero Day Initiative（ZDI）推出的漏洞研究競賽，於 11 月 2 至 5 日舉行，有 22 組參賽者及 58 項參賽作品，而參賽者挖掘出的漏洞，將通報業者修補。第一名為法國資安廠商團隊 Synacktiv，臺灣資安業者 Devcore 團隊以 2 分之差獲得亞軍。

AD 身分冒用 內網威脅
AD 自助管理平臺遭鎖定、滲透，駭客以此傳送攻擊工具

AD 管理系統若遭濫用，攻擊者就能在組織內快速大量散布作案工具。在 9 月中旬，美國政府呼籲 ManageEngine ADSelfService Plus 用戶，應儘速修補漏洞 CVE-2021-40539，不久後資安業者發現，鎖定該漏洞的攻擊增加。

資安業者 Palo Alto Networks 於 9 月 17 日至 10 月初，也發現其他相關的攻擊行動，同樣利用上述 AD 自助管理平臺漏洞──對方先在網際網路掃描存在資安漏洞的系統，然後於受害組織植入 Godzilla Webshell、NGLite 木馬程式，以及 KdcSponge 竊密工具。

資安長 法規遵循

金管會預告修法，要求上市櫃公司設置資安長與專責單位

金融監督管理委員會於 11 月 25 日發布公告，研擬修正「公開發行公司建立內部控制制度處理準則」第 9 條之 1 及第 47 條，明定達到一定規模的上市櫃公司，應配置適當的資安人力，並依據不同規模要求設置資安長或主管，以及配置專責的資安人員。在法規修訂後，符合規模百億元，或主要經營電商等條件的上市櫃公司共約 111 家，需於 2022 年底設立資安長並成立專責單位。

白帽駭客社群 全球年度資安大會

臺灣駭客年會 HITCON 2021 舉行

臺灣駭客年會（HITCON）於 11 月 26 日、27 日於中央研究院人文社會科學館舉行，這次的主題與武漢肺炎疫情爆發後，居家工作（WFH）與雲端服務的盛行，帶來的資安態勢變化，企業需適應分散的網路邊界，成為現今防禦的重大挑戰。

本次年會另一焦點，則是與智慧裝置有關──促成 Society 5.0、虛實整合系統（CSP）等趨勢，但也帶來新的資安問題，需要通力合作，推進資安發展。

國家資安 國際資安合作

美國支持《巴黎籲請信任與安全的網路空間》宣言，對抗網路犯罪

與法國總統馬克宏會面之後，美國副總統賀錦麗在 11 月 10 日宣布，將與其他國家聯手，支持簽署《巴黎籲請信任與安全的網路空間》（Paris Call for Trust and Security in Cyberspace）倡議，全球已有超過 1 千個單位力挺，包含 80 國、705 家企業，391 個組織，強化美國及國際社群間的合作。這項倡議的目的，是在國際間建立類似實體世界共同遵守的網路規則，對抗在數位空間出現的網路犯罪、資訊操縱、針對經濟與政治的間諜行動，或者是針對重大基礎設施或個人的網路攻擊行動。

產業資安 半導體資安防護

歷經三年制定，半導體資安標準即將於 12 月發布

為解決高科技產業資安防護難題，臺灣半導體界在 2019 年，推動制定晶圓設備資安標準（案號 6506：Activity Start: 2019/01/01）。

這項標準歷經多次來回提交 SEMI 修改的過程，在 SEMICON Taiwan 線上資安趨勢高峰論壇期間，台積電企業資訊安全處長屠震表示，此標準將在 2021 年底正式發布，SEMI 臺灣資安委員會亦於 2021 年 6 月成立。

2021.12

開放原始碼資安

日誌框架系統 Apache Log4j 重大漏洞波及多種系統，已被用於攻擊行動

本月初 Apache 的日誌框架系統 Log4j 發布版本 2.15.0，當中修補名為「Log4Shell」的漏洞，其編號為 CVE-2021-44228，CVSS 風險層級達到滿分 10 分，被許多資安專家稱為近 10 年來最嚴重的漏洞之一，例如，Cloudflare 執行長 Matthew Price 也認為，這是繼 Heartbleed、ShellShock 之後，最嚴重的安全漏洞。

由於由於 Log4j 的 JNDI 功能可用於組態、記錄訊息，而包含於 Apache Struts2、Apache Solr、Apache Druid 等常用軟體專案，使得許多大型 IT 公司或應用系統都使用這款工具，例如推特、iCloud、微軟 Minecraft、Valve 遊戲平臺 Steam，以及 Cisco、NetApp 等廠商的系統都使用 Log4j，導致許多業者發布產品資安公告，再加上這個漏洞利用極為容易，已出現相關攻擊行動。

Log4j 漏洞 VMware 資安漏洞

勒索軟體 Conti 開始利用 Log4Shell 漏洞，攻擊 VMware vCenter

自從 12 月 12 日開始，勒索軟體駭客 Conti 便開始利用 Log4Shell 漏洞（CVE-2021-44228）發動攻擊，並且鎖定 VMware vCenter 環境下手，根據威脅情報業者 Advanced Intelligence 的發現，對方藉著漏洞在攻擊目標的內部網路環境進行橫向移動，已經有美國和歐洲組織遇害。

針對 Log4Shell 漏洞，VMware 發出資安通報並提供緩解措施，但是當時尚未提供修補程式，vCenter 用戶仍有可能成為駭客攻擊目標。

Infostealer 瀏覽器儲存帳號密碼不安全

竊密軟體 RedLine 鎖定瀏覽器儲存帳密下手，得到存取組織內網管道

圖片來源／AhnLab

185

資安業者 AhnLab 調查竊密軟體 RedLine 的攻擊事故，在其中一起事故裡，發現在家工作的員工透過公司提供的電腦，經 VPN 連回公司存取資源，被駭客鎖定的員工用瀏覽器儲存 VPN 帳密，因電腦遭 RedLine 感染，使攻擊者竊得 VPN 帳密，並在 3 個月後用來攻擊所屬公司。瀏覽器儲存帳密功能便利，但可能因電腦感染惡意軟體而外洩，需用雙因素驗證保護帳號。

證券資安事故
臺灣多家券商出現異常港股委託情事，疑似遭到駭客攻擊

元大證券、統一證券於 11 月 25 日下午，傳出部分客戶帳號遭不明人士冒用，進行複委託下單並成交深藍科技控股的香港股票，2 家券商緊急暫停複委託電子交易，改以人工下單因應。

臺灣證券交易所於 26 日證實此事，並指出是券商的複委託下單系統遭駭客入侵所致，有鑑於近期券商遭撞庫攻擊的事件頻傳，他們已請券商重新檢視身分驗證防護力是否足夠，確認近 2 星期更新的密碼是否為客戶本人所為。

同時，也有期貨公司傳出遭駭客攻擊。如凱基期貨於 11 月 26 日傍晚通報臺灣期貨交易所，網頁交易平臺疑似遭攻擊，隨即封鎖攻擊來源，並表示近期帳號、密碼申請將採人工加強驗證。

上市上櫃公司資安
協助上市櫃公司資安規畫，證交所制定上市上櫃公司資通安全管控指引

為幫助上市公司資安有效規畫，在 12 月 23 日，臺灣證券交易所新發布「上市上櫃公司資通安全管控指引」，當中列出 37 項重點，供企業依循，並衡量產業特性、規模大小，以及資安風險，而能夠順利採行。

CSIRT 金融業資安事故應變
證交所對證券、期貨業者，設置資安事故緊急應變支援小組

強化證券、期貨產業處理資安事故的能量，臺灣證券交易所等證券期貨相關機構，共同成立「證券暨期貨市場電腦緊急應變支援小組（SF-CERT）」，全天候協助業者因應資安事件。為達到資安聯防，臺灣證券交易所、臺灣期貨交易所、財團法人中華民國證券櫃檯買賣中心、臺灣集中保管結算所、中華民國證券商業同業公會、中華民國期貨商業同業公會，以及中華民國證券投資信託暨顧問商業同業公會等相關機構，將共同維運此資安事件應變處理體系。

資安長 法規遵循
金管會正式要求上市櫃公司設資安長，需於 2022 年底設置

12 月 28 日，金管會正式發布修正「公開發行公司建立內部控制制度處理準則」，符合條件的上市櫃公司需指派資訊安全長，應設置資訊安全專責主管及資訊安全人員，以利差異化管理。

分級標準有三種，第一級的條件是資本額 100 億元以上，前一年底屬臺灣 50 指數成分公司，以及電商或人力銀行行業，將於 2022 年底設置完成。

其他上市櫃公司屬於第二級與第三級。基本上，第二級的條件，是最近三年度稅前純益未有連續虧損，且每股淨值未低於面額者。而最近 3 年度稅前純益有連續虧損，或最近年度每股淨值低於面額的公司，屬於第三級。

資訊公開揭露 企業社會責任
公開發行公司年報記載資訊法令修正發布，資安管理與 ESG 資訊須揭露

2021 年 4 月臺灣證券交易所明訂規範，要求上市、上櫃、興櫃公司若發生重大資安事件時，需公開發布訊息。後續法令規範新修出爐，將上市公司企業年報揭露資安正式列入要求。

證期局在 11 月 30 日公告，發布修正「公開發行公司年報應行記載事項準則」，主要針對公司永續發展的推動與執行，以及資通安全風險管理的面向，強化資訊揭露透明度。

國家級資安機關
數位發展部組織法三讀過關，最快 2022 年第二季掛牌

《數位發展部組織法草案》及《數位發展部資通安全署組織法草案》立法院院會三讀過關，預計需半年進行後續籌備，以及相關機關的業務和人力移撥作業，最快 2022 年 6 月或 7 月掛牌上路。

根據行政院組織法的規定，確認數位發展部成立之後，現有的科技部，將調整為「國家科學及技術委員會」，行政院資安處將升格為三級機關的「資通安全署」，負責統籌政府整體資安治理架構；另外，也將設置行政法人「國家資通安全研究院」，扮演國家資安技術智庫幕僚角色。

資安產業
臺灣資安鑄造公司揭牌，盼帶動資安智慧聯防與產業合作

2021 年 7 月，資策會資安所傳出籌備臺灣資安鑄造公司的消息，到了 12 月 8 日，臺灣資安鑄造公司正式宣布技轉成立，他們預告，將透過自主研發的工業物聯網威脅偵測系統，新建跨 IT、OT 與 5G 的供應鏈資安監控平臺，整合多元資安技術服務，快速偵測資安事件，聚焦供應鏈安全，針對 5G、醫療、電商、工控與晶片產業，提供合作模式。有意投資資安鑄造的美國矽谷創投 Draper Associates 與東元，也都參與臺灣資安鑄造公司的揭牌儀式。